Lambacher Schweizer 10
Mathematik für Gymnasien

Bayern

Arbeitsheft

herausgegeben von Matthias Janssen und Klaus-Peter Jungmann

erarbeitet von
Ilona Bernhard, Jürgen Frink, Petra Hillebrand, Matthias Janssen, Klaus-Peter Jungmann, Karen Kaps, Michael Kölle, Joachim Krick, Nicolas Kümmerle, Michael Neubert, Tanja Sawatzki, Uwe Schumacher

Ernst Klett Verlag
Stuttgart · Leipzig

*Inhalte, die mit einem Stern gekennzeichnet sind, bieten eine Ergänzung zu den Inhalten des Lehrplans.

Liebe Schülerinnen und Schüler,

auf dieser Seite stellen wir euch euer Arbeitsheft für die 10. Klasse vor.

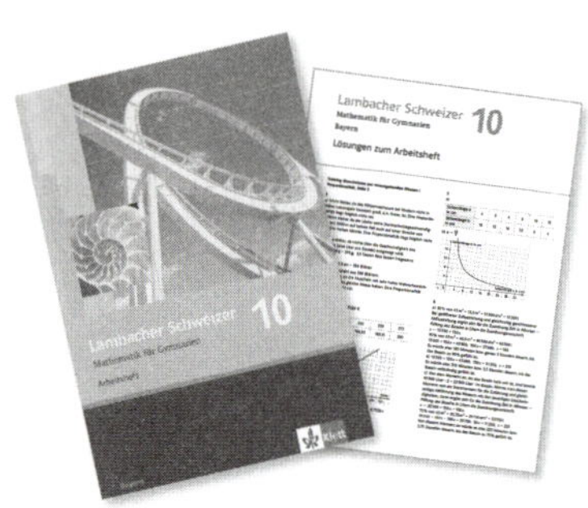

Die Kapitel und das Lösungsheft
In den einzelnen Kapiteln des Arbeitshefts werden alle Themen aus eurem Mathematikunterricht behandelt. Wir haben viele interessante und abwechslungsreiche Aufgaben zusammengestellt. Alle Lösungen zu den Aufgaben stehen im Lösungsheft, das in der Mitte eingeheftet ist und sich leicht herausnehmen lässt.

Training Grundwissen aus vorausgehenden Klassen
Wichtige Themen aus den vorausgehenden Klassen, die die Grundlage für Kapitel der Klasse 10 bilden, werden hier wiederholt und nochmals geübt. Diese Seiten könnt ihr zum Einstieg bearbeiten oder erst dann, wenn ihr merkt, dass ihr z. B. eine Auffrischung zu gebrochen rationalen Funktionen gut gebrauchen könnt.

Verwendung elektronischer Hilfsmittel
An geeigneten Stellen wurden Aufgaben für die Benutzung elektronischer Hilfsmittel (Taschenrechner, Computer) konzipiert. Solche Aufgaben sind im Arbeitsheft entweder mit dem Symbol (Taschenrechner) oder mit dem Symbol (Tabellenkalkulation, DGS, CAS …) gekennzeichnet. Darüber hinaus ist es bei vielen anderen Aufgabenstellungen sinnvoll, den Taschenrechner oder den Computer einzusetzen.

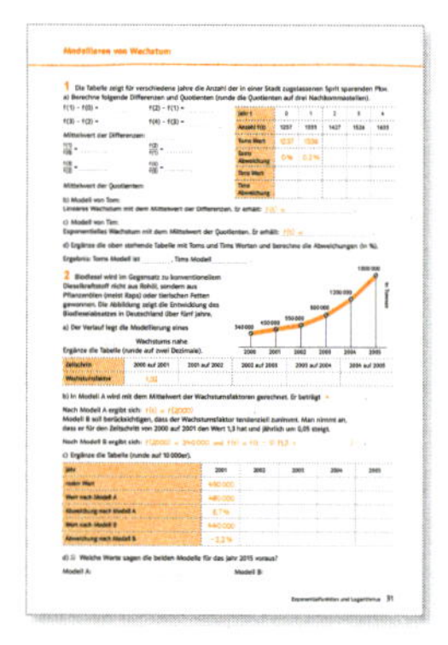

Übungsblätter
Zu allen wichtigen Bereichen der 10. Klasse findet ihr hier viele verschiedene Übungen. Damit ihr seht, wie eine Aufgabe gemeint ist, haben wir an einigen Stellen schon einen Aufgabenteil gelöst (orange Schreibschrift). Legt euch ein zusätzliches Blatt für Nebenrechnungen bereit.

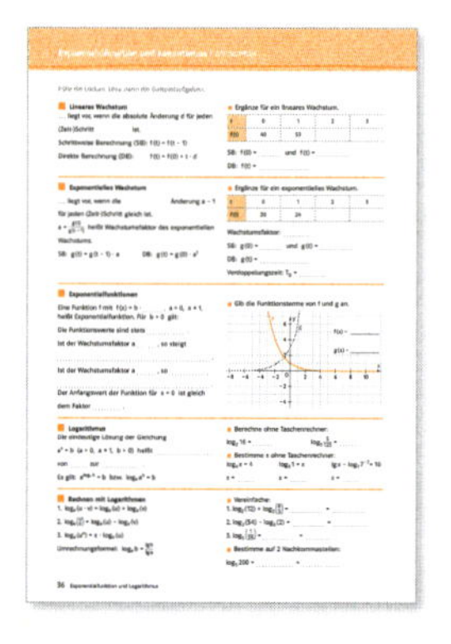

Merkzettel befinden sich am Ende von jedem Kapitel. Dort stehen alle wichtigen Regeln und Begriffe, die das Kapitel enthält. Damit ihr euch diese Begriffe besser merken könnt, sollt ihr auch diese Blätter selbst bearbeiten und lösen.

An manchen Aufgaben findet ihr Tipps mit Nummern, z. B. [T1]. Falls ihr Schwierigkeiten haben solltet, für die gekennzeichnete Aufgabe einen Lösungsansatz zu finden, könnt ihr den entsprechend nummerierten Tipp am unteren Seitenrand durchlesen und dann weiterarbeiten.

Training: Üben und Wiederholen. Die drei Trainingseinheiten im Heft wiederholen den neuen und auch den schon etwas älteren Stoff. Hier findet ihr Aufgaben zu allen davor liegenden Kapiteln. **Tipp:** Schlagt in den Merkzetteln der vorigen Kapitel nach, wenn ihr auf ein Problem stoßt.

Wissensspeicher und Register
Wisst ihr nicht, was ein Begriff bedeutet? Oder sucht ihr Übungen zu einem bestimmten Thema? Hier hilft das Register auf der letzten Seite. Von dort werdet ihr auf die Seite verwiesen, auf der ihr eine Erklärung des Begriffs findet. Probiert es am besten gleich aus: Auf welcher Seite wird „Kreissektor" erklärt? ____________

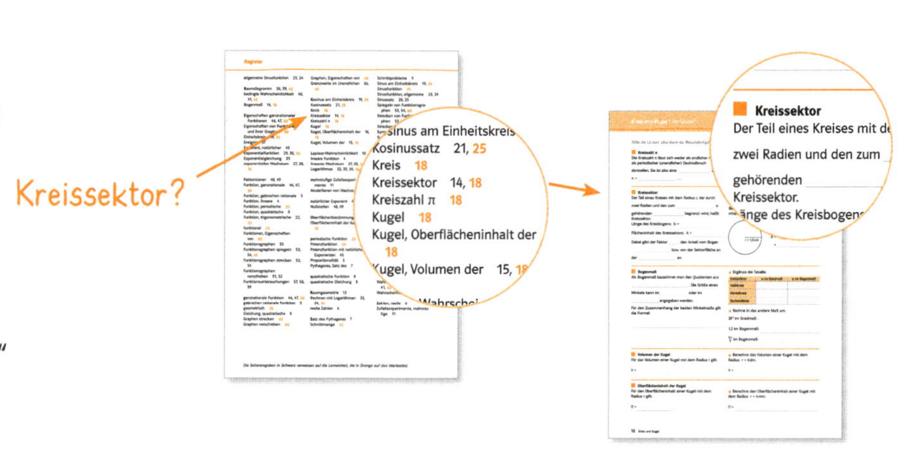

Nun kann es losgehen. Wir wünschen euch viel Spaß und Erfolg beim Lösen der Aufgaben.

Euer Autorenteam

1 Löse die Aufgabe oder gib eine Begründung, warum die Aufgabe nicht lösbar ist.

a) Eike ist 12 Jahre alt und 150 cm groß. Seine Schwester ist 8 Jahre alt. Wie groß ist sie?

b) Ein Langstreckenläufer benötigt für 3000 m etwa 9 Minuten. Wie lange braucht er für 10 000 m?

c) Ein Freibadbecken wird mit Wasser befüllt. Um 8 Uhr sind 80 000 l Wasser im Becken. Wie viel Liter sind um 10 Uhr im Becken?

d) In eine Tasse passen genau 150 g Reis. Wie viel Gramm Reis sind es, wenn man mit der gleichen Tasse $2\frac{1}{2}$ Tassen Reis abmisst?

e) 500 Blatt Kopierpapier ergeben einen 5 cm hohen Papierstapel. Aus wie vielen Blättern besteht ein Stapel, der 3,5 cm hoch ist?

f) Silke wiegt sieben ihrer am Strand gesammelten Muscheln. Die Waage zeigt 63 g an. Was zeigt die Waage an, wenn sie noch drei Muscheln dazulegt?

2 Für 100 Euro erhält Pamela 136,50 US-Dollar.

Wechselkurs von Euro in US-Dollar: 1 € = ______

Wechselkurs von US-Dollar in Euro: 1 $ = ______

a) Vervollständige die Tabelle.

b) Skizziere den Graphen der Zuordnung *Geldmenge x in $ ↦ Geldmenge y in €* in das nebenstehende Koordinatensystem.

c) Bestimme die Zuordnungvorschrift: ______ .

Dollar	100	200	250	
Euro				200

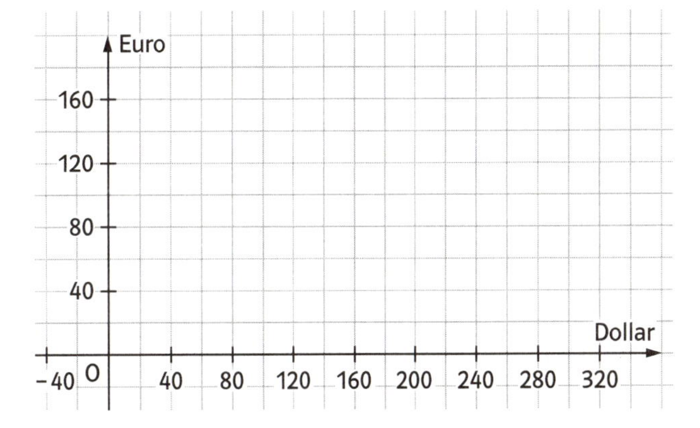

Die Zuordnungsvorschrift lautet: ______

3 Welche Seitenlängen kann ein Rechteck mit dem Flächeninhalt 60 cm² haben?

a) Fülle die Tabelle aus. Angaben in cm.

Seitenlänge a	4	5	6	8	10	15
Seitenlänge b						

b) Gib die Zuordnungsvorschrift der Zuordnung *Seitenlänge a in cm ↦ Seitenlänge b in cm* an und zeichne den zugehörigen Graphen.

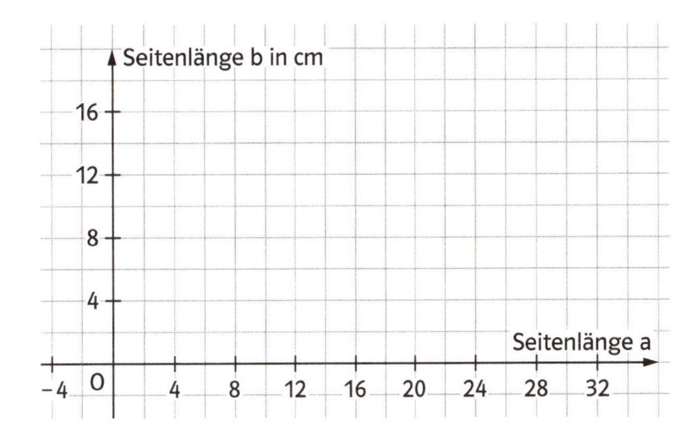

4 Ein Bassin fasst 45 m³ Wasser. Mit einer Zuflussleitung können pro Minute 150 Liter zugeführt, mit einer Abflussleitung 100 Liter pro Minute abgeführt werden. Anfangs ist das Bassin zu 30 % gefüllt. Nun wird die Zuflussleitung geöffnet, die Abflussleitung bleibt aber geschlossen.

a) Wie lange würde es dauern, bis das Bassin zu 90 % gefüllt ist? ______

b) Wie lange würde es dauern, bis das Bassin vollständig gefüllt ist? ______

c) Als das Bassin halbvoll ist, wird zusätzlich auch noch die Abflussleitung geöffnet. Wie lange dauert es von diesem Moment an, bis das Bassin zu 75 % gefüllt ist? ______

1 Ordne die Funktionsvorschriften den Funktionstypen und Graphen zu und notiere die Definitionsmenge.

A | $f: x \mapsto (x-1)^2+1$ B | $f: x \mapsto x+1$ C | $f: x \mapsto 2x$ D | $f: x \mapsto \frac{x}{x+1}$

| lineare Funktion | quadratische Funktion | gebrochen rationale Funktion | proportionale Funktion

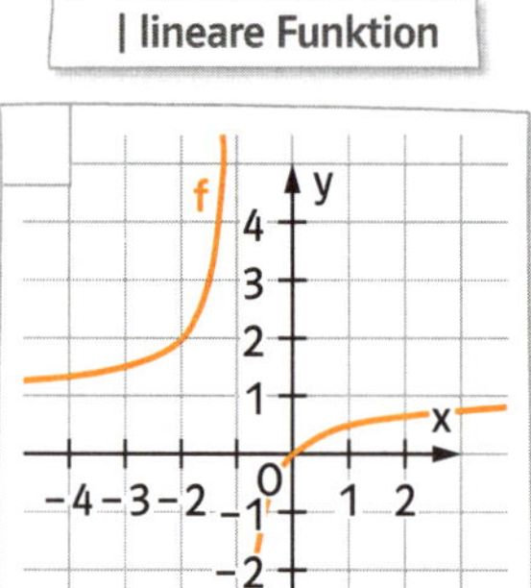
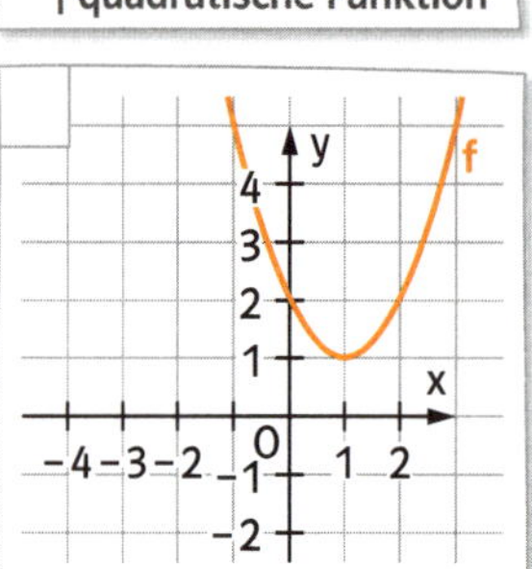
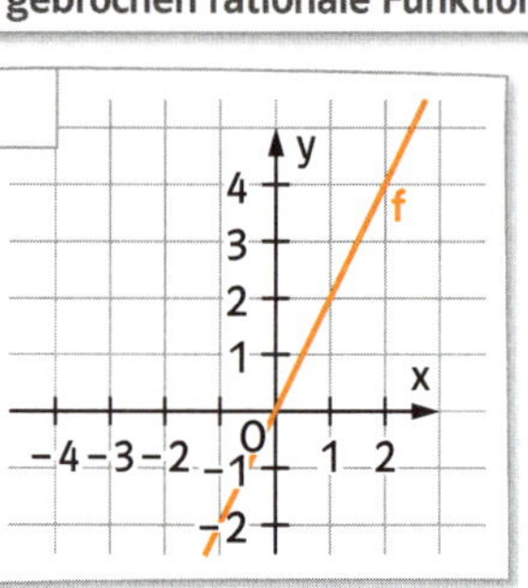
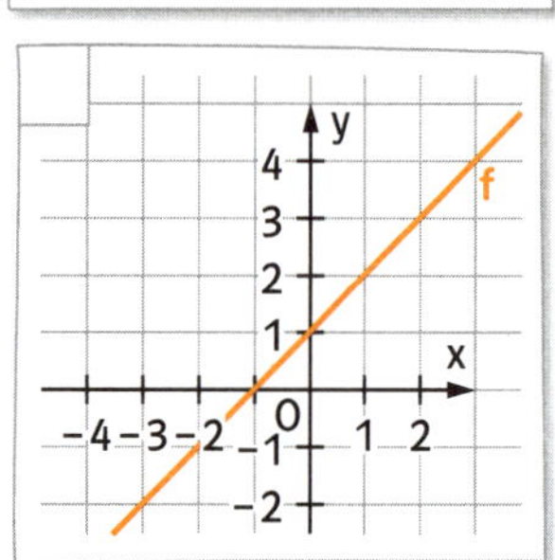

2 Gegeben ist der Graph einer linearen Funktion $g: x \mapsto mx + t$ $(x \in \mathbb{R})$. Ermittle schrittweise den Funktionsterm.

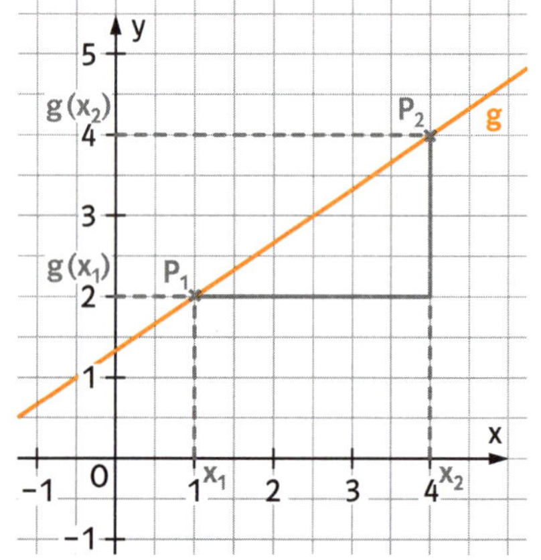

1. Suche zwei Punkte, deren Koordinaten du gut ablesen kannst:

   P_1(____ | ____) und P_2(____ | ____).
2. Bestimme die Steigung m mithilfe eines Steigungsdreiecks:

   $m = \frac{g(x_2) - g(x_1)}{x_2 - x_1} =$ ____________ = ____ .
3. Der Funktionsterm hat die Form g(x) = m · x + t = ____ · x + t.
4. Die Koordinaten eines Punktes, der auf der Geraden liegt (z. B. P_1),

   müssen folgende Gleichung erfüllen: ____ = ____ · ____ + t.
5. Durch Auflösen nach t erhält man ____ = t

   und damit g(x) = ____ x + ____ .

3 Zeichne geeignete Steigungsdreiecke und bestimme die Gleichungen der gezeichneten Geraden.

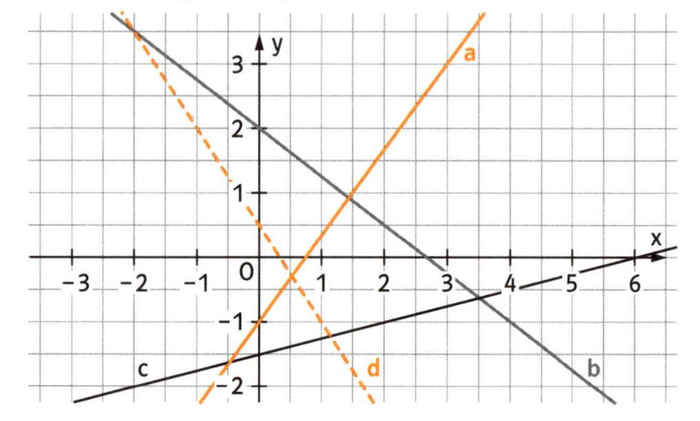

m_a = ____________ = ____

m_b = ____________ = ____

m_c = ____________ = ____

m_d = ____________ = ____

a: y = ____ x ____ ; b: y = ____ x ____

c: y = ____ x ____ ; d: y = ____ x ____

4 a) Bestimme den Funktionsterm der Geraden g durch die Punkte A(0 | 3) und B(2 | −1).

g(x) = ____ x + ____

b) Bestimme den Funktionsterm der Geraden h, die senkrecht zur Geraden g und durch den Punkt C(0 | −1) verläuft.

h(x) = ____________

c) Bestimme den Funktionsterm der Geraden p, die parallel zu g durch den Punkt D(−2 | 2) verläuft.

Rechne im Heft. p(x) = ____________

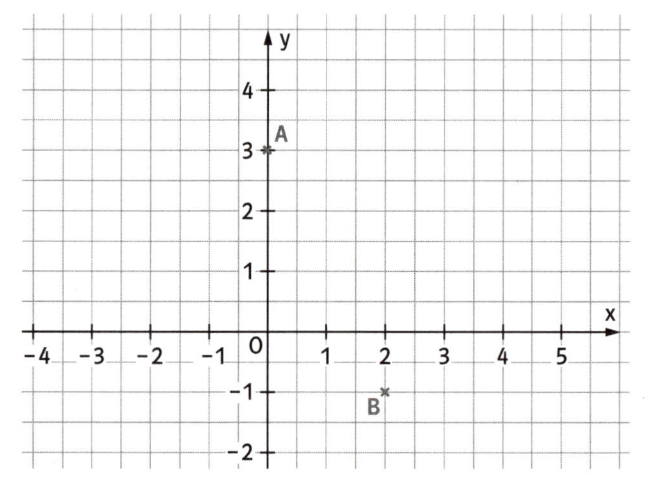

1 Ergänze die Definitionslücken und ordne die Funktionsvorschriften den Graphen zu.

a) $f: x \mapsto \frac{1}{(x-2)^2}$

$D_f = \mathbb{R} \setminus \{\_\_\_\_\_\}$

b) $g: x \mapsto \frac{2+x}{x-2}$

$D_g = \mathbb{R} \setminus \{\_\_\_\_\_\}$

c) $h: x \mapsto \frac{x-2}{2+x}$

$D_h = \mathbb{R} \setminus \{\_\_\_\_\_\}$

d) $i: x \mapsto \frac{x+2}{x^2+4x+4}$

$D_i = \mathbb{R} \setminus \{\_\_\_\_\_\}$

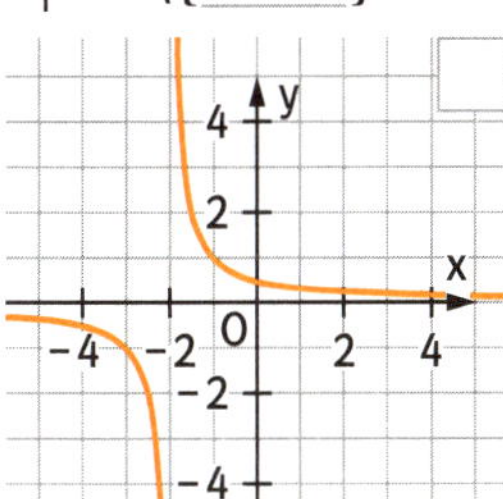

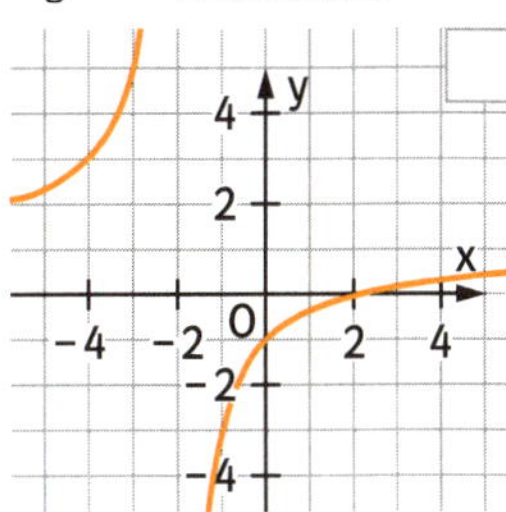

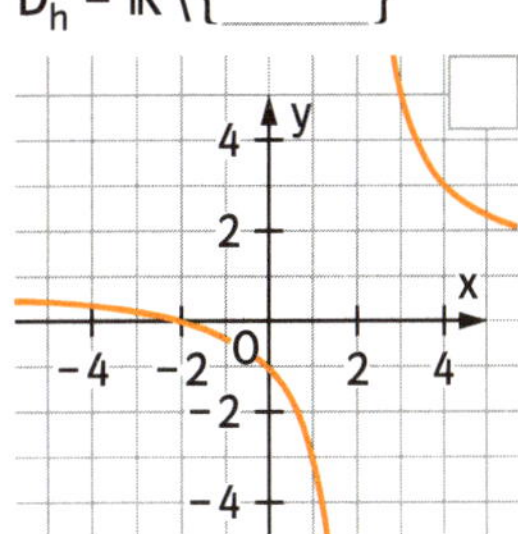

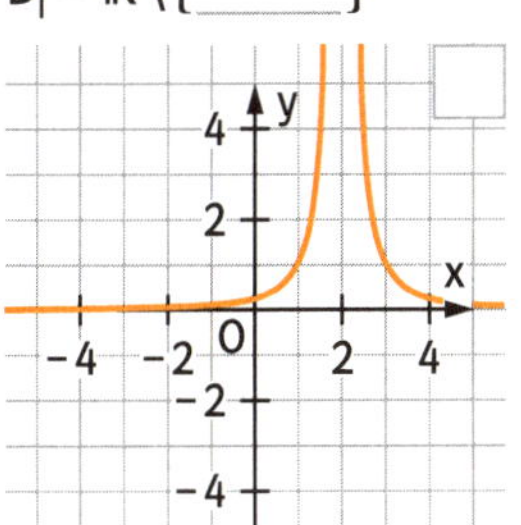

2 Vereinfache die Bruchterme so weit wie möglich.

a) $\frac{3x^2 - 3x}{3x + 3x^3} =$ __________

b) $\frac{9 - 3x}{2x - 6} =$ __________

c) $\frac{8x^2 - 4x}{8x^2 - 16x^3} =$ __________

d) $\frac{2x^2 - 12x + 18}{2x^2 - 18} =$ __________

3 Ergänze die Lücken. Für alle rationalen Zahlen r und s und positive reelle Zahlen a und b gilt:

$a^r \cdot a^s =$ _____ $a^r : a^s =$ _____ $a^r \cdot b^r =$ _____ $a^r : b^r =$ _____

$(a^r)^s =$ _____ $a^0 =$ _____ $a^{-r} =$ _____ $a^{\frac{p}{q}} = \sqrt[\square]{\square}$; $p \in \mathbb{Z}, q \in \mathbb{N}$

4 Vereinfache mithilfe der Regeln für das Rechnen mit Potenzen und berechne.

a) $3^2 \cdot 3^{-3} =$ _____ b) $4^2 : 4^{-1} =$ _____ c) $0{,}2^3 \cdot 3^3 =$ _____ d) $\left(\frac{2}{3}\right)^{\frac{1}{2}} : \left(\frac{8}{3}\right)^{\frac{1}{2}} =$ _____

e) $2^3 \cdot (-3)^3 =$ _____ f) $2^3 \cdot 3^{-3} =$ _____ g) $2^4 \cdot (-3)^4 =$ _____ h) $-3^{-4} \cdot 3^4 =$ _____

5 Fasse mit den Regeln für das Rechnen mit Potenzen zusammen.

a) $a^{-2} \cdot a^{\frac{1}{2}} =$ _____ b) $b^{-6} \cdot b^{-3} =$ _____ c) $c^{-2} : c^6 =$ _____

d) $\frac{x^2}{x^4} + \frac{x^3}{x^5} =$ _____ e) $\left(\frac{y}{x}\right)^{-2} \cdot x^2 \cdot y^2 =$ _____ f) $\frac{z^3}{z^9 \cdot z^{-7}} =$ _____

6 Gib die Lösungsmenge in der Grundmenge $\mathbb{R}$ an.

a) $\frac{2x-3}{x+5} = 4$ b) $\frac{2}{x} + \frac{1}{x^2} = 1$ c) $\sqrt{x^2 - 1} = x - 2$

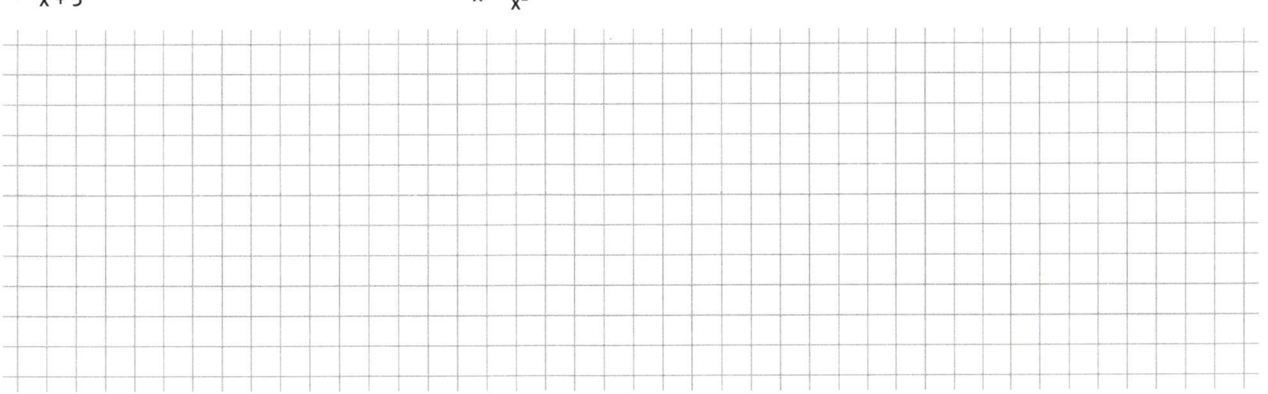

1 Im Bild sind die bekannten Zahlenmengen mit ihren „Enthaltensein"-Beziehungen dargestellt. Trage an die richtigen Stellen die Zahlen von den Kärtchen ein.

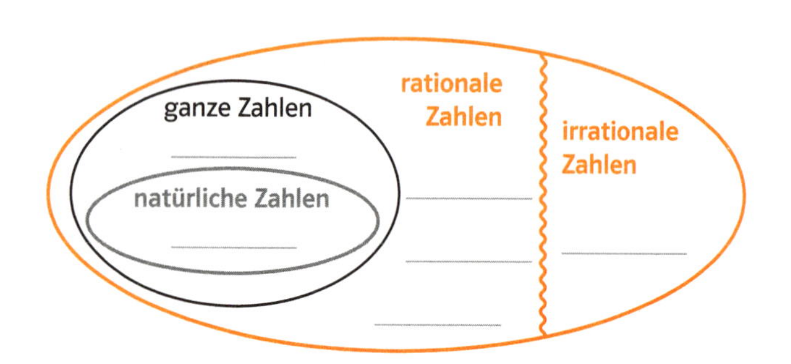

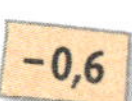

2 Bestimme die Wurzeln, wenn möglich im Kopf. Schreibe in das Feld ein n, falls die Wurzel eine natürliche Zahl ist, ein r für eine rationale Zahl und ein i für eine irrationale Zahl. Gib die irrationalen Wurzeln mit einer Nachkommastelle an.

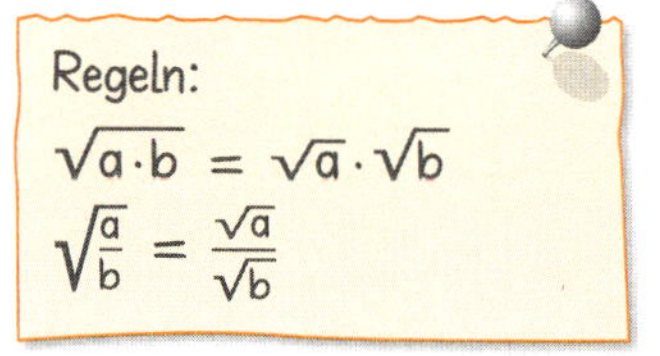

a) $\sqrt{121}$ = ______ b) $\sqrt{0{,}25}$ = ______ c) $\sqrt{10}$ = ______

d) $\sqrt{0{,}64}$ = ______ e) $\sqrt{\frac{32}{72}}$ = ______ f) $\sqrt{4900}$ = ______

g) $\sqrt{\frac{144}{36}}$ = ______ h) $\sqrt{2{,}56}$ = ______ i) $\sqrt{0{,}0625}$ = ______

j) $\sqrt{1{,}96}$ = ______ k) $\sqrt{7^2}$ = ______ l) $\sqrt{36 \cdot 49}$ = ______

3 Ziehe teilweise die Wurzel.

a) $\sqrt{27} = \sqrt{9 \cdot 3} = 3 \cdot \sqrt{3}$ b) $\sqrt{32}$ = ______

c) $\sqrt{52}$ = ______ d) $\sqrt{1{,}35}$ = ______

e) $\sqrt{\frac{50}{12}}$ = ______ f) $\sqrt{\frac{24}{98}}$ = ______

4 Vereinfache durch Ausmultiplizieren bzw. durch Ausklammern.

a) $\sqrt{8} \cdot (\sqrt{8} + \sqrt{32})$ = ______ b) $5 \cdot \sqrt{5} - 3 \cdot \sqrt{5}$ = ______

c) $\sqrt{5} \cdot (\sqrt{125} - \sqrt{45})$ = ______ d) $\sqrt{11} \cdot 4 + 2 \cdot \sqrt{11}$ = ______

e) $(\sqrt{54} + \sqrt{96}) \cdot \sqrt{6}$ = ______ f) $3 \cdot \sqrt{7} - \sqrt{7} \cdot 7$ = ______

5 Finde die Fehler und korrigiere in der Zeile darunter. Welcher Fehler wurde gemacht?

a) $\frac{1}{\sqrt{5}} + \frac{4}{\sqrt{5}} = \frac{5}{\sqrt{5}} = \frac{5 \cdot \sqrt{5}}{\sqrt{5} \cdot \sqrt{5}} = \frac{5 \cdot \sqrt{5}}{25} = 5 \cdot \sqrt{5}$

______

b) $\sqrt{\frac{9}{8}} + \sqrt{\frac{25}{8}} = \frac{3}{\sqrt{8}} + \frac{5}{\sqrt{8}} = \frac{8}{\sqrt{64}} = \frac{8}{8} = 1$

______

c) $3 \cdot \sqrt{27} + 9 \cdot \sqrt{3} = 3 \cdot \sqrt{3 \cdot 9} + 9 \cdot \sqrt{3} = 3 \cdot \sqrt{3} \cdot 3 + 9 \cdot \sqrt{3} = \sqrt{3} \cdot 9 + 9 \cdot \sqrt{3} = \sqrt{3} \cdot 18 \cdot \sqrt{3} = 3 \cdot 18 = 54$

______

d) $\frac{1}{\sqrt{2} + \sqrt{3}} = \frac{1}{(\sqrt{2} + \sqrt{3})} \cdot \frac{(\sqrt{2} - \sqrt{3})}{(\sqrt{2} - \sqrt{3})} = \frac{\sqrt{2} - \sqrt{3}}{3 - 2} = \frac{\sqrt{2} - \sqrt{3}}{1} = \sqrt{2} - \sqrt{3}$

______

1 Welche der Vierecke können mit diesen Längenangaben keine Rechtecke sein?

a)

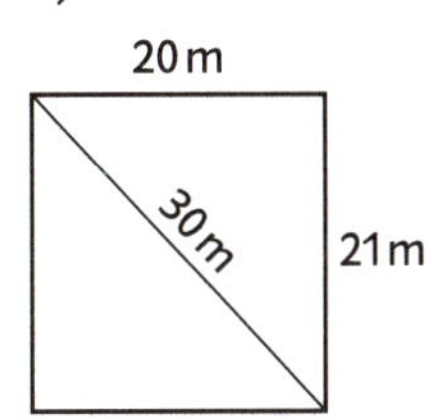

b)

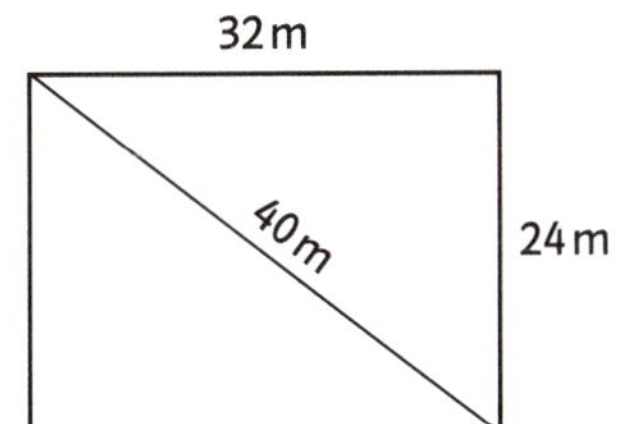

c)

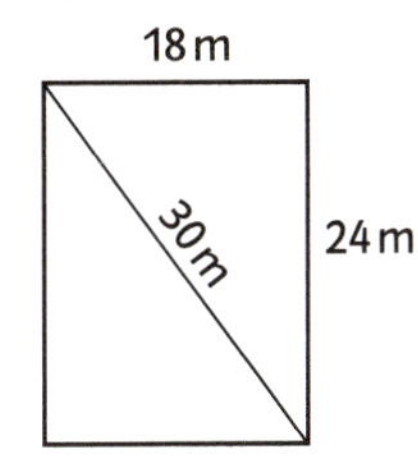

d)

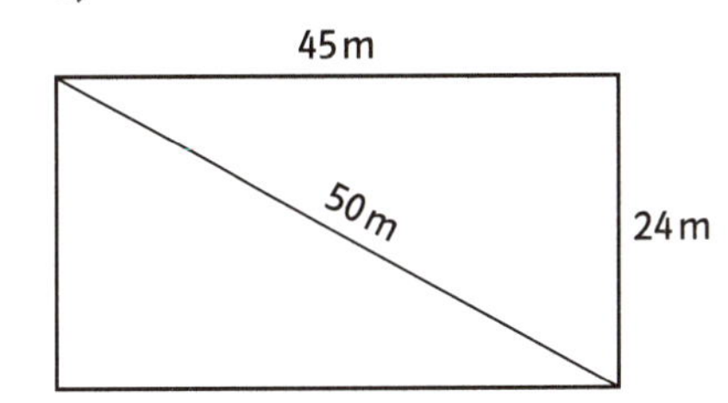

2 Berechne die Länge der orangen Strecken.

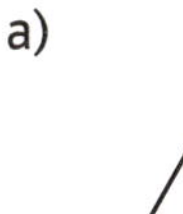

a)

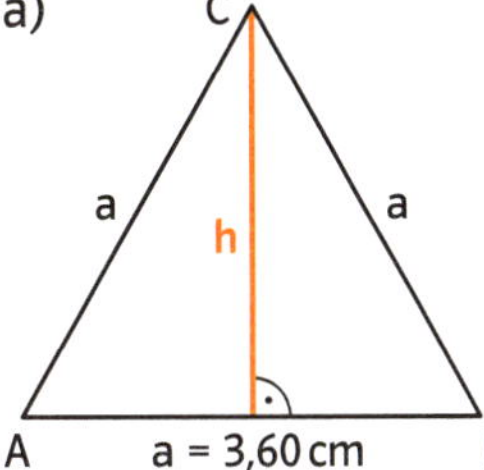

b)

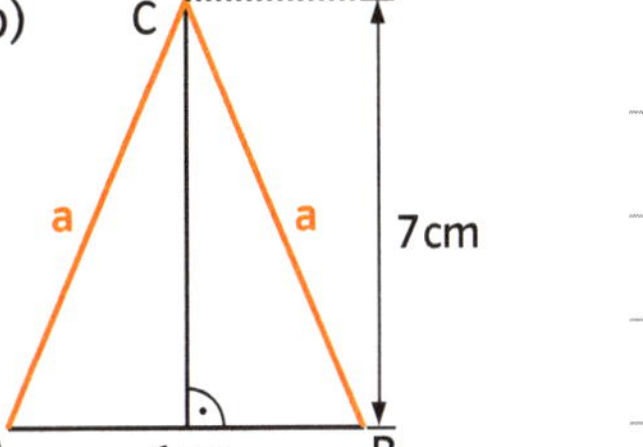

3 Berechne die Länge der Höhe und der Strecke x im gleichschenkligen Trapez. Zeichne zunächst die Höhe h in die Abbildung ein.

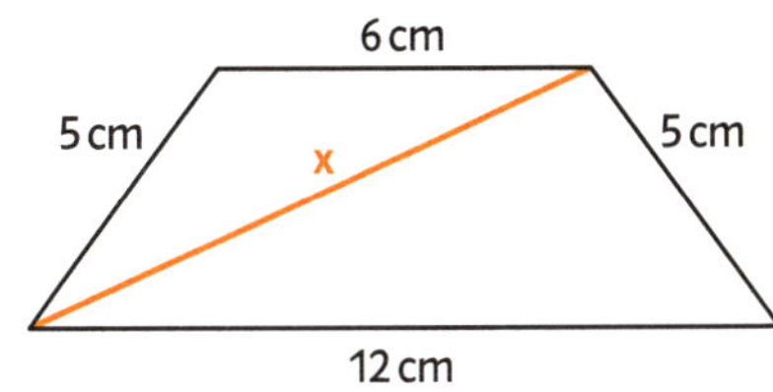

4 Zeichne eine Raumdiagonale ein und berechne ihre Länge.

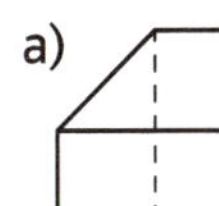

a)

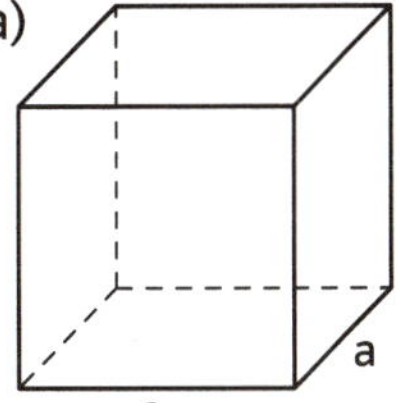

a = 10 cm

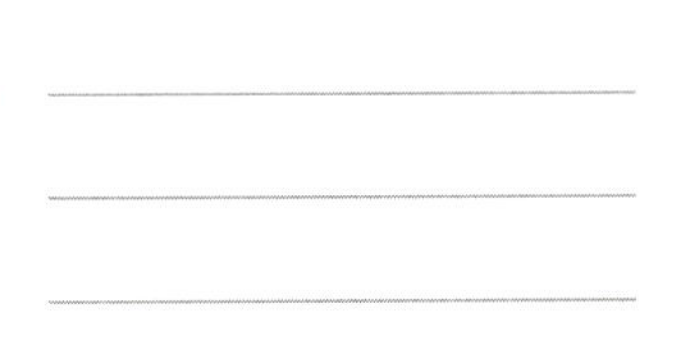

b)

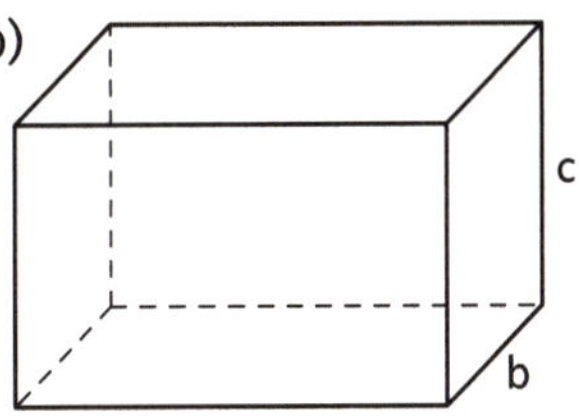

a = 12 cm; b = 3 cm; c = 5 cm

5 Berechne die Länge der orangen Strecke in Abhängigkeit von der angegebenen Variablen.

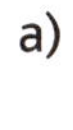

a)

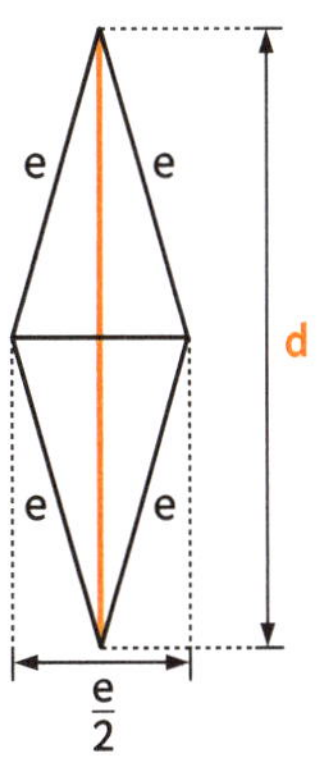

d =

b)

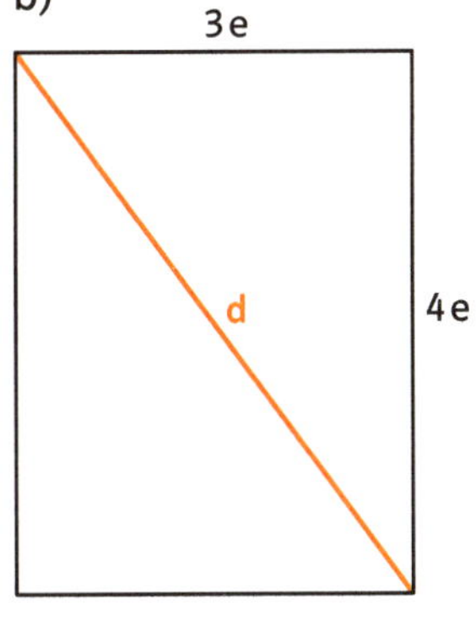

d =

6 Um die Entfernung der beiden Punkte A und B (am anderen Flussufer) zu bestimmen, wird B von A und einem weiteren Punkt C aus angepeilt. Es ergibt sich dabei nebenstehende Figur. Kannst du aus diesen Angaben die Entfernung von A und B bestimmen?

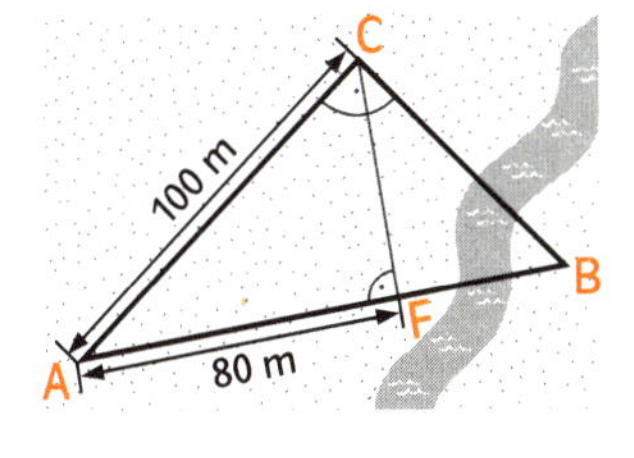

1 Markiere die Karten, die zusammengehören. Ergänze die fehlenden Nullstellen.

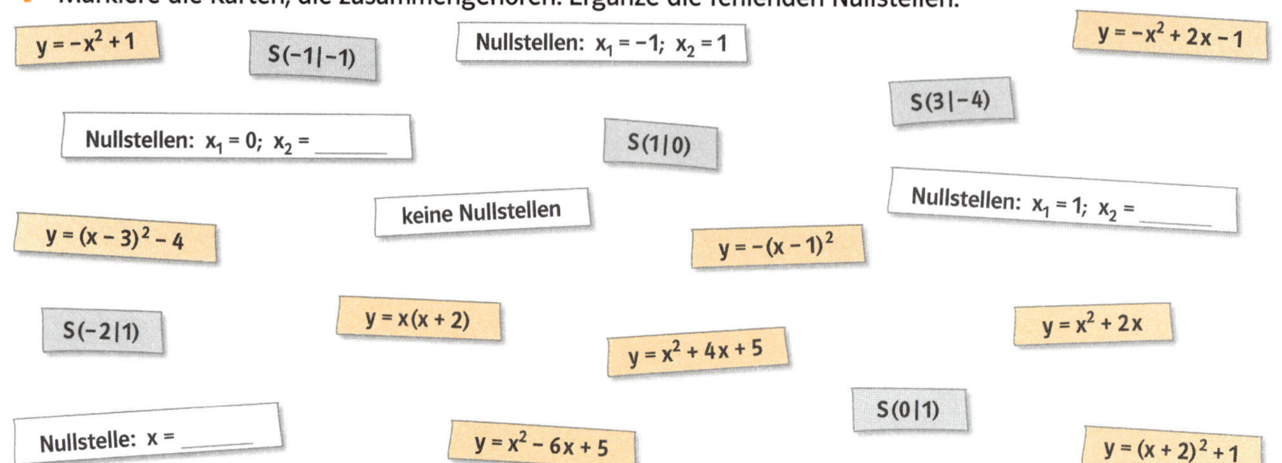

2 Lies die Koordinaten des Scheitels ab und gib den Funktionsterm der zugehörigen Funktion an.
Tipp: Achte auch auf die Weite der Parabel.

a) S(___ | ___) f(x) = ______________

b) S(___ | ___) f(x) = ______________

c) S(___ | ___) f(x) = ______________

d) S(___ | ___) f(x) = ______________

e) S(___ | ___) f(x) = ______________

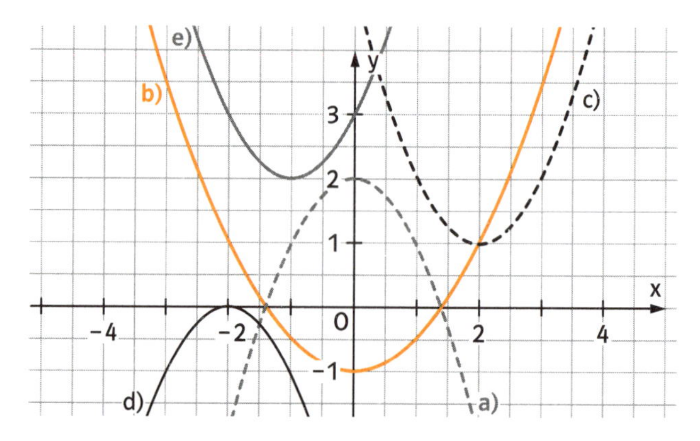

3 Vergleiche Lage und Form des Graphen der vorliegenden Funktion mit der Normalparabel. Kreuze an und trage den entsprechenden Wert ein.

Funktionsgleichung	verschoben um … nach				nach oben geöffnet	nach unten geöffnet	weiter	enger	Anzahl an Nullstellen
	rechts	links	oben	unten					
a) $y = 4(x-3)^2 + 1$	3		1		○	○	○	○	
b) $y = -\left(x + \frac{1}{2}\right)^2 + 2$					○	○	○	○	
c) $y = 0{,}4x^2 - 3$					○	○	○	○	
d) $y = 3(x - 1{,}5)^2$					○	○	○	○	
e) $y = -\frac{1}{4}(x+2)^2 - \frac{1}{2}$					○	○	○	○	
f) $y = 1{,}2(x - 0{,}8)^2$					○	○	○	○	

4 Bestimme die Lösungen der quadratischen Gleichung.

a) $\frac{1}{4}x^2 - 25 = 0$

b) $2x^2 + 4x = 0$

c) $6(x - 4)(x + 4) = 0$

d) $x^2 + 3x - 10 = 0$

e) $\frac{1}{2}x^2 - 4x + 8 = 0$

f) $\frac{1}{3}x^2 + 2x + 10 = 0$

1 Bestimme die Schnittpunkte der Graphen von $f\colon x \mapsto x - 1\ (x \in \mathbb{R})$ und $g\colon x \mapsto \frac{2}{x}\ (x \in \mathbb{R}\setminus\{0\})$ zeichnerisch und rechnerisch.

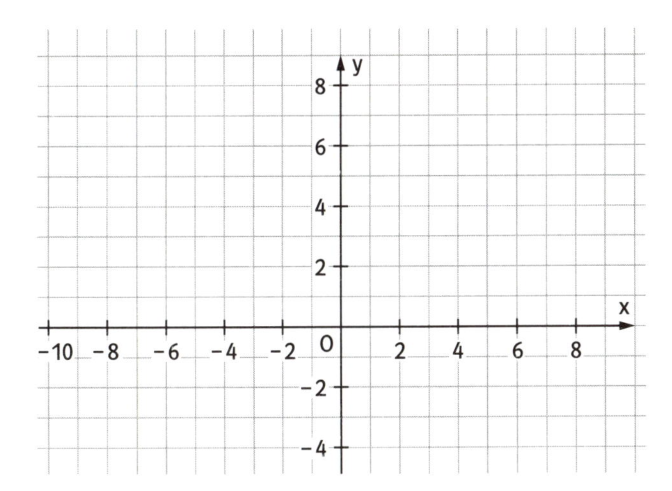

Schnittgleichung von G_f und G_g:

__________ = __________

$\Longrightarrow$ __________ = __________

$\Longrightarrow$ __________

Die beiden Graphen haben die Schnittpunkte A(____ | ____) und B(____ | ____).

2 a) Bestimme die Terme der Parabeln.

Für die Scheitelpunktform von f gilt:

$f(x) = a_1 \cdot (x - \_\_\_\_)^2 + \_\_\_\_$.

Ein möglicher Punkt des Graphen G_f ist

A(____ | ____).

Durch Punktprobe mit A ergibt sich $a_1 =$ ____ .

Ausmultiplizieren und Vereinfachen ergibt:

f(x) = __________ .

Für die Scheitelpunktform von g gilt:

$g(x) = a_2 \cdot (x - \_\_\_\_)^2 + \_\_\_\_$.

Ein möglicher Punkt des Graphen G_g ist

B(____ | ____).

Durch Punktprobe mit B ergibt sich $a_2 =$ ____ .

Ausmultiplizieren und Vereinfachen ergibt: g(x) = __________ .

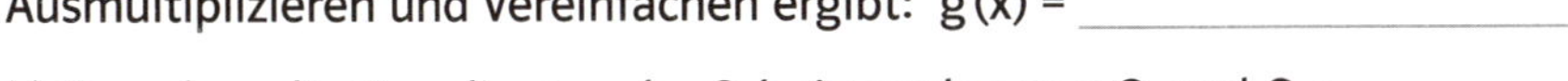

b) Berechne die Koordinaten der Schnittpunkte von G_f und G_g: __________

Die Schnittpunkte sind A(____ | ____) und B(____ | ____).

3 Betrachte die Funktionen $f\colon x \mapsto \frac{1}{x}\ (x \in \mathbb{R}\setminus\{0\})$ und $g\colon x \mapsto m \cdot x\ (m \in \mathbb{R}, x \in \mathbb{R})$. Berechne, falls möglich, die Schnittpunkte der Graphen von f und g in Abhängigkeit von m und beschreibe, wie sich die Lage möglicher Schnittpunkte in Abhängigkeit von m verändert. __________

1 Eine Urne enthält acht Kugeln mit den Zahlen von 1 bis 8. Bestimme in Teilaufgabe a) bis c) jeweils die Wahrscheinlichkeit; gib sie als gekürzten Bruch, als Dezimalbruch und in Prozent an. Denke dir bei Teilaufgabe d) ein passendes Ereignis aus und ergänze die Lücken.

Wahrscheinlichkeit,	Bruch	Dezimalbruch	Prozent
a) die Zahl Fünf zu ziehen			
b) eine gerade Zahl zu ziehen			
c) eine Zahl größer als Fünf zu ziehen			
d)	$\frac{1}{4}$		

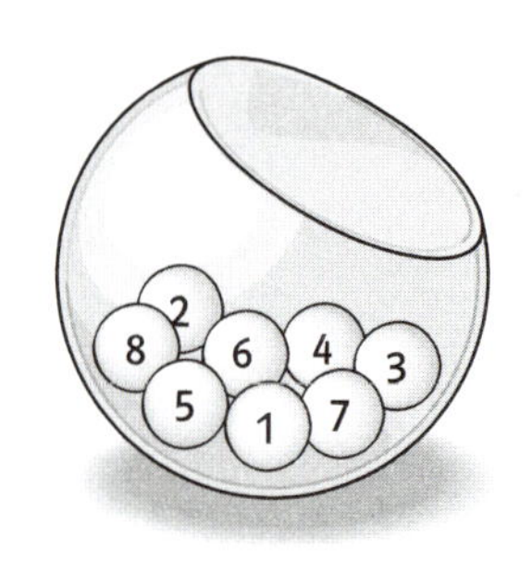

2 An dem Glücksrad wird gedreht. Gib jeweils die Wahrscheinlichkeit an.

a) Die Wahrscheinlichkeit dafür, ein orange gefärbtes Feld zu erzielen, beträgt ________.

b) Die Wahrscheinlichkeit dafür, eine durch drei teilbare Zahl zu drehen, beträgt ________.

c) Nun wird das Glücksrad zweimal hintereinander gedreht.

Die Wahrscheinlichkeit dafür, zweimal die Zehn zu drehen, beträgt ________.

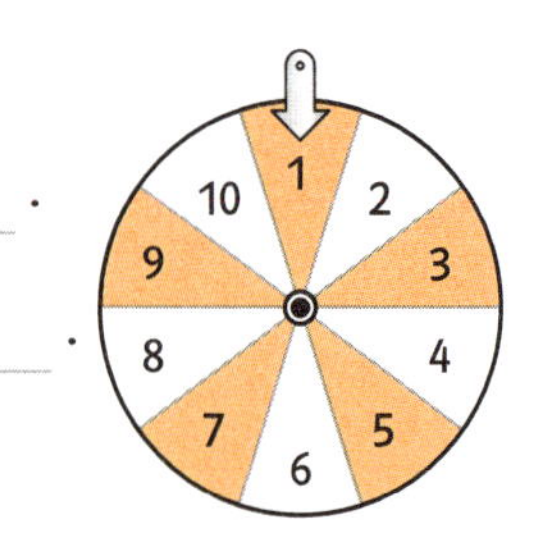

3 Beschrifte die Kugeln in der Urne so: Die Hälfte der Kugeln ist mit einer 1 beschriftet. $\frac{1}{4}$ der Kugeln ist mit einer 2 beschriftet. Des Weiteren gibt es drei Kugeln mit einer 3. Der Rest ist mit einer 5 versehen. Aus dem Behälter wird zufällig eine Kugel gezogen. Wie groß ist die Wahrscheinlichkeit dafür,

a) dass auf der Kugel eine 5 ist? ________

b) dass eine gerade Zahl gezogen wird? ________

c) Es wird 400-mal eine Kugel gezogen (und immer wieder direkt nach dem Ziehen zurückgelegt). Wie oft wird dabei in etwa die 1 gezogen? ________

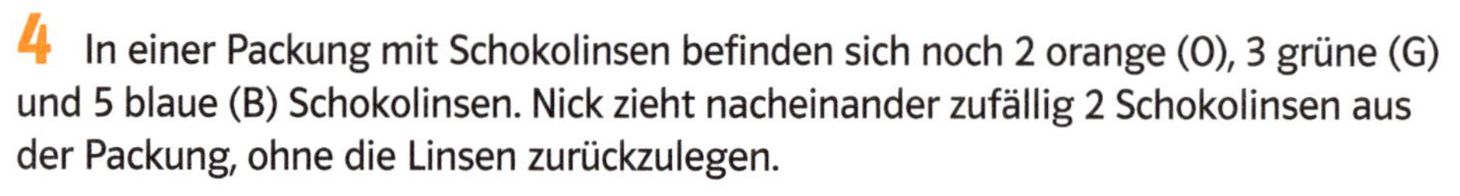

4 In einer Packung mit Schokolinsen befinden sich noch 2 orange (O), 3 grüne (G) und 5 blaue (B) Schokolinsen. Nick zieht nacheinander zufällig 2 Schokolinsen aus der Packung, ohne die Linsen zurückzulegen.

a) Ergänze das Baumdiagramm.

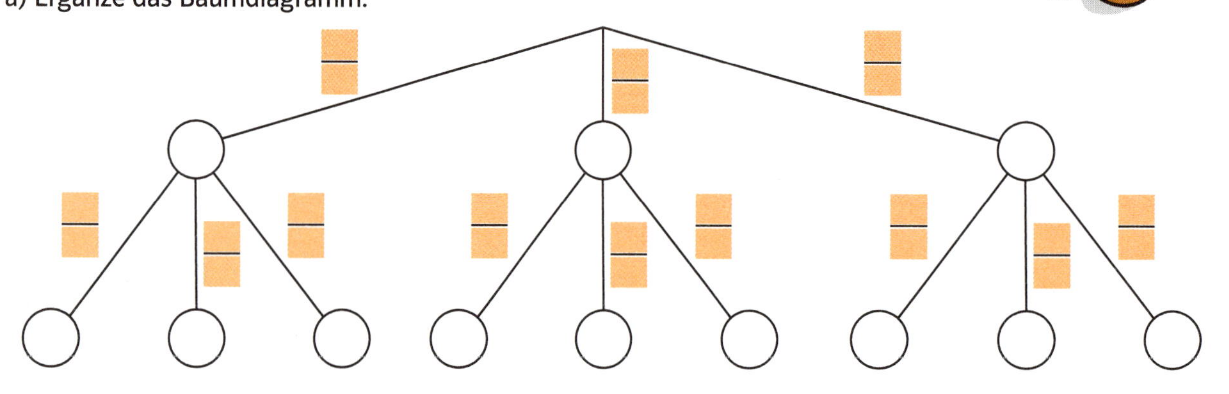

b) Die Wahrscheinlichkeit dafür, zwei gleichfarbige Linsen zu ziehen, beträgt ________.

c) Die Wahrscheinlichkeit dafür, keine grüne Linse zu ziehen, beträgt ________.

1 a) Wie viele vierstellige Zahlen gibt es, in denen die Ziffer 0 nicht vorkommt? ______

b) Wie viele vierstellige Zahlen gibt es, in denen die Ziffer 9 nicht vorkommt? ______

c) Wie viele vierstellige Zahlen gibt es? ______

d) Wie viele vierstellige Zahlen mit vier unterschiedlichen Ziffern gibt es?

______

2 Die beiden Glücksräder werden gedreht. Berechne jeweils die Wahrscheinlichkeit für das Eintreten folgender Ereignisse.

a) Beide Glücksräder zeigen auf ein oranges Feld. ______

b) Beide Glücksräder zeigen auf ein Feld mit einer der Zahlen 2, 3, 5 oder 7. ______

c) Mindestens eines der beiden Glücksräder zeigt auf kein oranges Feld. ______

d) Keines der beiden Glückräder zeigt auf ein Feld mit einer geraden Zahl. ______

3 Drei Jungen (Alexander, Bernd und Cem) und drei Mädchen (Dila, Emma und Flora) setzen sich zufällig nebeneinander auf eine Bank.

a) Bestimme die Anzahl der möglichen Anordnungen. ______

b) Mit welcher Wahrscheinlichkeit sitzen die drei Jungen nebeneinander? ______

c) Mit welcher Wahrscheinlichkeit sitzt Alexander zwischen zwei Mädchen? ______

d) Mit welcher Wahrscheinlichkeit sitzen Jungen und Mädchen abwechselnd nebeneinander? ______

4 Bei einem Multiple-Choice-Test in Erdkunde müssen fünf Fragen beantwortet werden. Zu jeder Frage gibt es vier Antwortmöglichkeiten, von denen genau eine richtig ist. Ein unvorbereiteter Schüler rät bei jeder Antwort und kreuzt zufällig bei jeder Frage eine Antwort an.

a) Mit welcher Wahrscheinlichkeit sind alle Antworten richtig? ______

b) Mit welcher Wahrscheinlichkeit sind alle Antworten falsch? ______

c) Mit welcher Wahrscheinlichkeit ist mindestens eine Antwort richtig? ______

d) Mit welcher Wahrscheinlichkeit sind nur die ersten beiden Antworten richtig, die anderen drei aber falsch? ______

______

Die Landeshauptstadt von Schleswig-Holstein ist

☐ Flensburg ☐ Kiel

☐ Hamburg ☐ Lübeck

Die Oder mündet in

☐ die Nordsee

☐ die Ostsee

☐ das Schwarze Meer

☐ das Kaspische Meer

5 Die zwölf Ritter der Tafelrunde des Königs Artus beschließen, bei jedem Zusammentreffen eine andere Sitzordnung einzunehmen. Hierbei darf kein Ritter auf einem Platz sitzen, auf dem er schon einmal gesessen hat, mit Ausnahme des Königs, der immer am selben Platz sitzt.

a) Wie viele Sitzungen können unter dieser Vorgabe höchstens abgehalten werden? ______

b) Mit welcher Wahrscheinlichkeit sitzen beim ersten Mal Lancelot und Parzival nebeneinander?

______

1 Berechne die fehlenden Seiten und Winkel im Dreieck.

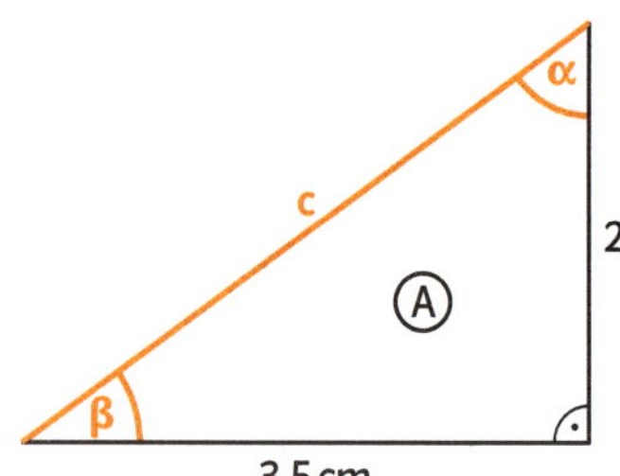

c ≈ ______

α ≈ ______

β ≈ ______

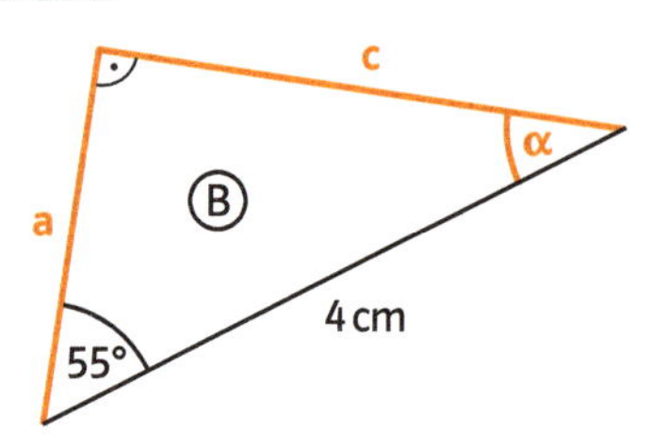

a ≈ ______

c ≈ ______

α = ______

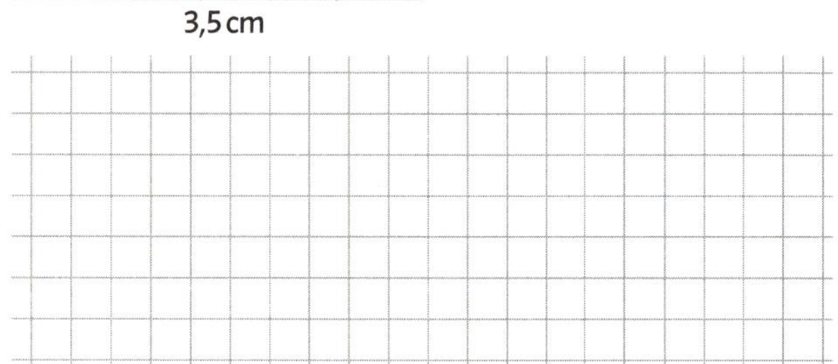

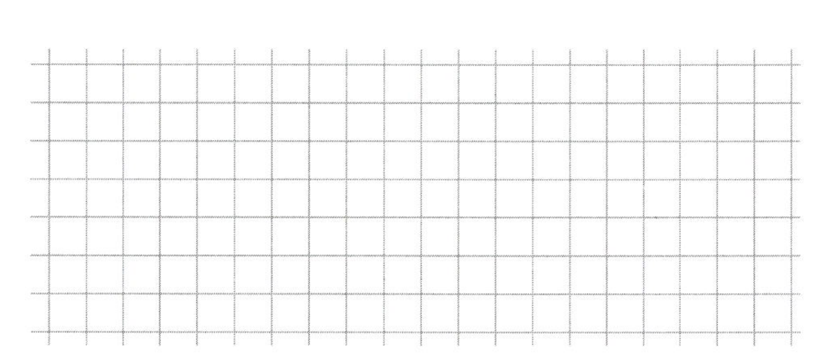

2 Von einem Drachenviereck sind folgende Größen gegeben: α = 30°, γ = 150°, a = 6,7 cm. Berechne die Länge der beiden Diagonalen e und f sowie die Länge der Strecke b.

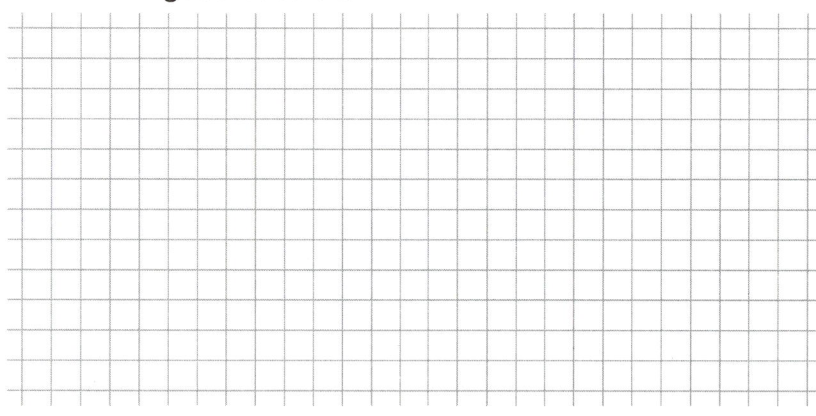

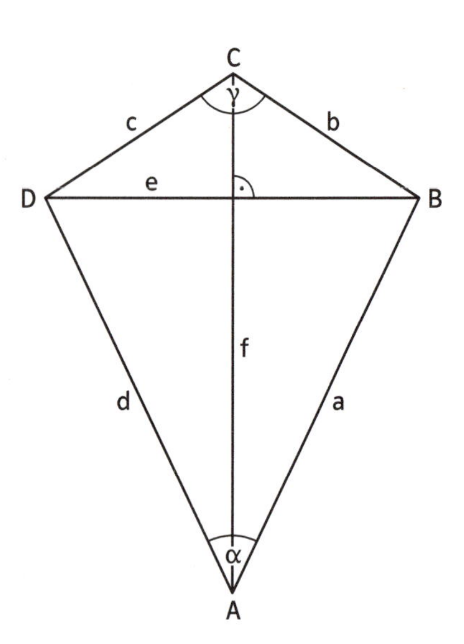

b = ______ ; e = ______ ; f = ______

3 Berechne bei einem Tetraeder den Winkel δ, den zwei Seitenflächenhöhen – siehe Abbildung – miteinander einschließen. [T1]

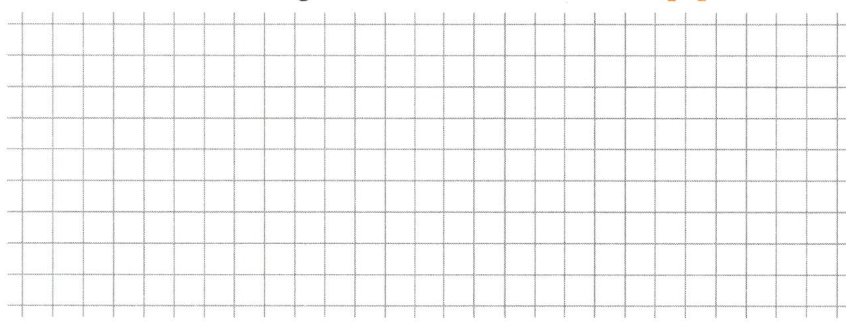

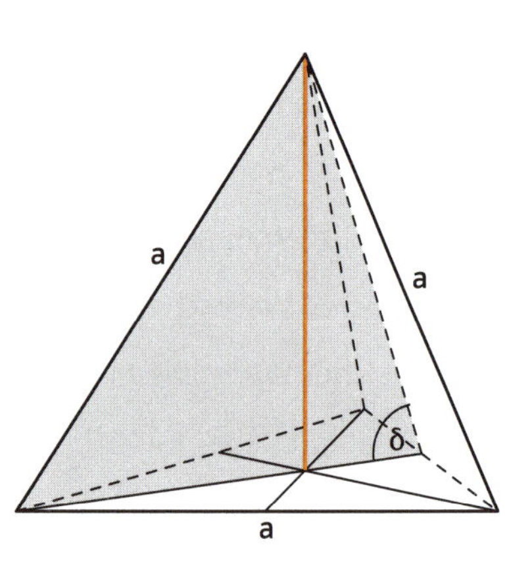

4 Setze einen geeigneten Winkel α mit 0 ≦ α ≦ 90° ein.

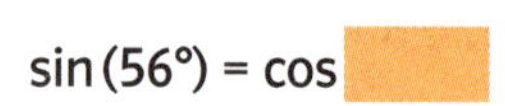

sin (56°) = cos ______ cos (14°) = sin ______ cos ______ = 1 sin ______ = 0

5 Bestimme die folgenden Werte, wenn sin (α) = 0,6 ist. Es gilt: 0 ≦ α ≦ 90°.

cos (α) = ______ tan (α) = ______ cos (90° − α) = ______ tan (90° − α) = ______

[T1] Die Höhen in einem gleichseitigen Dreieck sind gleichzeitig die Seitenhalbierenden und werden vom Schnittpunkt im Verhältnis 1 : 2 geteilt.

1

Ein Würfel mit der Kantenlänge 50 cm wird wie abgebildet in zwei Teile zerlegt.
Aus jedem Teil des Würfels wird ein zylinderförmiges Stück wie abgebildet mit 25 cm Tiefe und 10 cm Durchmesser herausgebohrt.
Berechne den Oberflächeninhalt und das Volumen eines Teilkörpers.

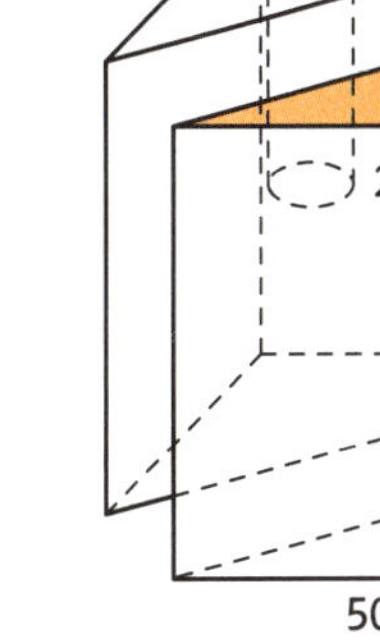

O = ______________ V = ______________

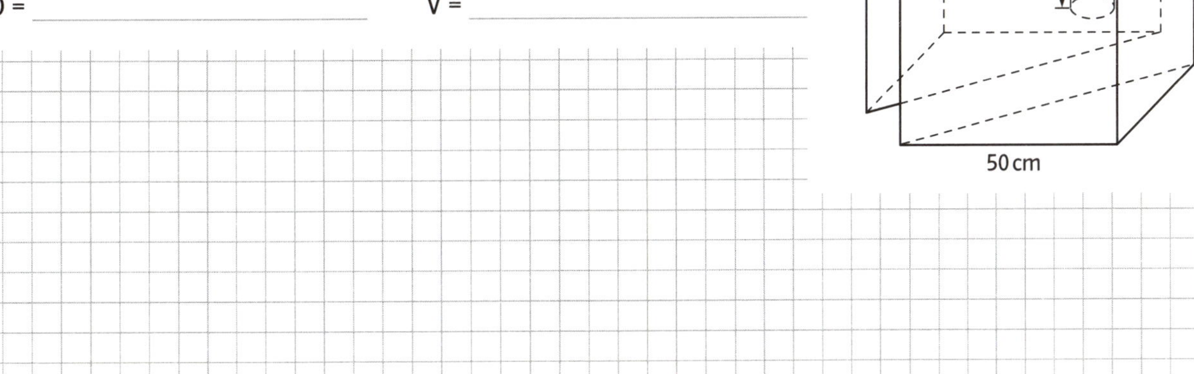

2

Notiere zusammengehörende Karten. Beachte: Einige Karten werden mehrfach benötigt.

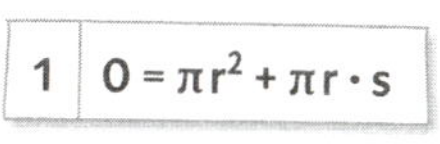

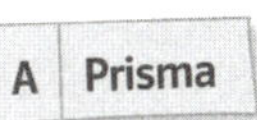

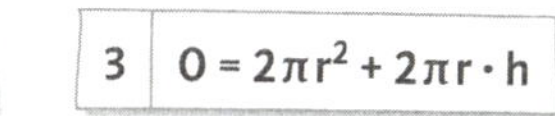

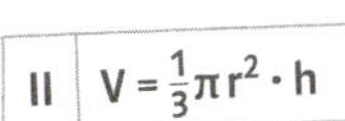

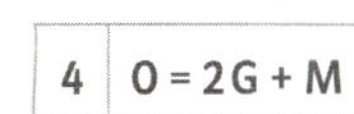

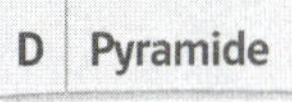

2 | $O = G + M$

I | $V = \pi r^2 \cdot h$

III | $V = G \cdot h$

IV | $V = \frac{1}{3}G \cdot h$

A: ______________ B: ______________ C: ______________ D: ______________

3

Eine gerade Pyramide mit der Höhe $h = 3\,cm$ hat eine quadratische Grundfläche mit der Seitenlänge $a = 2\,cm$.

a) Zeichne ein Schrägbild der Pyramide.

Zeichnung:

b) Berechne das Volumen V der Pyramide.

V = ______________

c) Berechne die Höhe h_s der Seitenfläche.

h_s = ______________

d) Berechne den Oberflächeninhalt O der Pyramide.

O = ______________

4

Berechne das Volumen V und den Oberflächeninhalt O des Körpers.

a)

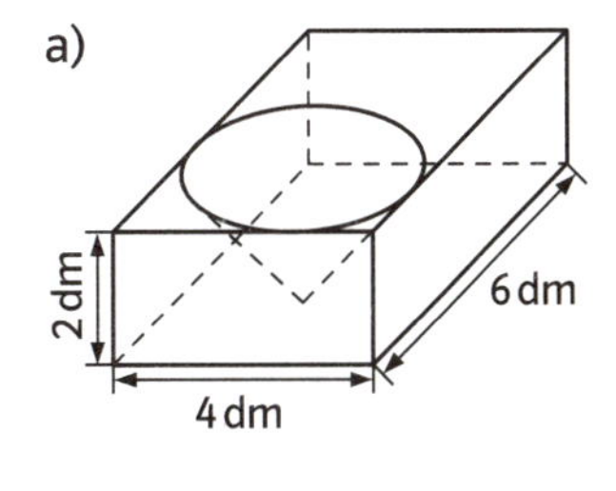

V ≈ ______________

O ≈ ______________

b)

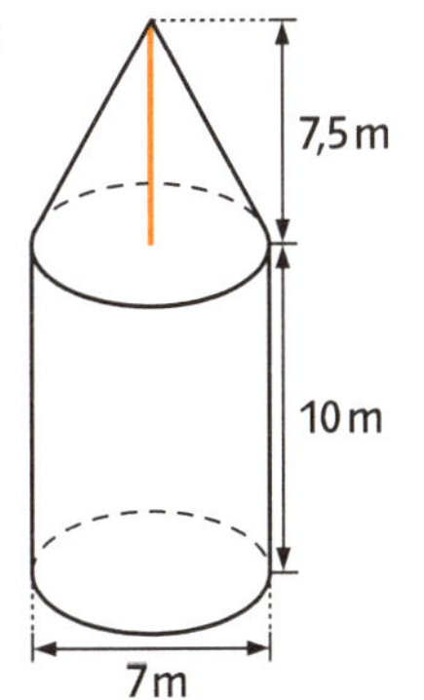

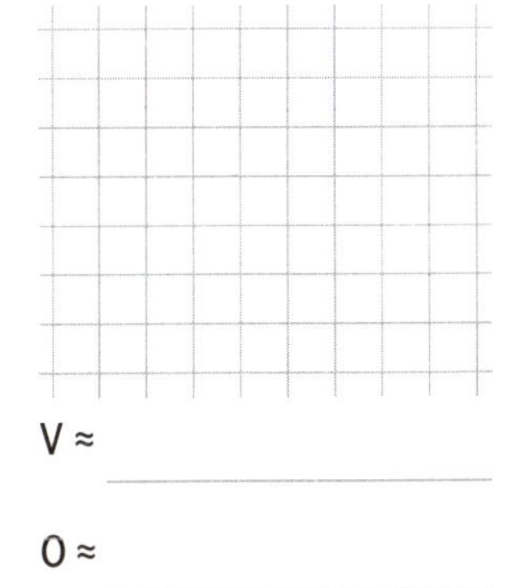

V ≈ ______________

O ≈ ______________

1 Rechne in das andere Maß um. Gib als Vielfaches von π bzw. auf Grad genau an.

α im Gradmaß	1°		18°	36°		63°		150°		310°
α im Bogenmaß		$\frac{\pi}{15}$			$\frac{\pi}{4}$		$\frac{2\pi}{3}$		$\frac{7\pi}{6}$	

2 Bestimme den Flächeninhalt und den Umfang der orange gefärbten Flächen. (1 Karo entspricht 0,5 cm.)

a)
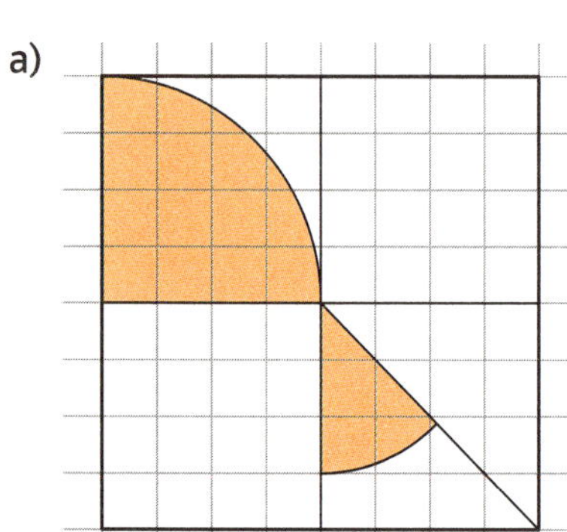

b)
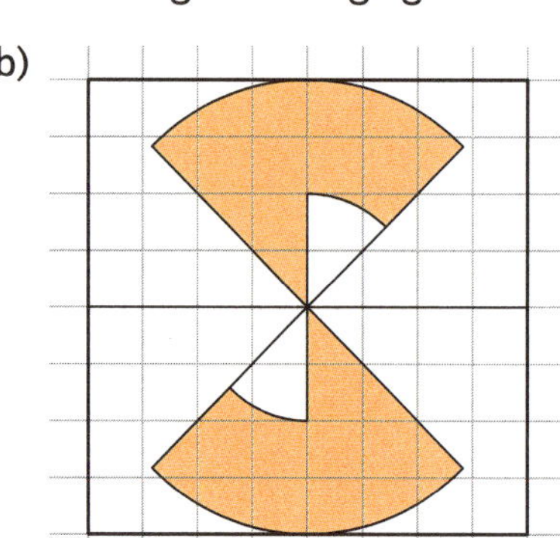

c)
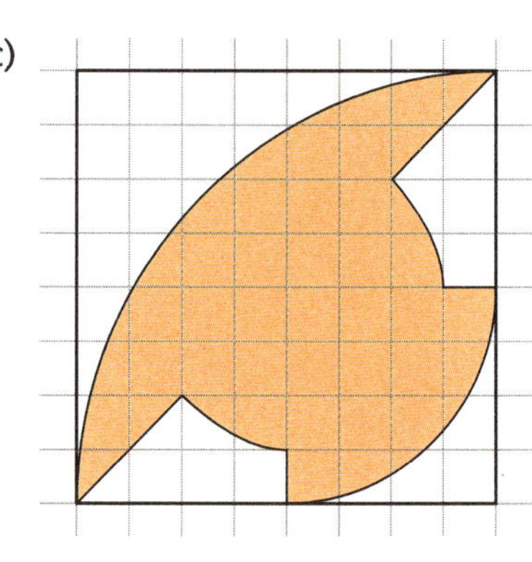

a) A = ______

U = ______

b) A = ______

U = ______

c) A = ______

U = ______

3 Berechne die fehlenden Angaben des Kreissektors.

	r	α	b	A	U
a)	3,5 m	200°			
b)		95°	12 m		
c)	3,5 m		1,6 m		
d)		350°			54 m

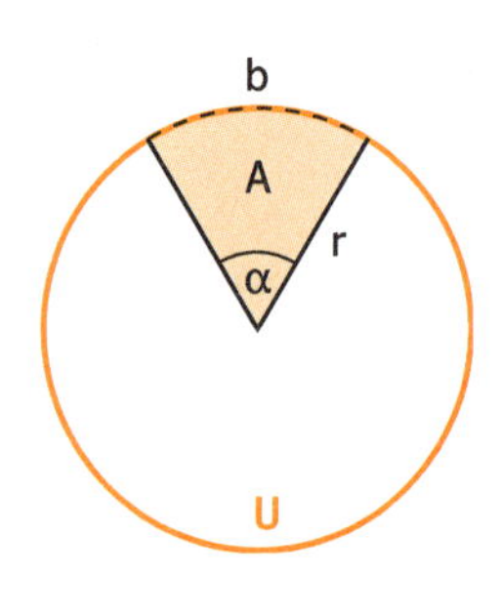

4 Vor den Auszahlungsschaltern einer Bank sind mehrere Videokameras angebracht. Sie lassen sich um 130° schwenken und nehmen in einer Entfernung von bis zu 20 m eine Person gut erkennbar auf.
Wie groß ist das Beobachtungsfeld einer Kamera? Lege zunächst eine Skizze an.

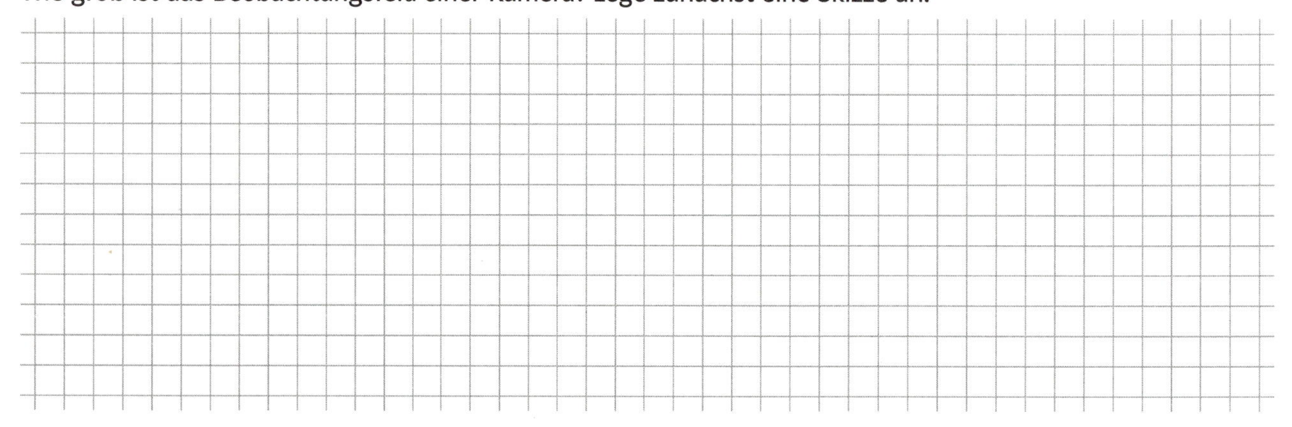

Das Beobachtungsfeld hat einen Flächeninhalt von ______ m^2.

1 Die Lufthülle der Erde umfasst 5140 Trillionen Tonnen Luft. Auch wenn der Übergang zwischen Atmosphäre und Weltraum fließend ist, wird meist eine bestimmte Höhe als Grenze festgelegt. Bei einer allgemein anerkannten Festlegung entspricht das Volumen der Atmosphäre etwa 5 % des Erdvolumens. Berechne die ungefähre Höhe der Erdatmosphäre und vergleiche sie mit dem Erdradius, der 6370 km beträgt.

2 Beim Kugelstoßen der Frauen haben die Kugeln eine Masse von 4 kg.

a) Welchen Durchmesser hat eine Kugel aus Gusseisen mit einer Dichte von $7{,}2\,\frac{g}{cm^3}$? Beachte die Einheit.

b) Eine Firma bietet die abgebildete Hochleistungs-Stoßkugel aus Messing an. Masse und Durchmesser sind auf der Kugel eingraviert. Welche Dichte hat dieses Material?

4 kg

95 mm

c) Welche Masse hätte eine Kugel aus Gold $\left(\text{Dichte } 19{,}3\,\frac{g}{cm^3}\right)$ mit dem gleichen Durchmesser wie die Kugel aus Teilaufgabe b)?

3 Eine Korkkugel mit einem Durchmesser von 10 cm wiegt ungefähr so viel wie die Hälfte eines 250-g-Stücks Butter. Wie viele 250-g-Stücke Butter haben ungefähr die Masse einer Korkkugel mit dem Radius 50 cm?

4 Paula besitzt eine halbkugelförmige Schale. Der Innendurchmesser der Schale beträgt 32 cm. Sie gießt den Inhalt der randvoll mit Wasser gefüllten Schale in ein zylinderförmiges Gefäß mit einem Innendurchmesser von 32 cm. Wie hoch steht die Flüssigkeit in dem Gefäß?

Oberflächeninhalt der Kugel

1 Berechne die fehlenden Werte für die Kugel. Runde auf zwei Nachkommastellen.

	r	d	O	V
a)	5 m			
b)		0,4 dm		
c)			5,00 cm²	
d)				5,00 cm³

2 Am Aasee in Münster stehen drei riesige Betonkugeln (Durchmesser 3,5 m).

a) Die Kugeln müssen regelmäßig von Schmutz und Graffiti befreit werden. Pro Quadratmeter rechnet man dabei mit durchschnittlich drei Arbeitsstunden. Wie lange braucht man, um die drei Kugeln sachgerecht zu säubern?

O_{Kugeln} = ______________________________

Man benötigt rund ______________ Arbeitsstunden zum Säubern.

b) Berechne die Masse einer Kugel, wenn ein Kubikmeter Beton 2400 kg wiegt und man die Kugeln als massiv annimmt.

V_{Kugel} = ______________________________

Eine Kugel wiegt ______________ kg = __________ t.

3 Vergleiche den Oberflächeninhalt O_Z des Zylinders mit dem gesamten Oberflächeninhalt der einbeschriebenen Kugeln.

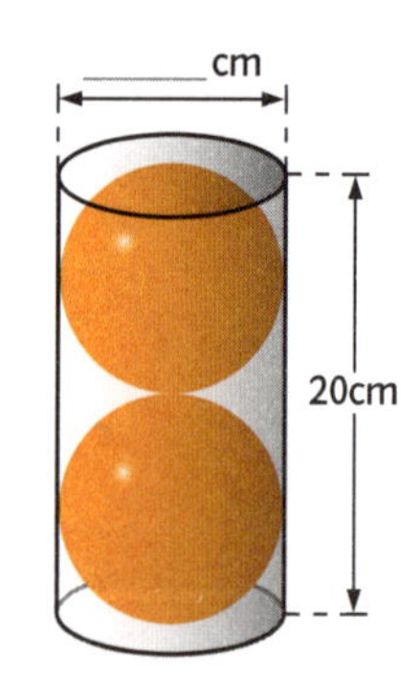

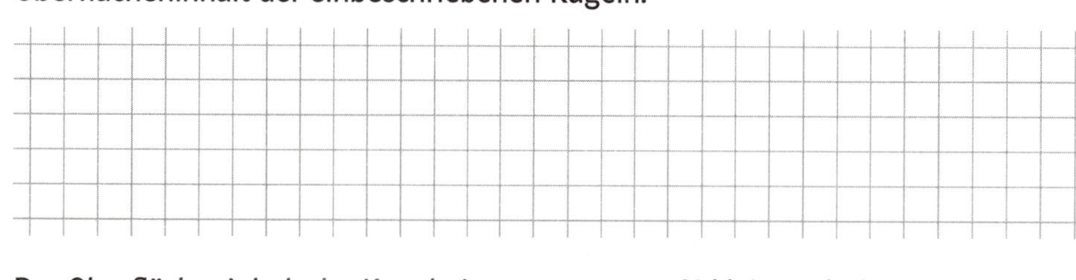

Der Oberflächeninhalt der Kugeln ist um ________ % kleiner als O_Z.

4 Eine Schokoladenhohlkugel hat einen Oberflächeninhalt von 201,1 cm². Sie wiegt 50 g. Berechne die Dicke der Schokoladenhohlkugel, wenn ein Kubikzentimeter dieser Schokolade eine Masse von 1,06 g hat.

5 Vervollständige die Aussage.

Wenn der Radius einer Kugel verdreifacht wird, vergrößert sich ihr Volumen um das ______________ -Fache und ihr Oberflächeninhalt um das ______________ -Fache.

1 Jupiter ist der größte Planet unseres Sonnensystems.

a) Berechne die mittlere Dichte von Jupiter und Erde.

Die Erde hat etwa einen Radius von 6370 km und eine Masse von $5{,}974 \cdot 10^{24}$ kg.

Der Jupiter hat etwa einen Radius von 71 900 km und eine Masse von $1{,}899 \cdot 10^{27}$ kg.

b) Jupiter wird auch „Gasriese" genannt. Wie könnte man diesen Namen mithilfe des Ergebnisses aus Teilaufgabe a) erklären?

c) Bestimme den prozentualen Anteil des Oberflächeninhalts der Erde am Oberflächeninhalt des Jupiters.

Der Oberflächeninhalt der Erde beträgt ______ % des Oberflächeninhalts des Jupiters.

2 Die Fläche rechts rotiert um die Achse g.

a) Stelle Formeln für das Volumen und den Oberflächeninhalt des Drehkörpers auf.

V =

O =

b) Bestimme a so, dass $V = 182{,}25\pi\,\text{dm}^3$ ist.

3* In Freiburg im Breisgau (7° 51′ ö. L.) findet sich das abgebildete Mosaikpflaster. Auf demselben Breitengrad liegen die französische Stadt Le Mans (0° 12′ ö. L.) und die slowakische Stadt Bratislava (17° 9′ ö. L.). [T1]

a) Bestimme die Entfernung Freiburgs zu den beiden anderen Städten entlang des Breitengrades. [T2]

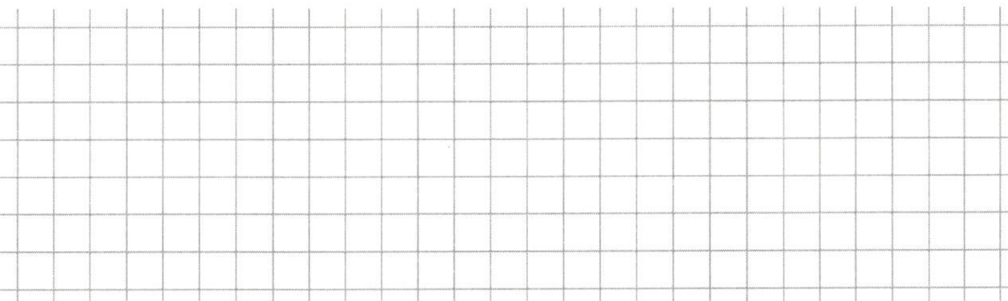

Entfernung Freiburg – Le Mans:

Entfernung Freiburg – Bratislava:

b) Berechne die Entfernung von Freiburg zum Äquator.

[T1] Diese Aufgabe bezieht sich auf die mit einem Sternchen versehene Lerneinheit 5 „Anwendungen an der Erdkugel" im Lehrbuch, deren Kenntnis hier vorausgesetzt wird.

[T2] Winkelminuten müssen zunächst in Grad umgewandelt werden, z. B. $23' = \left(\frac{23}{60}\right)^\circ \approx 0{,}383^\circ$.

*Inhalte, die mit einem Stern gekennzeichnet sind, bieten eine Ergänzung zu den Inhalten des Lehrplans.

Fülle die Lücken. Löse dann die Beispielaufgaben.

Kreiszahl π

Die Kreiszahl π lässt sich weder als endlicher noch als periodischer (unendlicher) Dezimalbruch darstellen. Sie ist also eine __________ Zahl.

π = __________ …

■ Nenne ein Verfahren zur Bestimmung eines Näherungswertes für π.

____

____

Kreissektor

Der Teil eines Kreises mit dem Radius r, der durch zwei Radien und den zum __________ α gehörenden __________ begrenzt wird, heißt Kreissektor.

Länge des Kreisbogens: b = __________

Flächeninhalt des Kreissektors: A = __________

Dabei gibt der Faktor ______ den Anteil vom Bogen __________ bzw. von der Sektorfläche an der __________ an.

■ Ergänze die Zeichnung für $\alpha = 100°$ und markiere Kreisbogen b und Kreissektorfläche A.
Berechne die Länge des Bogens b und den Flächeninhalt des Sektors A.

r = 1,5 cm

b = __________

≈ __________

A = __________

≈ __________

Bogenmaß

Als Bogenmaß bezeichnet man den Quotienten aus __________. Die Größe eines Winkels kann im __________ oder im __________ angegeben werden.

Für den Zusammenhang der beiden Winkelmaße gilt die Formel:

____

■ Ergänze die Tabelle.

Kreissektor	α im Gradmaß	α im Bogenmaß
Halbkreis		
Viertelkreis		
Sechstelkreis		

■ Rechne in das andere Maß um.

20° im Gradmaß: __________

1,2 im Bogenmaß: __________

$\frac{4\pi}{9}$ im Bogenmaß: __________

Volumen der Kugel

Für das Volumen einer Kugel mit dem Radius r gilt:

V = __________

■ Berechne das Volumen einer Kugel mit dem Radius r = 4 dm.

V = __________

Oberflächeninhalt der Kugel

Für den Oberflächeninhalt einer Kugel mit dem Radius r gilt:

O = __________

■ Berechne den Oberflächeninhalt einer Kugel mit dem Radius r = 4 mm.

O = __________

Sinus und Kosinus am Einheitskreis

1 Bestimme zeichnerisch Näherungswerte. Achte auf den Maßstab des Einheitskreises.

a) $\sin(120°) \approx$ ______ b) $\cos(-150°) \approx$ ______

c) $\cos(290°) \approx$ ______ d) $\sin(-40°) \approx$ ______

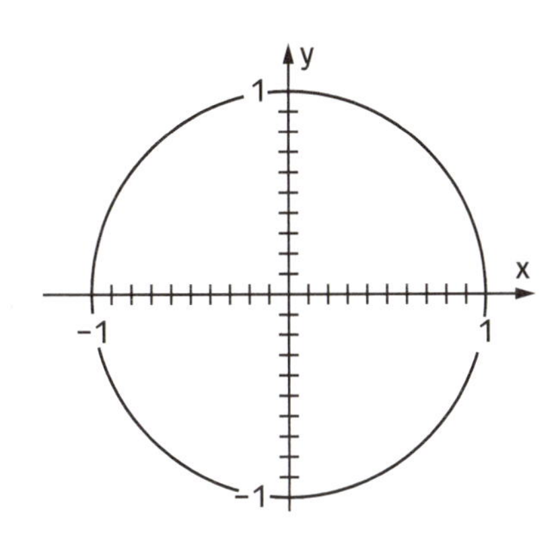

2 Ordne Kärtchen mit gleichen Werten einander zu.

D | $\sin(137°)$

G | $-\cos(43°)$

A | $\sin(43°)$

B | $\sin(317°)$

C | $\sin(223°)$

F | $-\sin(43°)$

E | $\cos(43°)$

H | $\cos(317°)$

I | $\cos(223°)$

3 Fülle die Lücken geeignet aus.

Durch die Spiegelung an der x-Achse erhält man aus α stets $-\alpha$. Es folgt also: $\sin(-\alpha) =$ ______ und $\cos(-\alpha) =$ ______ .

4 Bestimme ohne Taschenrechner nur mit dem gegebenen Wert die anderen Sinus- und Kosinuswerte.

a) $\cos(39°) \approx 0{,}7771$ $\cos(141°) \approx$ ______

$\sin(51°) \approx$ ______ $\sin(-51°) \approx$ ______

$\cos(219°) \approx$ ______

b) $\sin(289°) \approx -0{,}9455$ $\sin(-109°) \approx$ ______

$\cos(19°) \approx$ ______ $\sin(71°) \approx$ ______

$\cos(-19°) \approx$ ______

5 Wahr oder falsch? Begründe, ohne den Taschenrechner zu benutzen.

a) $\cos(278°) = 3$ ______

b) $\sin(135°) = \cos(135°)$ ______

c) $\sin(23°) = \cos(293°)$ ______

d) $\cos\left(\frac{7}{4}\pi\right) = -\sin\left(\frac{1}{4}\pi\right)$ ______

e) $\cos(270°) + \sin(270°) = -1$ ______

f) $\cos(-60°) = -\frac{1}{2}$ ______

6 a) Bestimme alle $x \in \mathbb{R}$ im Bereich $0 \leqq x < 2\pi$, für die gilt:

$\sin(x) = 0{,}2$: ______ ; $\cos(x) = -0{,}7$: ______

b) Bestimme folgende Werte: $\tan(36°) \approx$ ______ und $\tan\left(\frac{\pi}{5}\right) \approx$ ______

c) Für welche Winkel α im Bereich $-360° < \alpha < 360°$ gilt $\tan(\alpha) = 1{,}9128$? Runde auf ganze Grad.

______

1 a) Bestimme – falls möglich – die fehlenden Größen des Dreiecks ABC.

	a	b	c	sin(α)	sin(β)	sin(γ)	α	β	γ
(1)	3,2 cm						98°		42°
(2)		8,2 cm	5,4 cm					101°	
(3)			3,6 cm			0,7	60°		
(4)		8,2 cm	5,4 cm						17°
(5)		8,2 cm	5,4 cm						101°

b) Begründe für die entsprechende Zeile aus Teilaufgabe a), warum es keine Lösung gibt.

c) Begründe, warum es für manche Größenangaben zwei Lösungsdreiecke gibt.

2 a) Warum muss das Lösungsdreieck ABC für $a = 17\,cm$, $b = 2{,}4\,dm$ und $\alpha = 39°$ – falls es existiert – nicht eindeutig sein?

b) Jeweils drei Kärtchen gehören zu einem möglichen Lösungsdreieck. Ordne sie ohne Rechnung einander zu.

$\beta_1 = 62{,}7°$ | $\beta_2 = 117{,}3°$ | $\gamma_1 = 23{,}7°$ | $\gamma_2 = 78{,}3°$ | $c_1 = 26{,}5\,cm$ | $c_2 = 10{,}9\,cm$

3 Die Entfernung zwischen zwei Berggipfeln A und B beträgt 23 km (wie im Bild). Von A und B aus sieht man den Gipfel G unter den angegebenen Winkeln. Wie weit ist der Gipfel G von A und B entfernt?

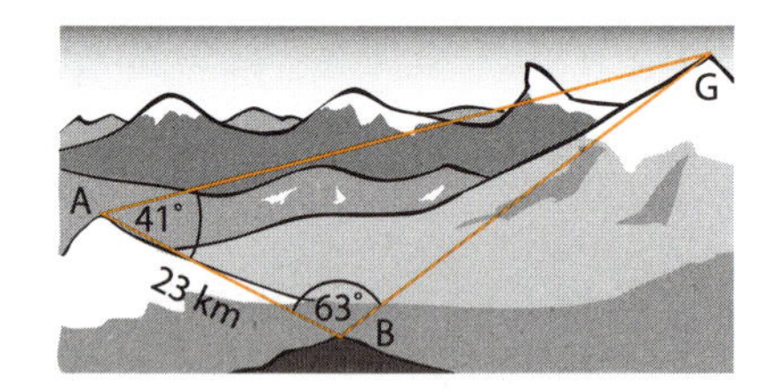

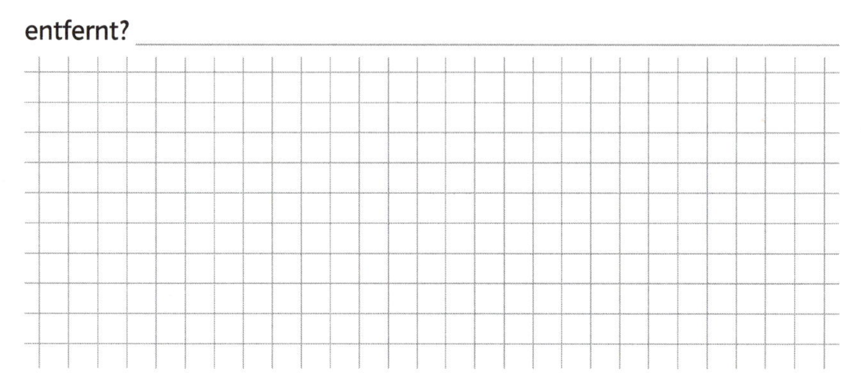

Plan
1. Berechne den fehlenden Winkel bei G (Winkelsummensatz).
2. Stelle Gleichungen mithilfe des Sinussatzes auf.
3. Löse die Gleichungen nach der Unbekannten auf.

4 Für die nebenstehende Abbildung gilt: $\alpha = 68°$, $\beta = 81°$ und $\gamma = 22°$, $\overline{AB} = 78\,m$ und $\overline{BC} = 56\,m$.

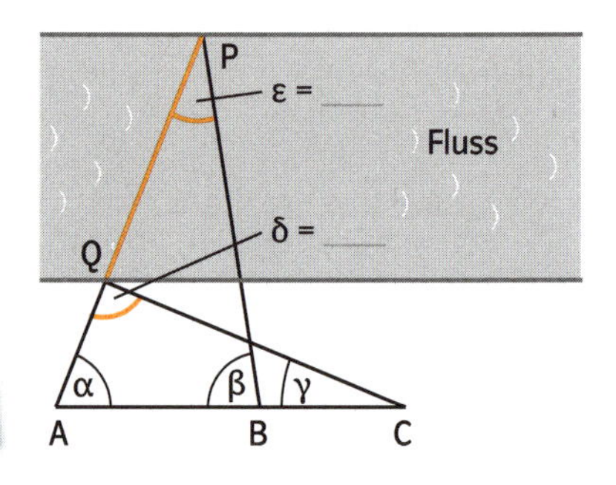

a) Bringe die Schritte zur Berechnung der Strecke $\overline{PQ}$ in eine richtige Reihenfolge.

- ☐ | Berechne $\overline{AQ}$ mit Sinussatz.
- ☐ | Berechne $\overline{AP}$ mit Sinussatz.
- ☐ | Berechne $\overline{AP} - \overline{AQ}$.
- ☐ | Berechne $\overline{AC}$.
- ☐ | Berechne Winkel bei Q und P.

b) Berechne die Länge der Strecke [PQ].

*Inhalte, die mit einem Stern gekennzeichnet sind, bieten eine Ergänzung zu den Inhalten des Lehrplans.

1 Berechne die fehlenden Seitenlängen und Winkelgrößen des Dreiecks.

a)

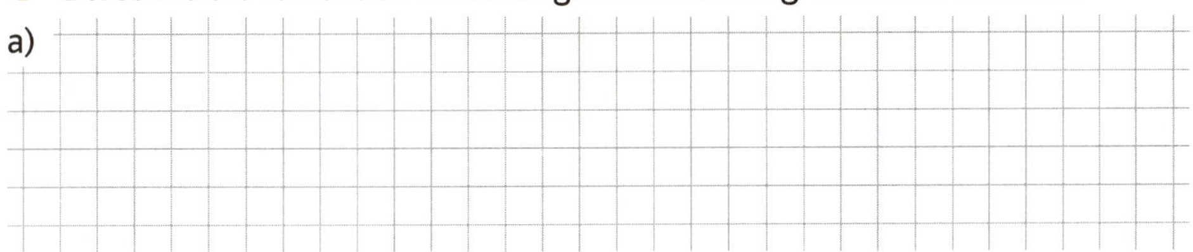

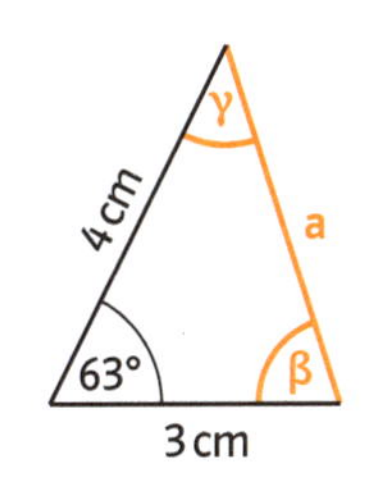

b)

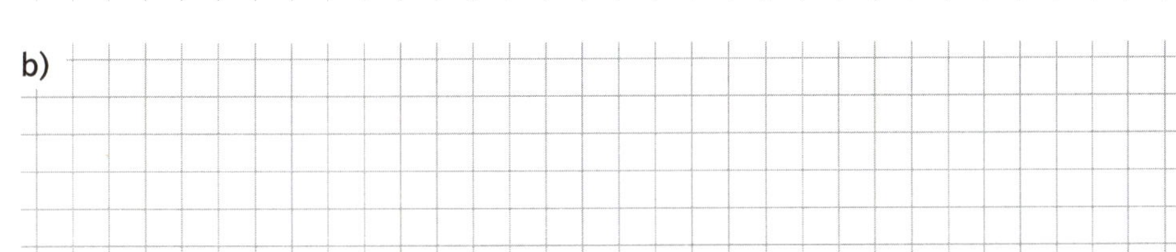

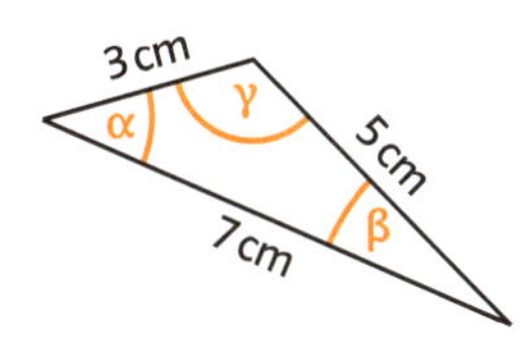

2 Bestimme zunächst die Winkel α, β und γ. Berechne dann die Seiten des symmetrischen Trapezes.

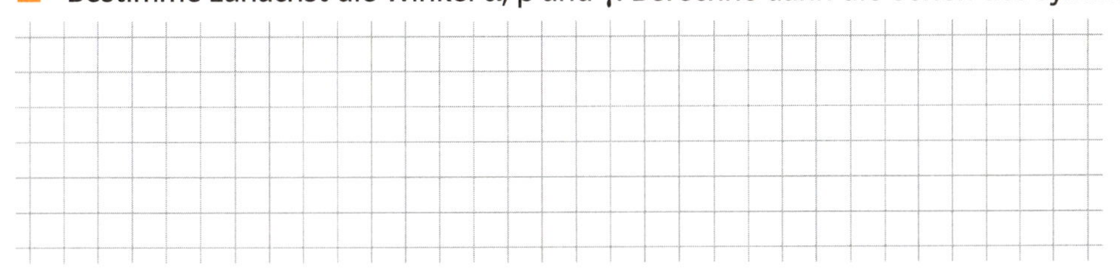

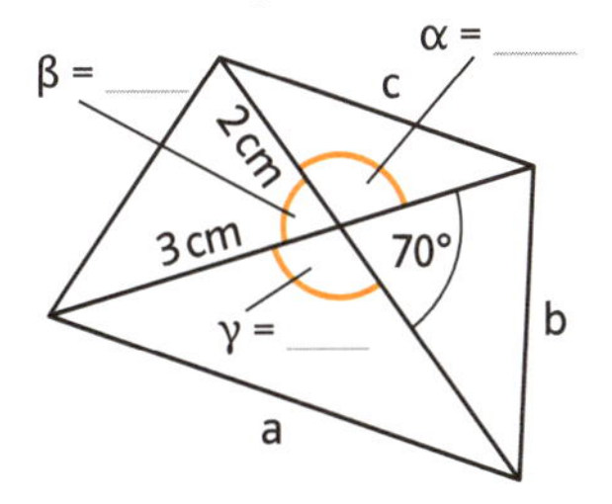

3 a) Bringe zur Berechnung der fehlenden Seitenlängen und Winkelgrößen im Viereck ABCD die Rechenschritte in eine sinnvolle Reihenfolge.

- ☐ Berechne α_1 und γ mit dem Sinus- oder Kosinussatz.
- ☐ Berechne a mit dem Kosinussatz.
- ☐ Berechne e mit dem Kosinussatz.
- ☐ Berechne α_2 und β mit dem Sinus- oder Kosinussatz.

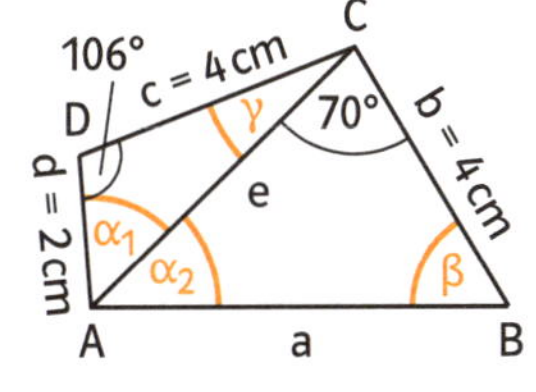

b) Berechne nun die fehlenden Seitenlängen und Winkelgrößen.

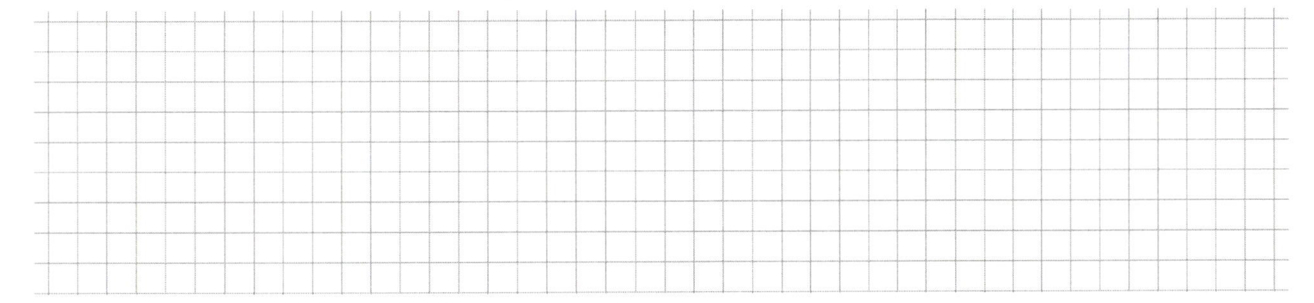

4 Gegeben sind gleichschenklige Dreiecke mit den Winkeln $\gamma_1 = 30°$, $\gamma_2 = 45°$, $\gamma_3 = 60°$, $\gamma_4 = 90°$, $\gamma_5 = 120°$, $\gamma_6 = 135°$ und $\gamma_7 = 150°$ an der Spitze C. Gib für $n \leqq 4$ bzw. für $4 < n \leqq 7$ jeweils eine Formel zur Berechnung der Basis c_n in Abhängigkeit von n sowie von der Schenkellänge b an. [T1]

Für $n \leqq 4$: c_n =

Für $4 < n \leqq 7$: c_n =

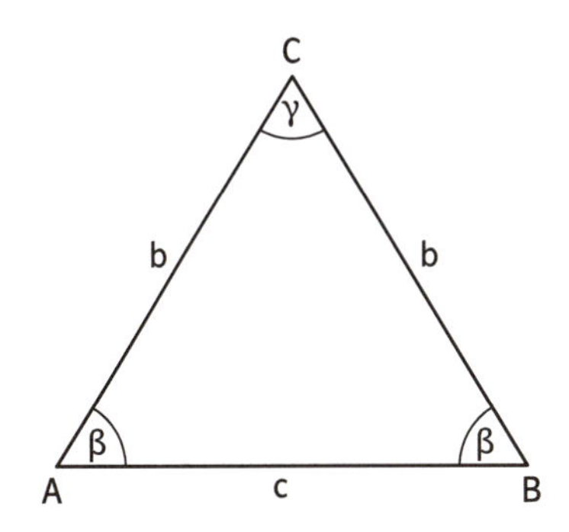

[T1] Berechne zunächst für jeden der Winkel $\gamma_1, \gamma_2, \ldots, \gamma_7$ einzeln die Länge der Basis in Abhängigkeit von b. Bezeichne die jeweilige Basis mit $c_1, c_2, \ldots, c_7$.

*Inhalte, die mit einem Stern gekennzeichnet sind, bieten eine Ergänzung zu den Inhalten des Lehrplans.

1 Bestimme die Funktionswerte ohne Taschenrechner.

a) $\sin\left(\frac{\pi}{2}\right) =$ ______ b) $\cos\left(\frac{2\pi}{3}\right) =$ ______

c) $\cos\left(-\frac{\pi}{4}\right) =$ ______ d) $\sin\left(-\frac{\pi}{6}\right) =$ ______

α	sin(α)	cos(α)	α	sin(α)	cos(α)
0°	$\frac{1}{2}\sqrt{0} = 0$	1	30°	$\frac{1}{2}\sqrt{1} = \frac{1}{2}$	$\frac{1}{2}\sqrt{3}$
45°	$\frac{1}{2}\sqrt{2}$	$\frac{1}{2}\sqrt{2}$	60°	$\frac{1}{2}\sqrt{3}$	$\frac{1}{2}$
90°	$\frac{1}{2}\sqrt{4} = 1$	0			

2 Bestimme alle reellen Zahlen x mit $0 \leqq x \leqq 2\pi$, für die das Folgende gilt.

a) $\sin(x) = -\frac{1}{2}\sqrt{2}$ $x_1 =$ ______ ; $x_2 =$ ______ b) $\cos(x) = -1$ ______

3

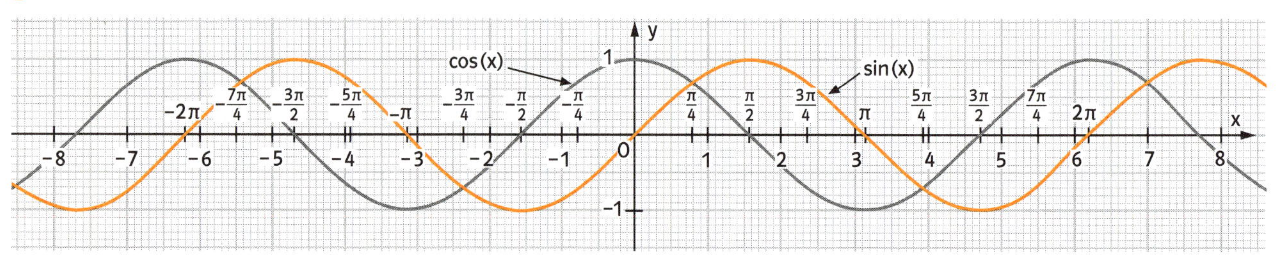

a) Fülle die Lücken aus.
Die trigonometrischen Funktionen Sinus und Kosinus sind periodisch mit der Periodenlänge ______ ;
d. h., für jede beliebige ganze Zahl $k \in \mathbb{Z}$ gilt: $\sin(x +$ ______ $) = \sin(x)$ bzw. $\cos(x +$ ______ $) = \cos(x)$.

b) Gib die folgenden Funktionswerte ohne Hilfe des Taschenrechners an.

$\sin(5\pi) =$ ______ $\cos\left(-\frac{11}{2}\pi\right) =$ ______ $\sin\left(\frac{11}{4}\pi\right) =$ ______ $\cos\left(\frac{31}{6}\pi\right) =$ ______

c) Bestimme mithilfe der Abbildung alle $x \in \mathbb{R}$, für die Folgendes gilt. Runde auf eine Nachkommastelle.

$\sin(x) = 0{,}6$; $x \approx$ ______ , $\cos(x) = -0{,}3$; $x \approx$ ______

d) Bestimme mithilfe der Abbildung alle $x \in \mathbb{R}$ mit $-2\pi \leqq x \leqq 2\pi$, für die gilt:

$\cos(x) = \sin(x)$; ______ $\cos(x) = -\sin(x)$; ______

4 💻 Bestimme alle reellen Zahlen x auf zwei Nachkommastellen genau, für die Folgendes gilt.
Begründe gegebenenfalls, warum es keine Lösung gibt.

a) $\sin(x) = 0{,}8537$ ______ b) $\cos(x) = 2{,}0015$ ______

5 Ordne die Kärtchen den Lücken zu, ohne zu rechnen.

9 −6,3 −0,02 −0,91

a) cos ______ ≈ ______ b) sin ______ ≈ ______

6 Begründe die Aussagen.

a) 💻 Die Gleichung $\sin(x) = \frac{2}{\pi} \cdot x$ besitzt für $x \in \mathbb{R}$ genau drei Lösungen. ______

______

______

b) Die Gleichung $\sin(x) \cdot \cos(x) = 0$ besitzt für $x \in \mathbb{R}$ unendlich viele Lösungen.

______

______

c) Die Gleichung $\sin(x) \cdot \cos(x) = -1$ besitzt für $x \in \mathbb{R}$ keine Lösung.

______

______

1 Gib die Amplitude a und die Periode p der Funktion f an.

a) $f(x) = \sin\left(\frac{x}{2}\right)$

a = ___ ; p = ___

b) $f(x) = 3 \cdot \sin(\pi x)$

a = ___ ; p = ___

c) $f(x) = 0{,}2 \cdot \sin\left(\frac{3}{4}\pi x\right)$

a = ___ ; p = ___

2 Gib den Funktionsterm einer Sinusfunktion mit der Periode p und der Amplitude a an.

a) $p = \pi;\ a = 2$

f(x) = ___

b) $p = 2;\ a = \pi$

f(x) = ___

c) $p = 0{,}3;\ a = 0{,}3$

f(x) = ___

3 a) Beschrifte die Achsen.

$f(x) = 4 \cdot \sin(\pi x)$

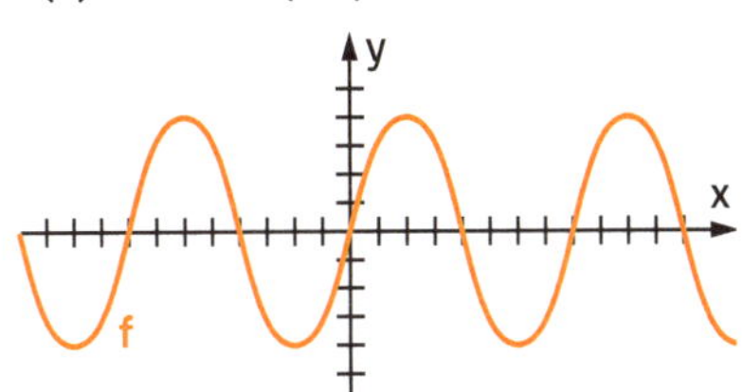

$g(x) = 0{,}2 \cdot \sin(2\pi x)$

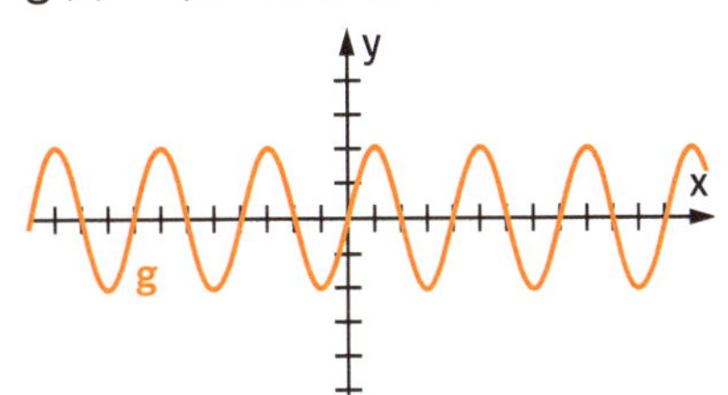

$h(x) = 0{,}5 \cdot \sin(0{,}5x)$

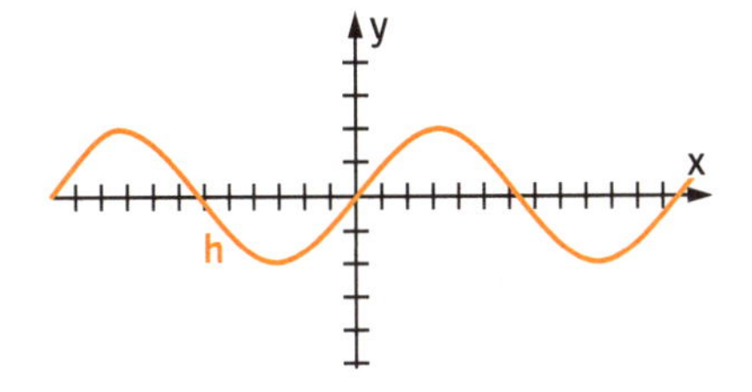

b) Gib zu jedem Graphen die Periode p, die Amplitude a und den Funktionsterm von f an.

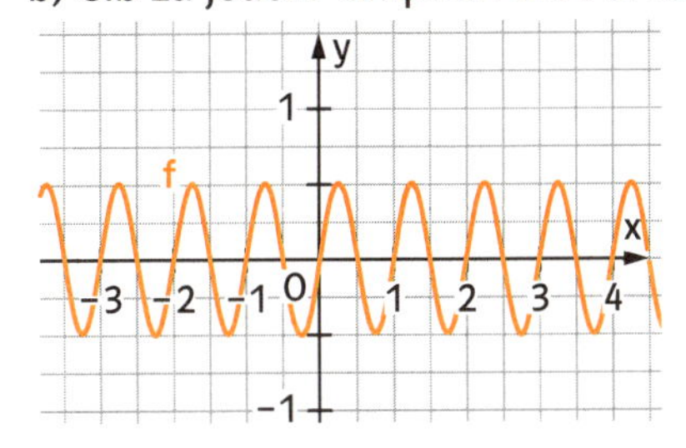

p = ___ ; a = ___

f(x) = ___

p = ___ ; a = ___

f(x) = ___

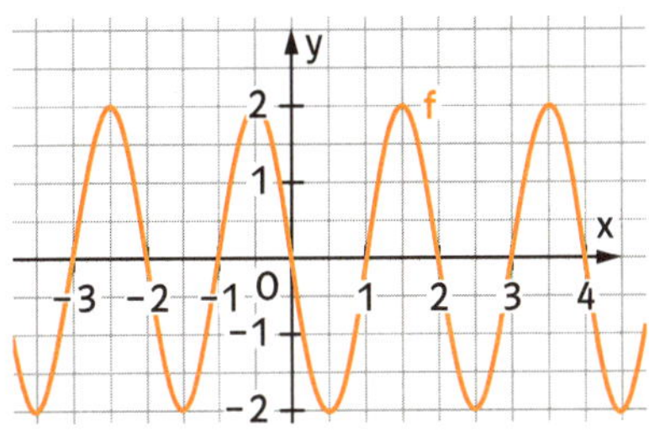

p = ___ ; a = ___

f(x) = ___

4 Gib in Worten an, wie der Graph von f aus dem Graphen von g mit $g(x) = \sin(x)$ entsteht.

a) $f(x) = 4 \cdot \sin[2(x - 2)]$

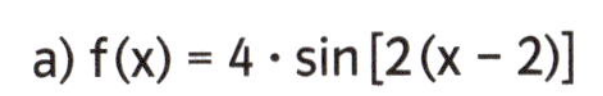

b) $f(x) = -0{,}3 \cdot \sin(0{,}25x + 2) =$ ___

5 Wo sind die Achsen? Zeichne die Koordinatenachsen mit Einteilung ein.

a) $f(x) = \sin(x - \pi)$

b) $f(x) = 2 \cdot \sin(0{,}5 \cdot x)$

c) $f(x) = 0{,}1 \cdot \sin(\pi x + \pi)$

= ___

6 Bestimme die Zahlen a, b und c so, dass der Graph von f mit $f(x) = a \cdot \sin(bx + c)$ die aufeinanderfolgenden Extrempunkte $T(\pi \mid -4)$ und $H(3\pi \mid 4)$ hat.

a = ___ b = ___ c = ___

Die allgemeine Sinusfunktion $x \mapsto a \cdot \sin(bx + c)$ (2)

1 Gib die Richtungen der Verschiebungen und Streckungen an, mit deren Hilfe man den Graphen von f aus dem Graphen der Sinusfunktion g mit $g(x) = \sin x$ erhält. Achte auf die richtige Reihenfolge.

a) $f(x) = 0{,}5 \cdot \sin[5(x - 3)]$

1. ______
2. ______
3. ______

b) $f(x) = 2 \cdot \sin(5x + 3)$

1. ______
2. ______
3. ______

2 Skizziere den Graphen der Funktion f, der schrittweise aus dem Graphen der Sinusfunktion g mit $g(x) = \sin(x)$ durch

a) 1. Strecken in x-Richtung mit dem Faktor 0,5
und
2. Verschieben in Richtung der x-Achse um 2
entsteht.

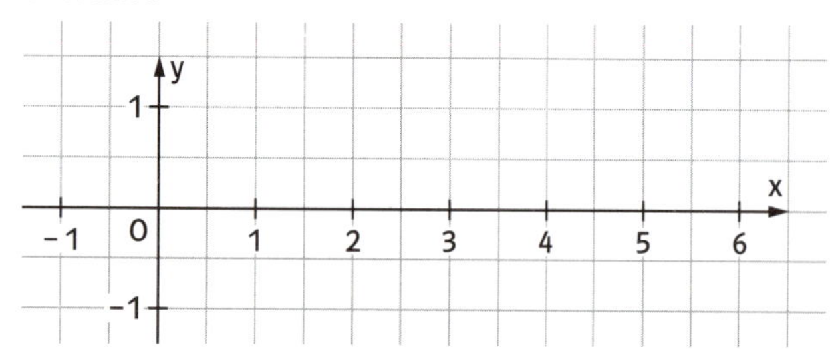

b) 1. Verschieben in Richtung der x-Achse um 2
und
2. Strecken in x-Richtung mit dem Faktor 0,5
entsteht.

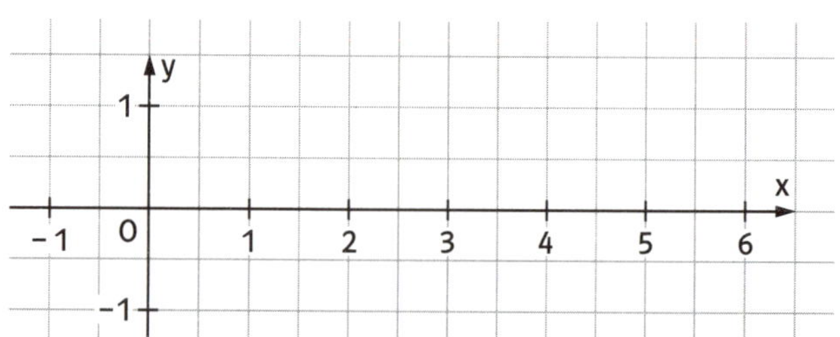

3 Auf der Hafenmauer einer Stadt an der Nordsee befindet sich eine alte Messskala für Wasserpegel unter bzw. über Normal-Null (NN), d.h. unter bzw. über dem Meeresspiegel. Um 7:36 Uhr zeigt die Skala mit 1,40 m unter NN den niedrigsten und um 13:48 Uhr desselben Tages mit 1,40 m über NN den höchsten Wasserpegel an.

a) Bestimme a, b und c für den Term der Sinusfunktion $f: x \mapsto a \cdot \sin[b(x + c)]$, die näherungsweise den Wasserpegel bei Ebbe und Flut in Abhängigkeit der Zeit (beginnend bei 0:00 Uhr dieses Tages) beschreibt. [T1]

______

______

______

______

______

b) Verwende den in Teilaufgabe a) gefundenen Funktionsterm von f, um alle Zeitpunkte zu bestimmen, an denen der Wasserpegel an diesem Tag zwischen 0:00 Uhr bis 23:59 Uhr genau NN ist.

______

______

______

______

______

______

[T1] Die angegebenen Uhrzeiten müssen zunächst in Dezimalbrüche verwandelt werden.

Fülle die Lücken. Löse dann die Beispielaufgaben.

Sinus und Kosinus am Einheitskreis

Hat die Hypotenuse den Wert 1, so kann man ________ und ________ als Gegenkathete von α bzw. Ankathete von α im rechtwinkligen Dreieck identifizieren und einzeichnen.
Nach dem Einzeichnen in der nebenstehenden Abbildung von sin (110°) und cos (110°) liefert ein Ablesen der Werte:

sin (110°) __________ ; cos (110°) __________ .

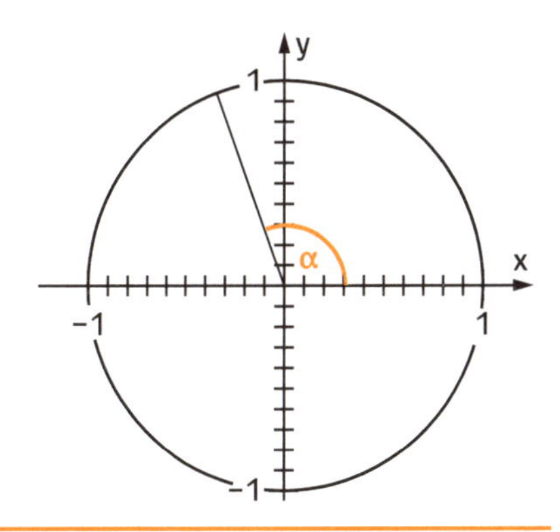

Trigonometrische Funktionen

Die Sinus- und Kosinusfunktion haben für alle reellen Zahlen folgende Eigenschaften:

$\sin(x + k \cdot$ _____ $) = \sin(x)$ und $\cos(x + k \cdot$ _____ $) = \cos(x)$ für alle x

mit $0 \leqq x \leqq 2\pi$ und für alle $k \in$ _____ .

Dabei wird der Winkel x im ______________ angegeben und der Taschenrechner muss auf ________ umgestellt werden.

Die Sinus- und Kosinusfunktion sind ______________ mit der Periode ________ .

Die Wertemenge ist für beide Funktionen W = ______________ .

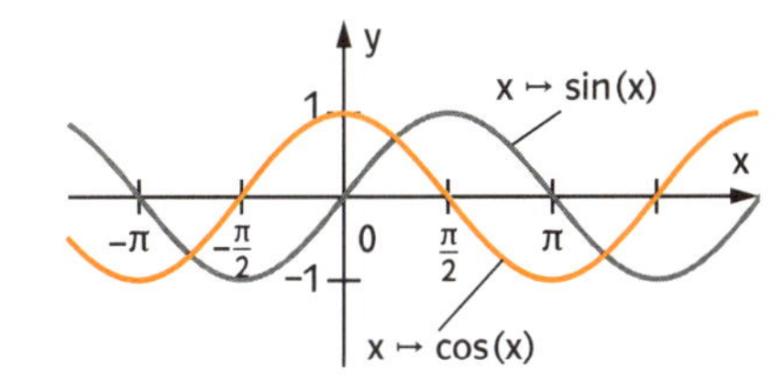

Bestimme alle $x \in \mathbb{R}$ im Bereich $0 \leqq x \leqq 2\pi$ mit $\cos(x) = -0{,}5$.

____

$\sin(x) = \frac{1}{2}\sqrt{3}$

____

Sinusfunktionen

Funktionen der Form $f\colon x \mapsto a \cdot \sin\left[b\left(x + \frac{c}{b}\right)\right]$ $(a \neq 0,\ b > 0,\ x \in \mathbb{R})$ heißen Sinusfunktionen (x im Bogenmaß). Sie haben die Amplitude ___ und die Periode p = ___ , d.h., nach p Einheiten auf der x-Achse wiederholt sich der Verlauf des Graphen. Ihre Graphen sind um $\frac{c}{b}$ gegenüber der Sinuskurve verschoben. Für ___ > 0 sind sie nach links verschoben. Für ___ < 0 sind sie nach rechts verschoben. Ist a < 0, muss an der x-Achse gespiegelt werden.

Gib einen möglichen Term für f an.

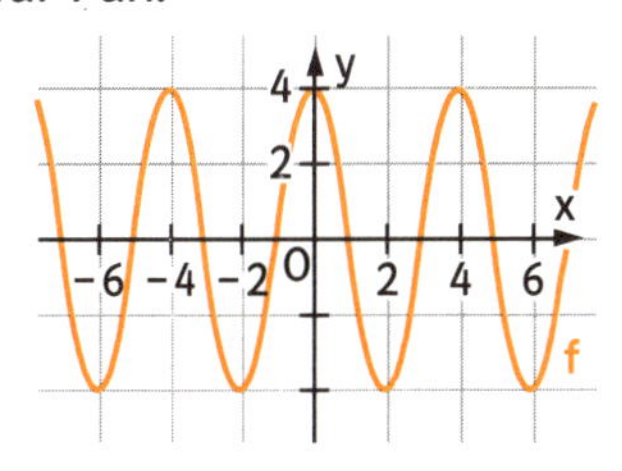

f(x) = ______________

*Sinussatz

Für jedes beliebige Dreieck gilt: Das Verhältnis zweier Seiten ist gleich dem Verhältnis der ______________ ihrer Gegenwinkel.

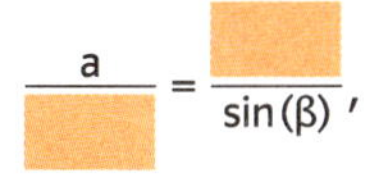 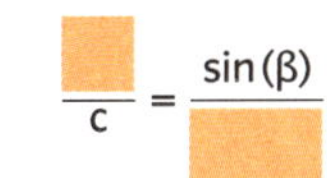

$\frac{a}{\square} = \frac{\square}{\sin(\beta)}$, $\frac{\square}{c} = \frac{\sin(\beta)}{\square}$, $\frac{a}{c} =$ ________

Trage gegebene und gesuchte Werte zuerst in die Planfigur ein und berechne anschließend die fehlende Angabe: a = 7 cm, b = 9 cm, β = 89°, α = ?

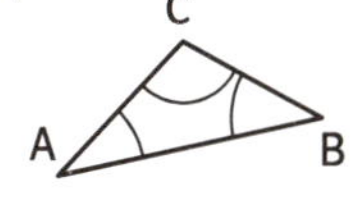

____

____

____

*Kosinussatz

In jedem Dreieck ABC gilt:

$a^2 = b^2 + c^2 - 2bc \cdot$ ________ ;

$b^2 = a^2 +$ _____ $- 2$ _____ $\cos(\beta)$;

$c^2 =$ ______________________ .

Trage gegebene und gesuchte Werte in die Planfigur ein. Berechne anschließend die fehlende Angabe:
a = 4 cm, b = 3 cm, γ = 73°, c = ?

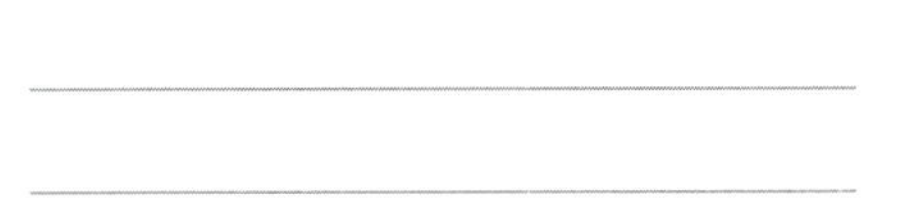

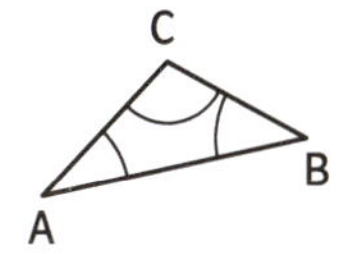

*Inhalte, die mit einem Stern gekennzeichnet sind, bieten eine Ergänzung zu den Inhalten des Lehrplans.

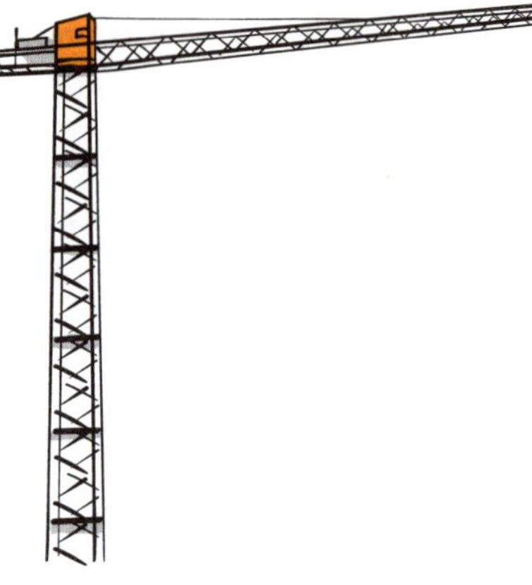

1 Der Tragarm eines Krans ist 17,5 m lang.

a) Berechne die Länge des Wegs, den die Spitze des Tragarms zurücklegt, wenn dieser um 120° schwenkt.

b) Berechne den Flächeninhalt des Arbeitsbereichs des Krans, wenn er um maximal 320° schwenken kann.

2 Einem Würfel mit der Kantenlänge 25 cm wird eine Kugel ein- bzw. umbeschrieben.

Skizze

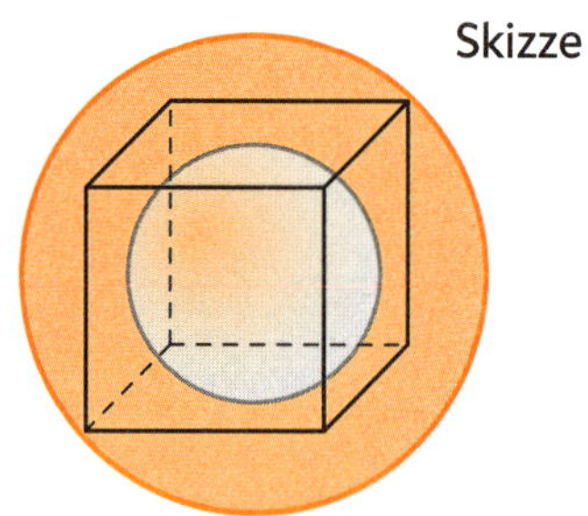

a) Zeichne in die Skizze die Radien der Kugeln ein.

b) Berechne den Radius der äußeren Kugel.

$r_{Außenkugel}$ =

c) Berechne die Volumina der drei Körper.

$V_{Außenkugel}$ =

$V_{Würfel}$ =

$V_{Innenkugel}$ =

d) Berechne die Oberflächeninhalte der drei Körper.

$O_{Außenkugel}$ =

$O_{Würfel}$ =

$O_{Innenkugel}$ =

3 Je zwei Funktionsterme und ein Graph gehören zusammen. Ordne zu.

$g(x) = 2 \cdot \sin(4x)$

$h(x) = 2 \cdot \sin(2x + 4)$

$i(x) = 0,5 \cdot \cos\left(\pi x - \frac{\pi}{2}\right)$

$j(x) = -2 \cdot \sin(2x - \pi + 4)$

$k(x) = 2 \cdot \cos\left(4x + \frac{3}{2}\pi\right)$

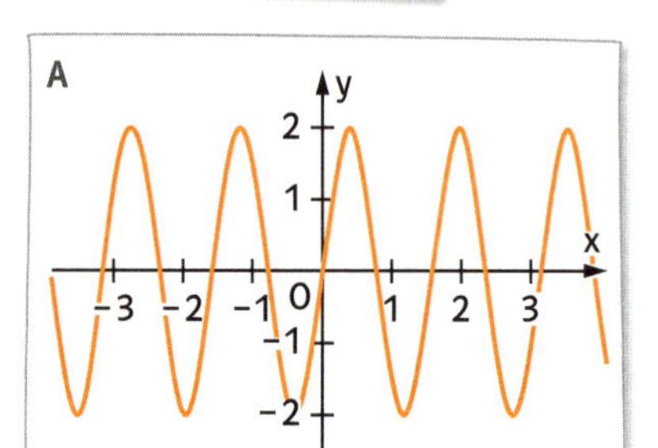

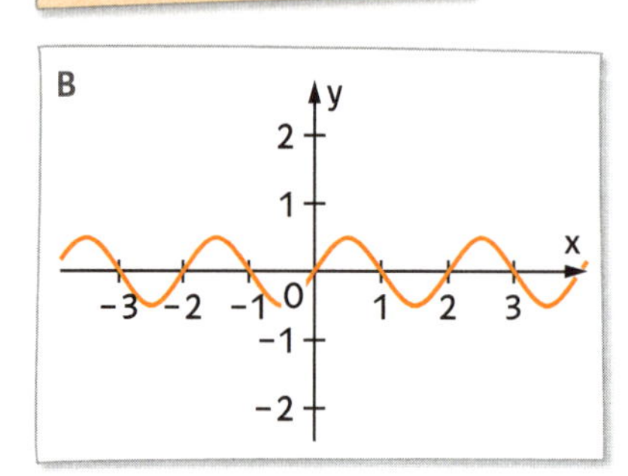

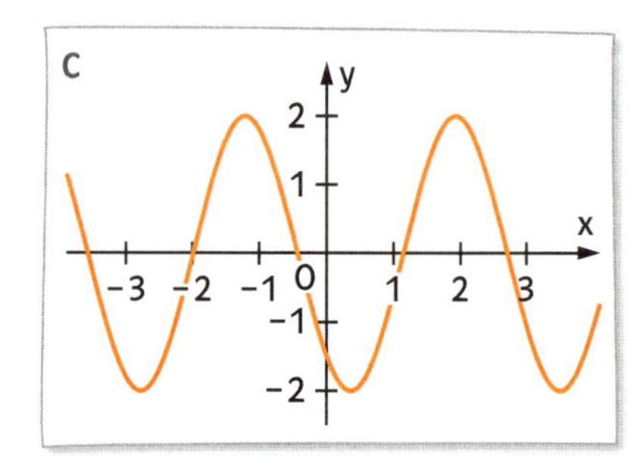

4* Berechne die fehlenden Seiten und Winkel.

a)

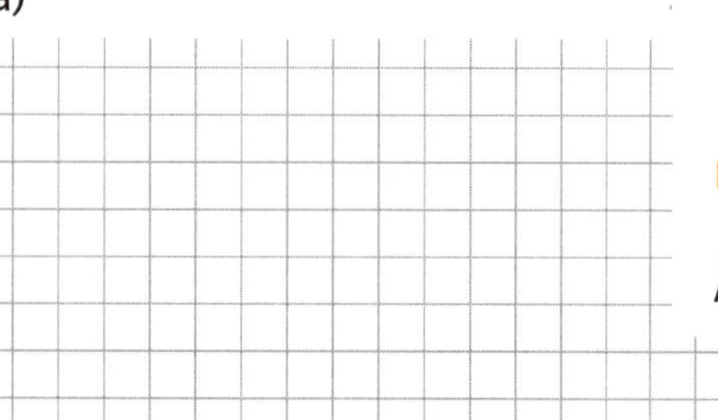

b)

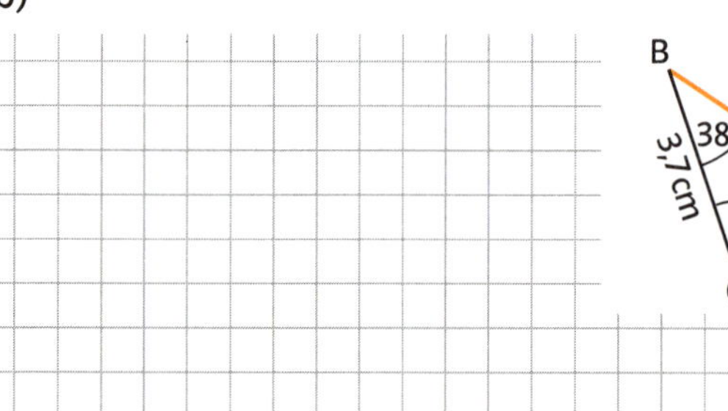

*Inhalte, die mit einem Stern gekennzeichnet sind, bieten eine Ergänzung zu den Inhalten des Lehrplans.

Lineares und exponentielles Wachstum (1)

1 Die Tabellen beschreiben jeweils einen Wachstumsvorgang. Die Werte in der rechten Tabelle sind auf zwei Nachkommastellen gerundet. Ergänze den Lückentext.

a)

t	0	1	2	3	4	5
f(t)	10	13	16	19	22	25

Die Tabelle beschreibt einen ______ Wachstumsvorgang, da die ______ zweier aufeinanderfolgender Werte ______ ist (hier: ____). Es gilt: f(20) = 10 ______ = ______ .

b)

t	0	1	2	3	4	5
f(t)	2,00	2,40	2,88	3,46	4,15	4,98

Die Tabelle beschreibt einen ______ Wachstumsvorgang, da der ______ zweier aufeinanderfolgender Werte ______ ist (hier: ____). Es gilt: f(20) ≈ ______ .

2 Die Tabellen beschreiben ein lineares Wachstum. Ergänze die Lücken und gib den Funktionsterm an.

t	0	3	11		50	
f(t)	16	28		76		412

f(t) = ______

t	0	1		11	15	
f(t)	5		7		15	29

f(t) = ______

3 Die Tabellen beschreiben ein exponentielles Wachstum. Ergänze die Lücken und gib den Funktionsterm an.

t	0	1	2		10
f(t)	200		50	3,125	

f(t) = ______

t	0	1	2		20
f(t)		4	5	$9\frac{49}{64}$	

f(t) = ______

4 In einem See werden 40 Forellen ausgesetzt.

a) Zeichne jeweils einen Graphen der Funktion f: *Zeit in Jahren* ↦ *Anzahl der Forellen* unter der Annahme, dass die Zahl der Forellen jedes Jahr … … um 10 Forellen (A), … um 20 Forellen (B), … um 10 % (C), … um 20 % (D) zunimmt.

Anzahl der Forellen: 0, 100, 200, 300, 400; t in Jahren: 0, 1, 2, 3, 4, 5, 6, 7, 8, 9, 10, 11, 12, 13

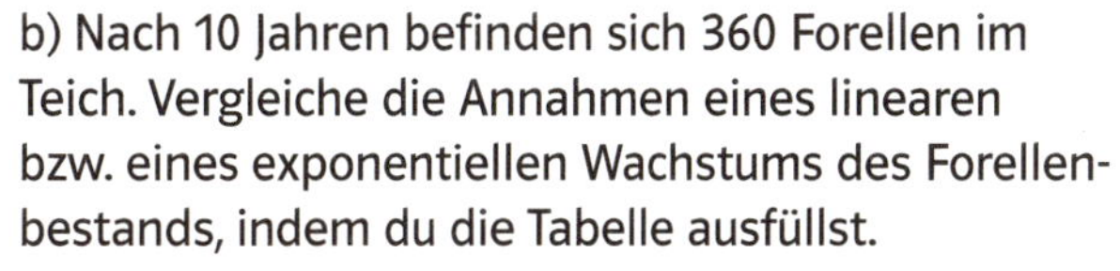

b) Nach 10 Jahren befinden sich 360 Forellen im Teich. Vergleiche die Annahmen eines linearen bzw. eines exponentiellen Wachstums des Forellenbestands, indem du die Tabelle ausfüllst.

Annahme	lineares Wachstum	exponentielles W.
jährl. Änderung		
Funktionsterm		
Funktionswert nach 20 Jahren		

c) Nach 20 Jahren sind tatsächlich 2800 Forellen gezählt. Beurteile die beiden Annahmen, indem du die absoluten und relativen Fehler berechnest.

Annahme	lineares Wachstum	exponentielles W.
absoluter Fehler		
prozentualer Fehler		

5 Der Bienenbestand f(t) eines Imkers wächst exponentiell; es ist f(2) = 6000. Bestimme f(4), wenn gilt:

a) f(1) = 5000 ______

b) f(3) = 6750 ______

1 Zu jeder grau unterlegten Situation gehören jeweils ein oranges und zwei graue Gleichungskärtchen. Markiere zusammengehörige Karten. Die zugehörigen Buchstaben ergeben jeweils ein Lösungswort.

- Fionas Auto ist 20 000 € wert. Der Wert des Autos sinkt jährlich um 5 %. (F)
- Benni hat 20 000 € angespart. Von der Bank erhält er 5 % Zinsen. (E)
- Die Fläche eines Waldgebiets von 20 000 m^2 sinkt jährlich um 0,5 %. (A)

- $f(t) = 20\,000 + 0{,}95^t$ (E)
- $f(t) = 20\,000 \cdot 1{,}05^t$ (H)
- $f(t) = 20\,000 \cdot 1{,}005^t$ (N)
- $f(t) = 20\,000 \cdot 0{,}95^t$ (W)
- $f(t) = 20\,000 \cdot 0{,}995^t$ (P)
- $f(t) = 20\,000 + t \cdot 1{,}05$ (A)
- $f(t) = 20\,000 \cdot 0{,}05^t$ (I)

- $f(1) = 19\,000$ (L)
- $f(5) = 25\,562$ (R)
- $f(3) \approx 19\,701$ (F)
- $f(1) = 21\,000$ (L)
- $f(10) \approx 19\,022$ (U)
- $f(8) \approx 13\,268$ (O)
- $f(5) = 15\,466$ (D)
- $f(10) = 11\,957$ (S)
- $f(5) \approx 25\,526$ (C)

Lösungswörter: ____________________ Wort aus den übrigen Buchstaben: ____________________

2 Eine von Gordon Moore 1975 geäußerte Vermutung besagt, dass sich die Anzahl der Schaltkreiskomponenten (Transistoren) auf einem Computerchip der jeweils neuesten Generation alle zwei Jahre verdoppelt. Ein Pentium 4 aus dem Jahr 2005 hatte rund 180 Millionen Transistoren. Ergänze.

Gilt die Moore'sche Prognose, so erwartet man für 2007 ________ Millionen und für 2009 ________ Millionen Transistoren. Will man auch einen Wert für 2010 erhalten, so muss man zunächst den Wachstumsfaktor a bestimmen. Dabei gilt: $a^2 =$ ________, d.h. a = ________.

Somit erhält man: f(2010) = ______________________________.

3 Jedes Bild in der unten stehenden Abbildung entsteht aus dem jeweils vorhergehenden Bild dadurch, dass man das mittlere Drittel jeder Teilstrecke durch zwei Strecken dieser Länge ersetzt.

a) Führt man dieses Verfahren an einem gleichseitigen Dreieck durch, so entsteht schon nach wenigen Schritten eine Form, die einer Schneeflocke ähnelt („Koch'sche Schneeflocke"). Ergänze die Figuren:

b) Die Umfänge der 3 Figuren betragen ______ m, ______ m und ______ m. Bei jeder Figur wächst der Umfang um ______ %. Der Umfang der Figuren wächst also ______________ mit a = ______. Für den Umfang der 100. Figur gilt: f(100) = ______________________. Ihr Umfang beträgt also rund ____________ km.

c) Der Flächeninhalt wächst von der ersten zur zweiten Figur um ______ %, von der zweiten zur dritten Figur um ______ %. Der Flächeninhalt wächst demnach ________ exponentiell. Der Flächeninhalt der 100. Figur beträgt etwa 0,69 m^2.

Exponentialfunktionen (1)

1 Beschreibe die Änderung des Funktionswerts der Exponentialfunktion $f: x \mapsto 3^x$, falls

a) x um 3 vergrößert wird,

b) x um 2 verkleinert wird,

c) x mit 2 multipliziert wird.

2 Beschrifte die Graphen mit den passenden Funktionsnamen.

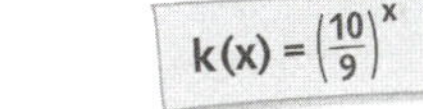

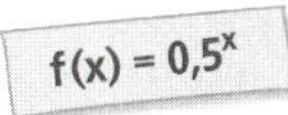

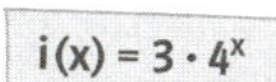

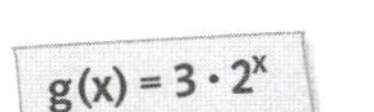

$i(x) = 3 \cdot 4^x$

$g(x) = 3 \cdot 2^x$

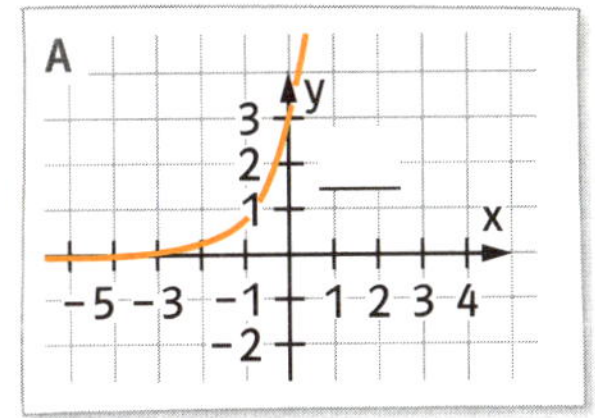

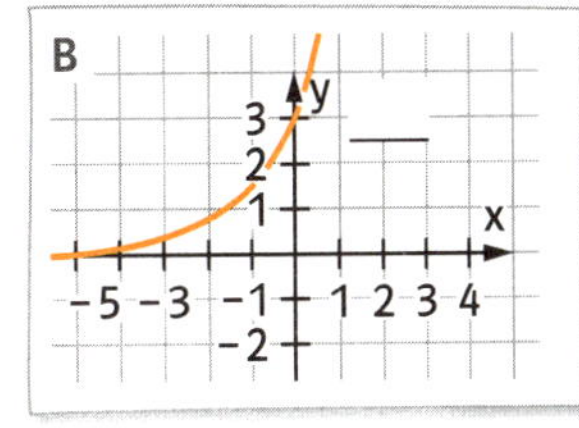

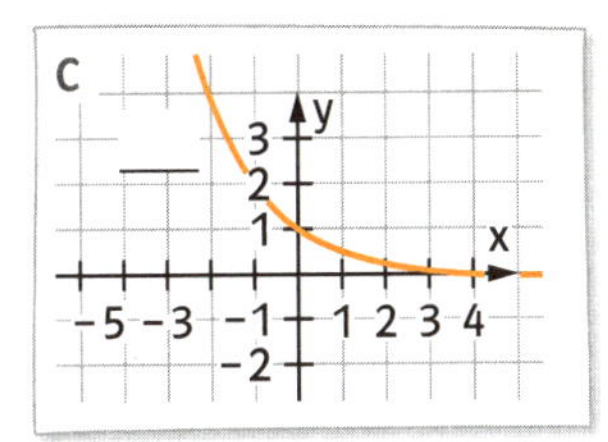

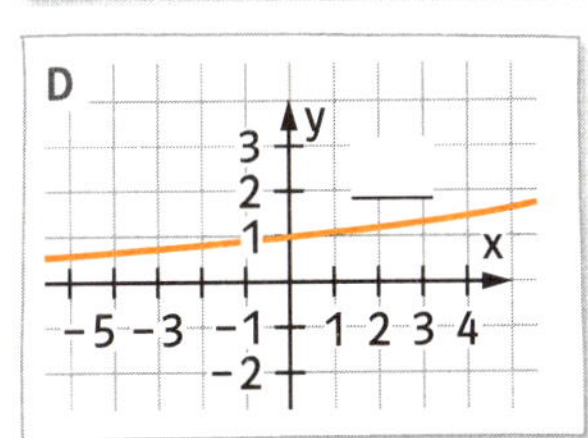

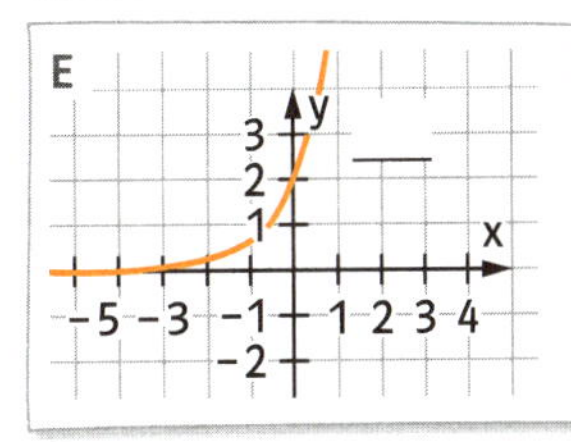

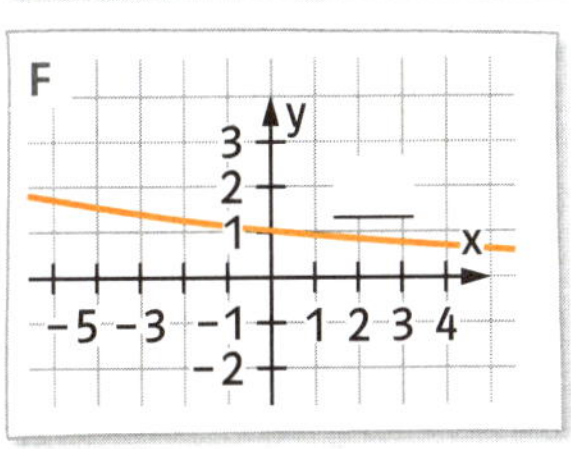

3 Die Punkte P und Q liegen auf dem Graphen der Exponentialfunktion $f: x \mapsto b \cdot a^x$. Bestimme a und b.

a) P(0 | 2); Q(1 | 5)

a = ____ ; b = ____

b) P(0 | 0,5); Q(−2 | 8)

a = ____ ; b = ____

c) P(1 | 3); Q(2 | 6)

a = ____ ; b = ____

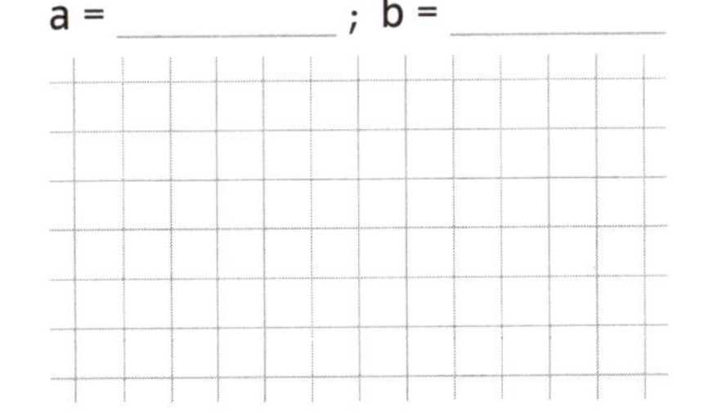

4 Fülle die Lücken aus.

a) Der Bestand einer Bakterienpopulation kann näherungsweise durch die Funktion $f: t \mapsto 30\,000 \cdot 2^t$ (t in Tagen seit Beobachtungsbeginn) beschrieben werden. Der Bestand betrug zu Beobachtungsbeginn ____. Nach 12 Stunden beträgt der Bestand ____ ≈ ____, nach 12 Tagen sind es ____ = ____. Nach ____ Tagen ist mit einer Population von 200 000 Bakterien zu rechnen. ____ Tage vor Beobachtungsbeginn waren es nach diesem Modell nur 5000 Bakterien.

b) Der Bestand einer anderen Bakterienpopulation wird näherungsweise durch die Funktion $g: t \mapsto b \cdot a^t$ (t in Tagen nach Beobachtungsbeginn) beschrieben. Zu Beobachtungsbeginn waren 20 000 Bakterien vorhanden. Nach 36 Stunden waren es bereits 100 000 Bakterien. Bestimme a und b.

a ≈ ____ ; b = ____

1 Gib einen geeigneten Funktionsterm an, der den Wachstumsvorgang beschreibt. Wofür steht die Funktionsvariable?

a) Ein Kapital von 800 € wird mit einem Zinssatz von 4 % jährlich verzinst. $800 \cdot 1{,}04^t$ (t in Jahren)

b) Ein Notebook kostet 590 €. Es verliert jedes Jahr 30 % seines Wertes. ______

c) Die Anzahl der Bakterien verzehnfacht sich täglich. ______

d) Der Schall legt in der Luft pro Sekunde etwa 300 m zurück. ______

e) Ein radioaktiver Stoff zerfällt mit einer Halbwertszeit von 23 Tagen. ______

2 In jedem lebenden Organismus lässt sich das radioaktive Kohlenstoffisotop C14 in einem bestimmten gleichbleibenden Verhältnis zum normalen Kohlenstoff nachweisen. Stirbt ein Organismus, nimmt er kein weiteres C14 mehr auf und das vorhandene C14 zerfällt im abgestorbenen Gewebe mit einer Halbwertszeit von 5730 Jahren.

a) Wie alt ist der Knochen eines Säugetiers, der nur noch 25 % des ursprünglichen C14-Gehalts aufweist? ______

b) Berechne den Wachstumsfaktor a und die prozentuale jährliche Abnahme p.

______

3 Ein Kapital wird jährlich mit 5 % verzinst. Ermittle den gesuchten Wert mithilfe des Taschenrechners durch systematisches Probieren auf eine Nachkommastelle genau. Wie groß ist die Verdoppelungszeit des Kapitals in Jahren?

______

4 Ordne jedem Kärtchen genau ein anderes Kärtchen zu.

C | $f(x) = \left(\frac{a}{2}\right)^x$

E | $f(x) = 2a^x$

B | $f(x) = (2 - a)^x$

A | $f(x) = (a + 2)^x$

D | $f(x) = (2a)^x$

4 | für $a > 1$ steigt der Graph von f

1 | für $0 < a < \frac{1}{2}$ fällt der Graph von f

3 | für $a < 1$ steigt der Graph von f

5 | für $0 < a < 2$ fällt der Graph von f

2 | für $-2 < a < -1$ fällt der Graph von f

5 Wer hat recht?

Toni sagt: „Ich erhalte den Graphen von g mit $g(x) = 3^{x+2}$ aus dem von f mit $f(x) = 3^x$ durch Verschiebung des Graphen von f um 2 nach links.“ Leonie meint: „Ich erhalte den Graphen von g aus dem von f, indem ich jeden Funktionswert in y-Richtung mit dem Faktor 9 strecke.“

☐ Toni hat recht. ☐ Leonie hat recht.

1 a) Tom und Tim versuchen, das Wachstum spritsparender Autos linear bzw. exponentiell zu modellieren. Die Tabelle zeigt für verschiedene Jahre die Anzahl der in einer Stadt zugelassenen spritsparenden Pkw. Berechne folgende Differenzen und Quotienten (runde die Quotienten auf drei Nachkommastellen).

$f(1) - f(0) =$ ______ $f(2) - f(1) =$ ______

$f(3) - f(2) =$ ______ $f(4) - f(3) =$ ______

Mittelwert der Differenzen: ______

$\frac{f(1)}{f(0)} =$ ______ $\frac{f(2)}{f(1)} =$ ______

$\frac{f(3)}{f(2)} =$ ______ $\frac{f(4)}{f(3)} =$ ______

Mittelwert der Quotienten: ______

Jahr t	0	1	2	3	4
Anzahl f(t)	1237	1333	1427	1526	1633
Toms Wert	1237	1336			
Toms Abweichung	0 %	0,2 %			
Tims Wert					
Tims Abweichung					

b) Modell von Tom:
Lineares Wachstum mit dem Mittelwert der Differenzen. Er erhält: $f(t) =$ ______ .

c) Modell von Tim:
Exponentielles Wachstum mit dem Mittelwert der Quotienten. Er erhält: $f(t) =$ ______ .

d) Ergänze die oben stehende Tabelle mit Toms und Tims Werten und berechne die Abweichungen (in %).

Ergebnis: Toms Modell ist ______ , Tims Modell ______ .

2 Biodiesel wird im Gegensatz zu konventionellem Dieselkraftstoff nicht aus Rohöl, sondern aus Pflanzenölen (meist Raps) oder tierischen Fetten gewonnen. Die Abbildung zeigt die Entwicklung des Biodieselabsatzes in Deutschland über fünf Jahre.

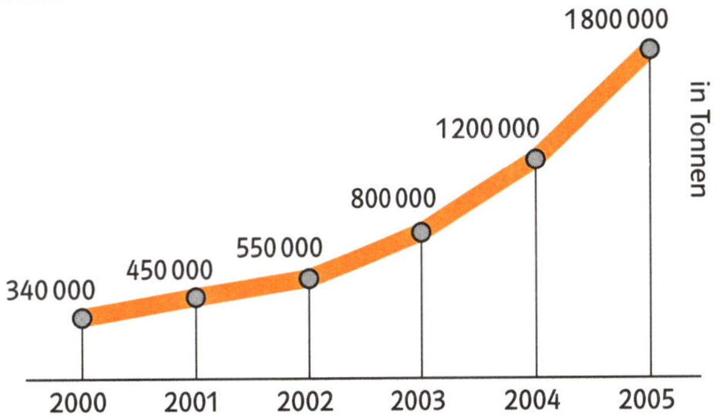

a) Der Verlauf legt die Modellierung eines ______ Wachstums nahe.
Ergänze die Tabelle (runde auf zwei Dezimale).

Zeitschritt	2000 auf 2001	2001 auf 2002	2002 auf 2003	2003 auf 2004	2004 auf 2005
Wachstumsfaktor	1,32				

b) In Modell A wird mit dem Mittelwert der Wachstumsfaktoren gerechnet. Er beträgt ≈ ______ .

Nach Modell A ergibt sich: $f(t) = f(2000)$ ______ .
Modell B soll berücksichtigen, dass der Wachstumsfaktor tendenziell zunimmt. Man nimmt an, dass er für den Zeitschritt von 2000 auf 2001 den Wert 1,3 hat und jährlich um 0,05 steigt.

Nach Modell B ergibt sich: $f(2000) = 340\,000$ und $f(t) = f(t-1) \cdot (1{,}3 +$ ______ $)$.

c) Ergänze die Tabelle (runde auf 10 000er).

Jahr	2001	2002	2003	2004	2005
realer Wert	450 000				
Wert nach Modell A	480 000				
Abweichung nach Modell A	6,7 %				
Wert nach Modell B	440 000				
Abweichung nach Modell B	−2,2 %				

d) Welche Werte sagen die beiden Modelle für das Jahr 2015 voraus?

Modell A: ______ Modell B: ______

1 Fülle die Lücken, sodass jeweils 4 Karten zusammen passen. Verbinde oder markiere zusammengehörige Karten.

2 Berechne wie im Beispiel:

a) $\log_4 0{,}0625 = \log_4 \frac{1}{16} = \log_4 4^{-2} = -2$

b) $\log_2 512 =$ ______

c) $\log_{79} 1 =$ ______

d) $\log_3 \frac{1}{81} =$ ______

e) $\log_{0,2} 625 =$ ______

f) $\log_{0,5} 0{,}125 =$ ______

g) $\log_{\sqrt{a}} a^3 =$ ______

h) $\log_{a^2} \sqrt[5]{a^{14}} =$ ______

3 Beschrifte die Graphen mit den passenden Funktionsnamen.

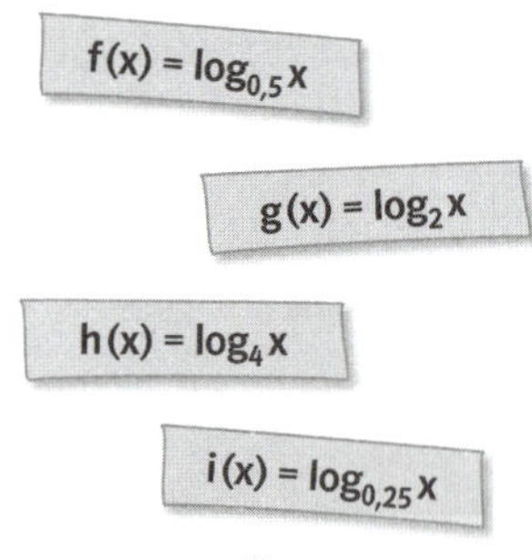

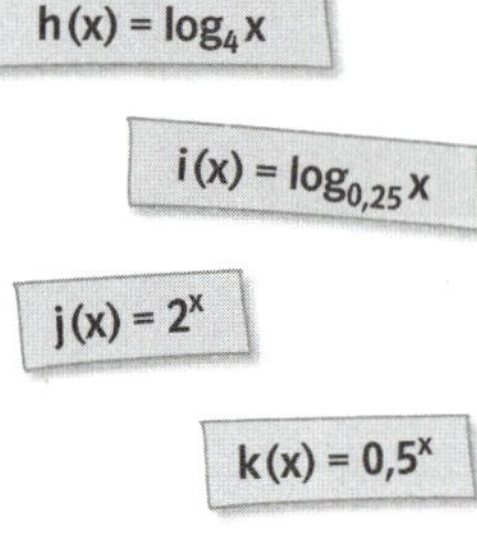

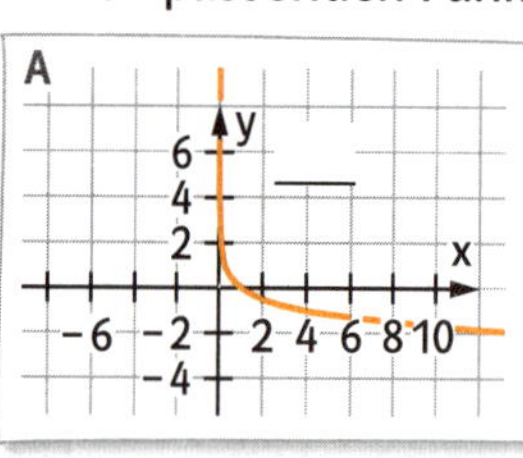

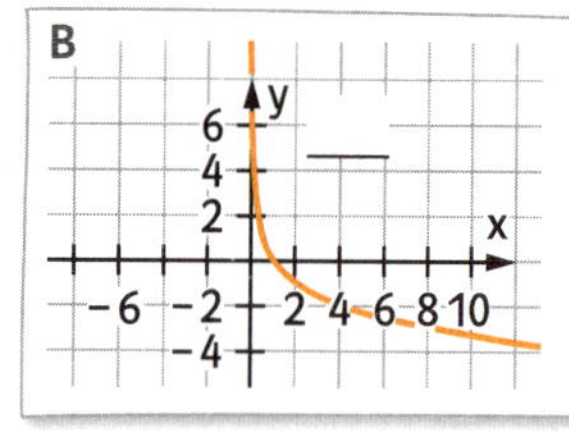

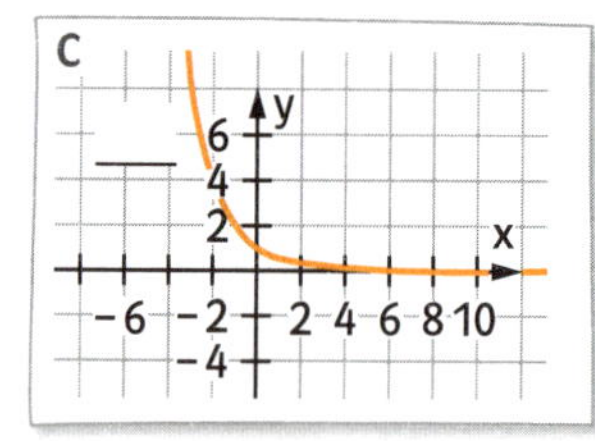

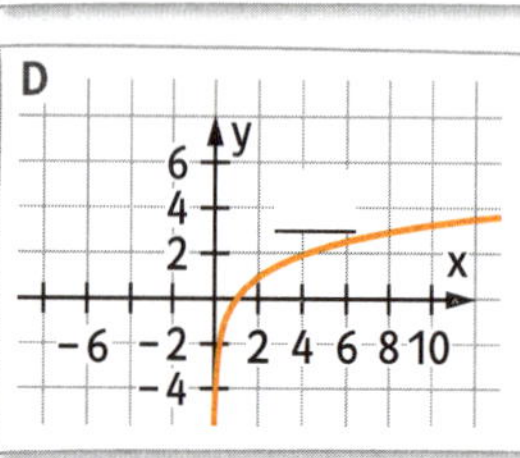

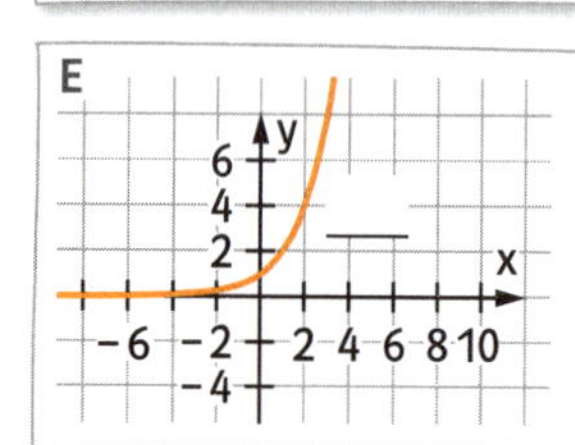

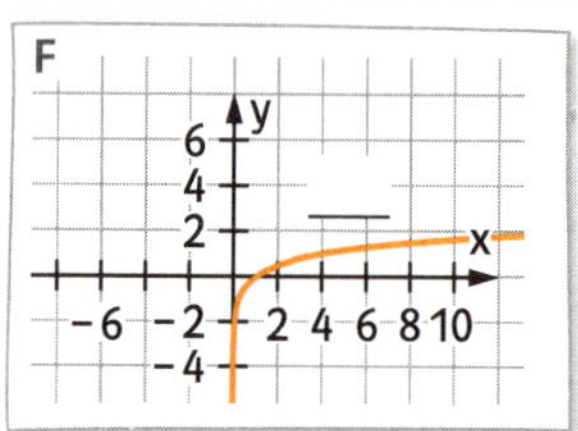

4 Bestimme x.

a) $\log_4 2 = x$ x = ______

b) $\log_x 0{,}04 = -2$ x = ______

c) $\lg x = 3$ x = ______

d) $\log_x 4 = 0{,}5$ x = ______

e) $\log_7 \sqrt[3]{49} = x$ x = ______

f) $\log_x \sqrt{125} = 0{,}75$ x = ______

5 Rechne im Heft.

a) Jutta hat ein Guthaben von 3500,00 € auf der Bank. Sie erhält jährlich 2,5 % Zinsen. Wie lange muss Jutta warten, bis sie sich eine Eckcouch für 3800,00 € leisten kann? ____ Jahre und ______ Tage

b) Würde der Zinssatz nur 2,2 % betragen, müsste sie ____ Jahre und ______ Tage warten.

Lambacher Schweizer 10
Mathematik für Gymnasien
Bayern
Lösungen zum Arbeitsheft

Training Grundwissen aus vorausgehenden Klassen | Proportionalität, Seite 3

1

a) Nicht lösbar, da das Körperwachstum bei Kindern nicht in jedem Lebensjahr konstant groß, d. h. linear, ist. Eine Proportionalität liegt folglich nicht vor.
b) Nicht lösbar, da ein Läufer seine Durchschnittsgeschwindigkeit auf 3000 m auf keinen Fall auch auf einer Strecke von 10 000 m halten könnte. Eine Proportionalität liegt folglich nicht vor.
c) Nicht lösbar, da nichts über die Geschwindigkeit des Befüllens (also Liter pro Stunde) ausgesagt wird.
d) $2{,}5 \cdot 150\,g = 375\,g$; 2,5 Tassen Reis fassen insgesamt 375 g Reis.
e) $\frac{500\text{ Blätter}}{5\,cm} \cdot 3{,}5\,cm = 350$ Blätter
Der Stapel besteht aus 350 Blättern.
f) Nicht lösbar, da die Muscheln mit sehr hoher Wahrscheinlichkeit nicht alle die gleiche Masse haben. Eine Proportionalität liegt folglich nicht vor.

2

1€ = 1,365 $; 1$ = 0,7326 €
a)

Dollar	100	200	250	273
Euro	73,26	146,52	183,15	200

b)

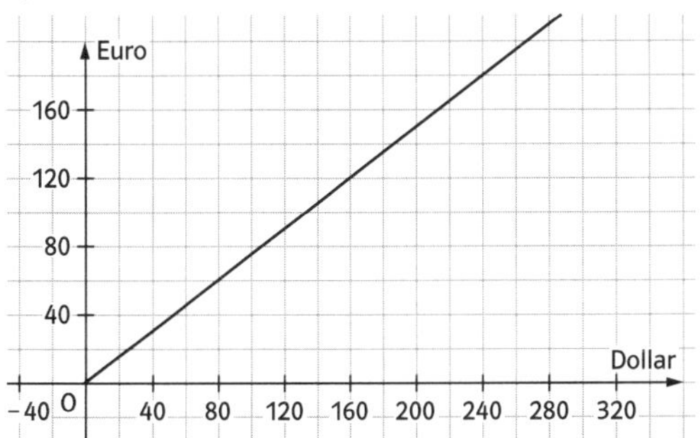

c) Die Zuordnungsvorschrift lautet: $x \mapsto 0{,}7326x$

3

a)

Seitenlänge a in cm	4	5	6	8	10	15
Seitenlänge b in cm	15	12	10	7,5	6	4

b) $a \mapsto \frac{60}{a}$

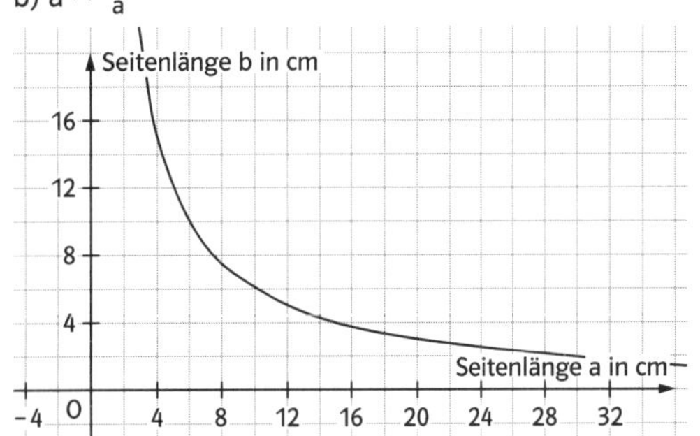

4

a) 30 % von $45\,m^3 = 13{,}5\,m^3 = 13\,500\,dm^3 = 13\,500\,l$
Bei geöffneter Zuflussleitung und gleichzeitig geschlossener Abflussleitung ergibt sich für die Zuordnung *Zeit in Minuten ↦ Füllung des Bassins in Litern* die Zuordnungsvorschrift
$x \mapsto 13\,500 + 150x$.
90 % von $45\,m^3 = 40{,}5\,m^3 = 40\,500\,dm^3 = 40\,500\,l$
$13\,500 + 150x = 40\,500$; $150x = 27\,000$; $x = 180$
Es würde also 180 Minuten bzw. genau 3 Stunden dauern, bis das Bassin zu 90 % gefüllt ist.
b) $13\,500 + 150x = 45\,000$; $150x = 31\,500$; $x = 210$
Es würde also 210 Minuten bzw. 3,5 Stunden dauern, bis das Bassin vollständig gefüllt ist.
c) Von dem Moment an, als das Bassin halb voll ist, sind bereits 45 000 Liter : 2 = 22 500 Liter im Bassin. Nimmt man diesen Moment nun als Startmoment für die Zuführung und gleichzeitige Abführung des Wassers mit den jeweiligen Geschwindigkeiten, dann ergibt sich für die Zuordnung *Zeit in Minuten ↦ Füllung des Bassins in Litern* die Zuordnungsvorschrift
$x \mapsto 22\,500 + 150x - 100x$.
75 % von $45\,m^3 = 33{,}75\,m^3 = 33\,750\,dm^3 = 33\,750\,l$
$22\,500 + 150x - 100x = 33\,750$; $50x = 11\,250$; $x = 225$
Von diesem Moment an würde es also 225 Minuten bzw. 3,75 Stunden dauern, bis das Bassin zu 75 % gefüllt ist.

Training Grundwissen aus vorausgehenden Klassen | Lineare Funktionen, Seite 4

1
Siehe Figur 1.

2
$P_1(1|2)$; $P_2(4|4)$; $m = \frac{4-2}{4-1} = \frac{2}{3}$; $g(x) = \frac{2}{3} \cdot x + t$;
$2 = \frac{2}{3} \cdot 1 + t$; $t = \frac{4}{3}$; $g(x) = \frac{2}{3}x + \frac{4}{3}$

3
$m_a = \frac{4}{3}$; $m_b = -\frac{3}{4}$; $m_c = \frac{1}{4}$; $m_d = -\frac{3}{2}$
a: $y = \frac{4}{3}x + \left(-\frac{2}{3}\right)$; b: $y = -\frac{3}{4}x + 2$; c: $y = \frac{1}{4}x + \left(-\frac{3}{2}\right)$;
d: $y = -\frac{3}{2}x + \frac{1}{2}$

4
a) $g(x) = -2x + 3$ b) $h(x) = \frac{1}{2}x + (-1)$
c) $p(x) = -2x + (-2)$

Training Grundwissen aus vorausgehenden Klassen | Gebrochen rationale Funktionen, Seite 5

1
a) $D_f = \mathbb{R} \setminus \{2\}$

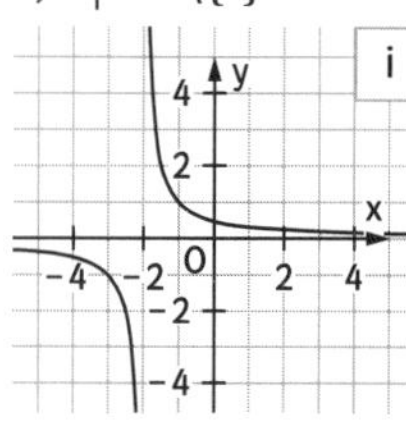

b) $D_g = \mathbb{R} \setminus \{2\}$

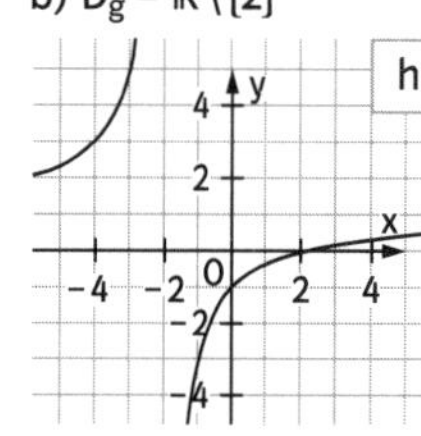

c) $D_h = \mathbb{R} \setminus \{-2\}$

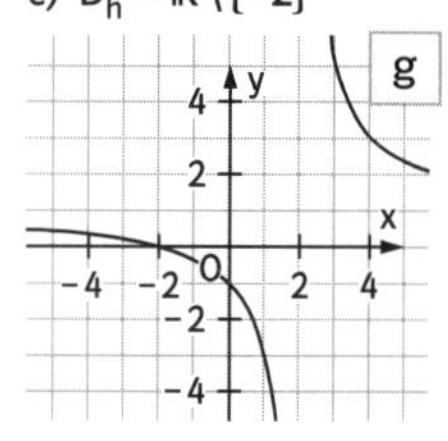

d) $D_i = \mathbb{R} \setminus \{-2\}$

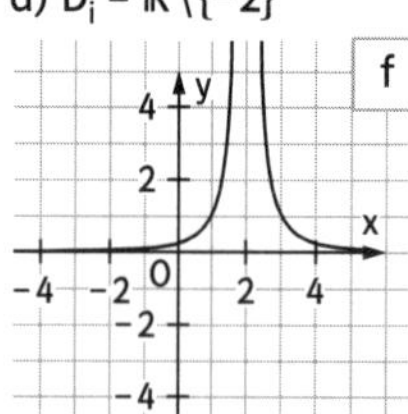

2
a) $\frac{3x \cdot (x-1)}{3x \cdot (1+x^2)} = \frac{x-1}{1+x^2}$

b) $\frac{3 \cdot (3-x)}{2 \cdot (x-3)} = \frac{3}{2} \cdot \frac{3-x}{x-3} = -\frac{3}{2}$

c) $\frac{4x \cdot (2x-1)}{8x^2 \cdot (1-2x)} = \frac{1}{2x} \cdot \frac{2x-1}{1-2x} = -\frac{1}{2x}$

d) $\frac{2 \cdot (x^2-6x+9)}{2 \cdot (x^2-9)} = \frac{(x-3)^2}{(x-3)(x+3)} = \frac{x-3}{x+3}$

3
$a^r \cdot a^s = a^{r+s}$; $a^r : a^s = a^{r-s}$; $a^r \cdot b^r = (ab)^r$; $a^r : b^r = \left(\frac{a}{b}\right)^r$;
$(a^r)^s = a^{r \cdot s}$; $a^0 = 1$; $a^{-r} = \frac{1}{a^r}$; $a^{\frac{p}{q}} = \sqrt[q]{a^p}$

4
a) $3^2 \cdot 3^{-3} = 3^{2+(-3)} = 3^{-1} = \frac{1}{3}$
b) $4^2 : 4^{-1} = 4^{2-(-1)} = 4^3 = 64$
c) $0{,}2^3 \cdot 3^3 = (0{,}2 \cdot 3)^3 = 0{,}6^3 = 0{,}216$
d) $\left(\frac{2}{3}\right)^{\frac{1}{2}} : \left(\frac{8}{3}\right)^{\frac{1}{2}} = \left(\frac{2}{3} \cdot \frac{3}{8}\right)^{\frac{1}{2}} = \left(\frac{1}{4}\right)^{\frac{1}{2}} = \frac{1}{2}$
e) $2^3 \cdot (-3)^3 = (2 \cdot (-3))^3 = (-6)^3 = -216$
f) $2^3 \cdot 3^{-3} = 2^3 \cdot \frac{1}{3^3} = \left(2 \cdot \frac{1}{3}\right)^3 = \left(\frac{2}{3}\right)^3 = \frac{8}{27}$
g) $2^4 \cdot (-3)^4 = (2 \cdot (-3))^4 = (-6)^4 = 1296$
h) $-3^{-4} \cdot 3^4 = -3^{-4+4} = -3^0 = -1$

5
a) $a^{-2} \cdot a^{\frac{1}{2}} = a^{-2+\frac{1}{2}} = a^{-1{,}5}$ b) $b^{-6} \cdot b^{-3} = b^{-6-3} = b^{-9}$
c) $c^{-2} : c^6 = c^{-2-6} = c^{-8}$ d) $\frac{x^2}{x^4} + \frac{x^3}{x^5} = x^{-2} + x^{-2} = 2x^{-2}$
e) $\left(\frac{y}{x}\right)^{-2} \cdot x^2 \cdot y^2 = y^{-2} \cdot x^2 \cdot x^2 \cdot y^2 = x^{2+2} \cdot y^{-2+2} = x^4 \cdot y^0 = x^4$
f) $\frac{z^3}{z^9 \cdot z^{-7}} = \frac{z^3}{z^{9-7}} = \frac{z^3}{z^2} = z^{3-2} = z$

6
a) $2x - 3 = 4(x+5)$
$2x - 3 = 4x + 20$
$-2x = 23$
$x = -\frac{23}{2}$
$L = \left\{-\frac{23}{2}\right\}$

b) $\frac{2 \cdot x^2}{x} + \frac{1 \cdot x^2}{x^2} = x^2$
$2x + 1 = x^2$
$x^2 - 2x - 1 = 0$
$x_{1/2} = \frac{2 \pm \sqrt{4+4}}{2}$
$x_1 = 1 + \sqrt{2}$
$x_2 = 1 - \sqrt{2}$
$L = \{1 - \sqrt{2};\ 1 + \sqrt{2}\}$

c) $x^2 - 1 = (x-2)^2$
$x^2 - 1 = x^2 - 4x + 4$
$-1 = -4x + 4$
$4x = 5$
$x = \frac{5}{4}$
Probe: $\sqrt{\left(\frac{5}{4}\right)^2 - 1} = \frac{5}{4} - 2$
$\sqrt{\frac{25}{16} - \frac{16}{16}} = -\frac{3}{4}$
$\frac{3}{4} = -\frac{3}{4}$
$L = \{\ \}$

Figur 1

A | f: $x \mapsto (x-1)^2 + 1$; $D_f = \mathbb{R}$

B | f: $x \mapsto x + 1$; $D_f = \mathbb{R}$

C | f: $x \mapsto 2x$; $D_f = \mathbb{R}$

D | f: $x \mapsto \frac{x}{x+1}$; $D_f = \mathbb{R} \setminus \{-1\}$

B | lineare Funktion

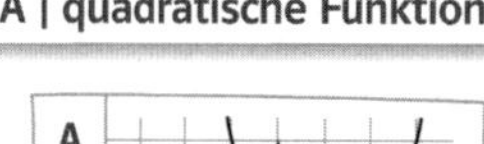
A | quadratische Funktion

D | gebrochen rationale Funktion

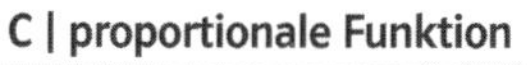
C | proportionale Funktion

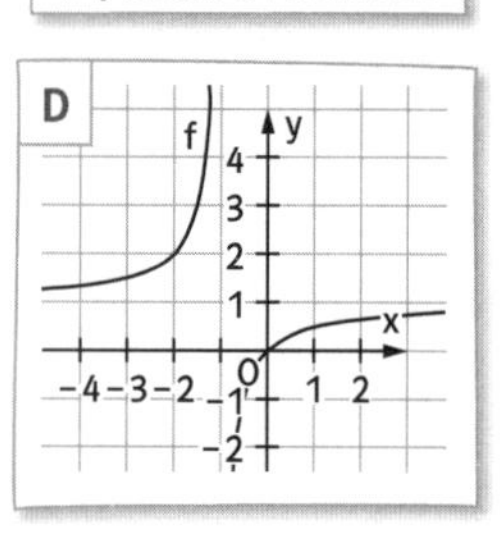

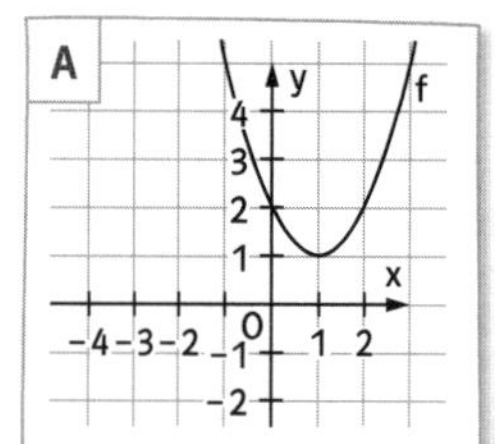

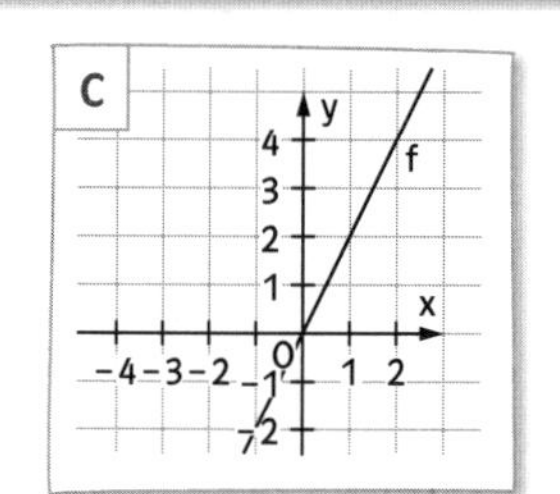

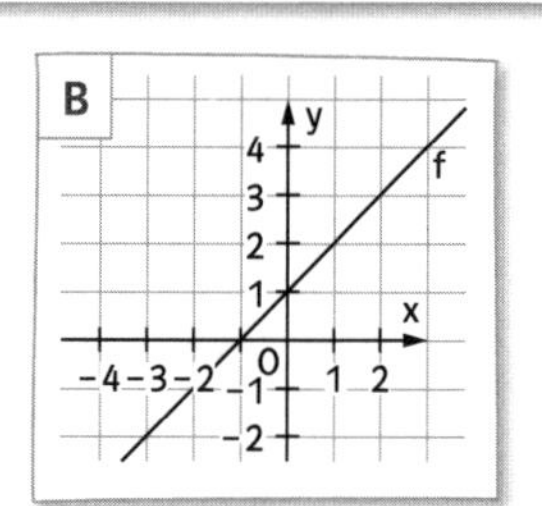

Training Grundwissen aus vorausgehenden Klassen | Reelle Zahlen, Seite 6

1

natürliche Zahlen: 2; ganze Zahlen: -2;
rationale Zahlen: $-1{,}414$; $\frac{1}{2}$; $-0{,}6$;
irrationale Zahlen: $\sqrt{2}$

2

a) $11n$	b) $0{,}5r$	c) $3{,}2i$	d) $0{,}8r$
e) $\frac{2}{3}r$	f) $70n$	g) $2n$	h) $1{,}6r$
i) $0{,}25r$	j) $1{,}4r$	k) $7n$	l) $42n$

3

b) $\sqrt{16 \cdot 2} = 4 \cdot \sqrt{2}$ c) $\sqrt{4 \cdot 13} = 2 \cdot \sqrt{13}$
d) $\sqrt{9 \cdot 0{,}15} = 3 \cdot \sqrt{0{,}15}$ e) $\sqrt{\frac{25}{4} \cdot \frac{2}{3}} = \frac{5}{2} \cdot \sqrt{\frac{2}{3}}$
f) $\sqrt{\frac{6}{2} \cdot \frac{4}{49}} = \frac{2}{7} \cdot \sqrt{3}$

4

a) $8 + \sqrt{256} = 8 + 16 = 24$ b) $\sqrt{5} \cdot (5 - 3) = 2 \cdot \sqrt{5}$
c) $5 \cdot (\sqrt{25} - \sqrt{9}) = 5 \cdot (5 - 3) = 10$
d) $\sqrt{11} \cdot (4 + 2) = 6 \cdot \sqrt{11}$ e) $(\sqrt{9} + \sqrt{16}) \cdot 6 = (3 + 4) \cdot 6 = 42$
f) $\sqrt{7} \cdot (3 - 7) = (-4) \cdot \sqrt{7}$

5

a) Hinter dem dritten Gleichheitszeichen: $\frac{5 \cdot \sqrt{5}}{5} = \sqrt{5}$
Ein Wurzelzeichen wurde vergessen.
b) Hinter dem zweiten Gleichheitszeichen: $\frac{8}{\sqrt{8}} = \sqrt{8}$
Fehler beim Addieren zweier Brüche (gemeinsamer Nenner bleibt gleich).
c) Hinter dem vierten Gleichheitszeichen: $\sqrt{3} \cdot (9 + 9) = 18 \cdot \sqrt{3}$
Distributivgesetz wurde nicht richtig angewendet.
d) Hinter dem zweiten Gleichheitszeichen: $\frac{\sqrt{2} - \sqrt{3}}{2 - 3} = \frac{\sqrt{2} - \sqrt{3}}{-1}$
$= \sqrt{3} - \sqrt{2}$
Im Nenner wurde Minuend und Subtrahend getauscht.

Training Grundwissen aus vorausgehenden Klassen | Satz des Pythagoras, Seite 7

1

a) $(20\,m)^2 + (21\,m)^2 = 841\,m^2 \neq (30\,m)^2$; nach dem Satz des Pythagoras handelt es sich folglich nicht um ein Rechteck.
b) $(32\,m)^2 + (24\,m)^2 = 1600\,m^2 = (40\,m)^2$; nach dem Satz des Pythagoras handelt es sich folglich um ein Rechteck.
c) $(18\,m)^2 + (24\,m)^2 = 900\,m^2 = (30\,m)^2$; nach dem Satz des Pythagoras handelt es sich folglich um ein Rechteck.
d) $(45\,m)^2 + (24\,m)^2 = 2601\,m^2 \neq (50\,m)^2$; nach dem Satz des Pythagoras handelt es sich folglich nicht um ein Rechteck.

2

a) $h^2 = a^2 - \left(\frac{1}{2}a\right)^2 = \frac{3}{4}a^2$; $h = \frac{1}{2}a \cdot \sqrt{3}$
$h = \frac{1}{2} \cdot 3{,}60\,cm \cdot \sqrt{3}$; $h \approx 3{,}12\,cm$
b) $a^2 = (7^2 + 3^2)\,cm^2 = 58\,cm^2$; $a = \sqrt{58}\,cm \approx 7{,}62\,cm$

3

$h^2 = (5\,cm)^2 - \left(\frac{1}{2} \cdot (12 - 6)\right)^2 cm^2 = (5^2 - 3^2)\,cm^2 = 16\,cm^2$, also ist $h = 4\,cm$.
$x^2 = h^2 + (9\,cm)^2$, also ist $x = \sqrt{97}\,cm \approx 9{,}85\,cm$.

4

a)

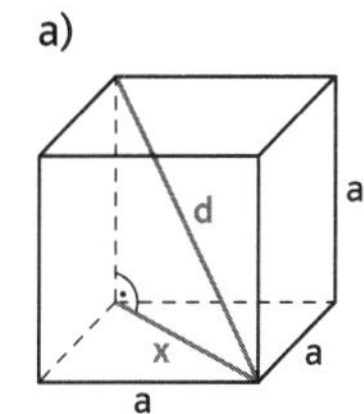

$d^2 = a^2 + x^2 = a^2 + 2a^2 = 3a^2$
$d = a \cdot \sqrt{3}$; $d \approx 17{,}32\,cm$

b)

$d^2 = x^2 + c^2 = a^2 + b^2 + c^2$
$d = \sqrt{a^2 + b^2 + c^2}$
$d \approx 13{,}34\,cm$

5

a) $d = 2 \cdot \sqrt{e^2 - \left(\frac{e}{4}\right)^2} = \frac{e}{2} \cdot \sqrt{15}$
b) $d = \sqrt{(3e)^2 + (4e)^2} = \sqrt{25e^2} = 5e$

6

Bestimmung mithilfe des Kathetensatzes: $b^2 = q \cdot c$ möglich.
$c = b^2 : q = (100\,m)^2 : 80\,m = 10\,000\,m^2 : 80\,m = 125\,m$.
A und B sind 125 m voneinander entfernt.

Training Grundwissen aus vorausgehenden Klassen | Quadratische Funktionen, Seite 8

1

$y = -x^2 + 1 \rightarrow$ Nullstellen: $x_1 = -1$; $x_2 = 1 \rightarrow S(0|1)$
$y = -x^2 + 2x - 1 \rightarrow y = -(x-1)^2 \rightarrow$ Nullstelle: $x = 1$
$\rightarrow S(1|0)$
$y = x^2 - 6x + 5 \rightarrow y = (x-3)^2 - 4$
$\rightarrow$ Nullstellen: $x_1 = 1$; $x_2 = 5 \rightarrow S(3|-4)$
$y = x^2 + 4x + 5 \rightarrow y = (x+2)^2 + 1 \rightarrow$ keine Nullstellen
$\rightarrow S(-2|1)$
$y = x^2 + 2x \rightarrow y = x(x+2) \rightarrow$ Nullstellen: $x_1 = 0$; $x_2 = -2$
$\rightarrow S(-1|-1)$

2

a) $S(0|2)$; $f(x) = -x^2 + 2$
b) $S(0|-1)$; $f(x) = \frac{1}{2}x^2 - 1$
c) $S(2|1)$; $f(x) = (x-2)^2 + 1$
d) $S(-2|0)$; $f(x) = -(x+2)^2$
e) $S(-1|2)$; $f(x) = (x+1)^2 + 2$

3

Siehe Tabelle 1.

Tabelle 1

	verschoben um … nach				nach oben geöffnet	nach unten geöffnet	weiter	enger	Anzahl an Nullstellen
	rechts	links	oben	unten					
a)	3		1		⊗	○	○	⊗	0
b)		$\frac{1}{2}$	2		○	⊗	○	○	2
c)				3	⊗	○	⊗	○	2
d)	1,5				⊗	○	○	⊗	1
e)		2		$\frac{1}{2}$	○	⊗	⊗	○	0
f)	0,8				⊗	○	○	⊗	1

4

a) $x^2 = 100$; $x_1 = -10$; $x_2 = 10$
b) $2x \cdot (x + 2) = 0$; $x_1 = 0$; $x_2 = -2$
c) $x_1 = 4$; $x_2 = -4$
d) $x_{1,2} = -\frac{3}{2} \pm \sqrt{\frac{9}{4} + 10}$; $x_{1,2} = -\frac{3}{2} \pm 3\frac{1}{2}$; $x_1 = 2$; $x_2 = -5$
e) $x^2 - 8x + 16 = 0$; $x_{1,2} = 4 \pm \sqrt{16 - 16}$; $x = 4$
f) $x^2 + 6x + 30 = 0$; $x_{1,2} = -3 \pm \sqrt{9 - 30}$; keine Lösung

Training Grundwissen aus vorausgehenden Klassen | Schnittprobleme, Seite 9

1

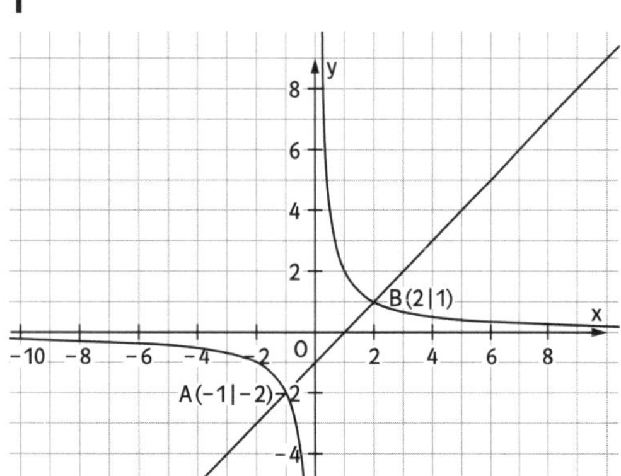

$x - 1 = \frac{2}{x}$
$x^2 - x = 2$
$x^2 - x - 2 = 0$
$x_1 = -1$; $x_2 = 2$; $A(-1|-2)$; $B(2|1)$

2

a) Scheitelpunktform: $f(x) = a_1 \cdot (x - (-2))^2 + (-2)$;
Punkt $A(0|0)$; Punktprobe: $a_1 = 0,5$;
Ausmultiplizieren und Vereinfachen: $f(x) = 0,5x^2 + 2x$;
Scheitelpunktform: $g(x) = a_2 \cdot (x - 1)^2 + 4$;
Punkt $B(0|2)$; Punktprobe: $a_2 = -2$;
Ausmultiplizieren und Vereinfachen: $g(x) = -2x^2 + 4x + 2$

b) $0,5x^2 + 2x = -2x^2 + 4x + 2$; $2,5x^2 - 2x - 2 = 0$;
$x_{1/2} = \frac{2 \pm \sqrt{4 + 20}}{5}$; $x_1 = \frac{2 + 2\sqrt{6}}{5} \approx 1,38$; $x_2 = \frac{2 - 2\sqrt{6}}{5} \approx -0,58$;
Schnittpunkte: $A\left(\frac{2 + 2\sqrt{6}}{5} \middle| \frac{34 + 24\sqrt{6}}{5}\right)$; $B\left(\frac{2 - 2\sqrt{6}}{5} \middle| \frac{34 - 24\sqrt{6}}{5}\right)$

3

$\frac{1}{x} = m \cdot x$
Für $m = 0$ gilt: $\frac{1}{x} = 0$ ist nicht lösbar, deshalb gibt es keinen Schnittpunkt.
Für $m < 0$ gilt: $x^2 = \frac{1}{m}$ ist nicht lösbar, deshalb gibt es keinen Schnittpunkt.
Für $m > 0$ gilt: $x^2 = \frac{1}{m}$ ist lösbar mit $x = \pm\frac{1}{\sqrt{m}}$. Es gibt also die beiden Schnittpunkte $A\left(\frac{1}{\sqrt{m}} \middle| \sqrt{m}\right)$ und $B\left(\frac{-1}{\sqrt{m}} \middle| -\sqrt{m}\right)$.
Für sehr große positive Werte von m nähern sich die Schnittpunkte A und B der y-Achse an.
Für sehr kleine positive Werte von m nähern sich die Schnittpunkte A und B der x-Achse an.

Training Grundwissen aus vorausgehenden Klassen | Laplace-Wahrscheinlichkeit, Seite 10

1

a) bis d)

Wahrscheinlichkeit	Bruch	Dezimal-. bruch	Prozent
a) die Zahl Fünf zu ziehen	$\frac{1}{8}$	0,125	12,5 %
b) eine gerade Zahl zu ziehen	$\frac{1}{2}$	0,5	50 %
c) eine Zahl größer als Fünf zu ziehen	$\frac{3}{8}$	0,375	37,5 %
d) eine Zahl größer als Sechs zu ziehen	$\frac{1}{4}$	0,25	25 %

Bei d) sind mehrere Wahrscheinlichkeiten möglich, z. B. auch „die Zahl 2 oder 4 zu ziehen".

2

a) $\frac{1}{2}$ b) $\frac{3}{10}$ c) $\frac{1}{100}$

3

Es sind insgesamt 16 Kugeln; davon sind acht mit 1, vier mit 2, drei mit 3 und eine mit 5 versehen.

a) $\frac{1}{16}$ b) $\frac{4}{16} = \frac{1}{4}$ c) 200

4

a) Siehe Figur 1.
b) $\frac{1}{45} + \frac{1}{15} + \frac{2}{9} = \frac{14}{45}$
c) $1 - \left(\frac{1}{15} + \frac{3}{10} + \frac{1}{6}\right) = \frac{7}{15}$

Training Grundwissen aus vorausgehenden Klassen | Wahrscheinlichkeit, Seite 11

1

a) $(9 \cdot 9 \cdot 9 \cdot 9)$ Zahlen = 6561 Zahlen
b) $(8 \cdot 9 \cdot 9 \cdot 9)$ Zahlen = 5832 Zahlen
c) $(9 \cdot 10 \cdot 10 \cdot 10)$ Zahlen = 9000 Zahlen
d) $(9 \cdot 9 \cdot 8 \cdot 7)$ Zahlen = 4536 Zahlen

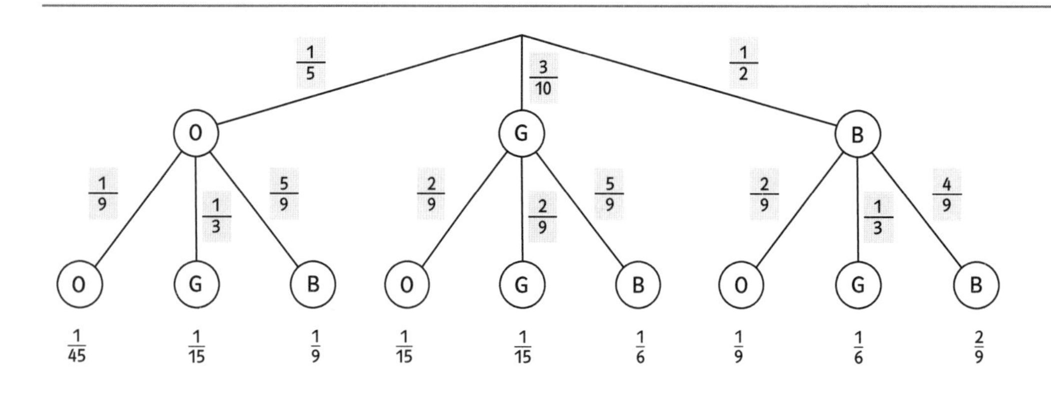

Figur 1

2

a) $\frac{5}{10} \cdot \frac{5}{10} = \frac{1}{2} \cdot \frac{1}{2} = \frac{1}{4}$ b) $\frac{4}{10} \cdot \frac{4}{10} = \frac{2}{5} \cdot \frac{2}{5} = \frac{4}{25}$

c) $1 - \frac{1}{2} \cdot \frac{1}{2} = \frac{3}{4}$ d) $1 - \frac{1}{2} \cdot \frac{1}{2} = \frac{3}{4}$

3

a) $6! = 720$ b) $\frac{3! \cdot 4}{720} = \frac{24}{720} = 0{,}0\overline{3}$

c) $\frac{4 \cdot 3 \cdot 2!}{720} = \frac{24}{720} = 0{,}0\overline{3}$ d) $\frac{2 \cdot (3! \cdot 3!)}{720} = \frac{72}{720} = 0{,}1$

4

a) $\left(\frac{1}{4}\right)^5 = \frac{1}{1024}$ b) $\left(\frac{3}{4}\right)^5 = \frac{243}{1024}$

c) $1 - \left(\frac{3}{4}\right)^5 = \frac{781}{1024}$ d) $\left(\frac{1}{4}\right)^2 \cdot \left(\frac{3}{4}\right)^3 = \frac{27}{1024}$

5

a) Es können höchstens 11 Sitzungen abgehalten werden.

b) $\frac{10 \cdot 2! \cdot 9!}{11!} = \frac{7257600}{39916800} \approx 0{,}182$

Training Grundwissen aus vorausgehenden Klassen | Trigonometrie, Seite 12

1

Dreieck A: $c = \sqrt{2{,}5^2 + 3{,}5^2}\,\text{cm} \approx 4{,}3\,\text{cm}$; $\tan(\beta) = \frac{2{,}5}{3{,}5}$;
$\beta \approx 35{,}5°$; $\alpha = 90° - \beta \approx 54{,}5°$

Dreieck B: $\alpha = 90° - 55° = 35°$; $\sin(55°) = \frac{c}{4\,\text{cm}}$;
$c \approx 3{,}3\,\text{cm}$; $\sin(35°) = \frac{a}{4\,\text{cm}}$; $a \approx 2{,}3\,\text{cm}$

2

Im Drachenviereck gilt: Die Diagonale f (also [AC]) halbiert die Winkel α und β. Die Diagonale f (also [AC]) halbiert die Diagonale e (also [BD]).

$\frac{\alpha}{2} + \frac{\gamma}{2} = 15° + 75° = 90°$, folglich ist das Dreieck ABC rechtwinklig. Der rechte Winkel liegt bei B.

$\cos\left(\frac{\alpha}{2}\right) = \frac{a}{f}$; $\cos(15°) = \frac{6{,}7\,\text{cm}}{f}$; $f = \frac{6{,}7\,\text{cm}}{\cos(15°)}$; $f \approx 6{,}9\,\text{cm}$;

$\sin\left(\frac{\alpha}{2}\right) = \frac{b}{f}$; $b = f \cdot \sin(15°) \approx 6{,}9\,\text{cm} \cdot \sin(15°)$; $b \approx 1{,}8\,\text{cm}$;

$\sin\left(\frac{\gamma}{2}\right) = \frac{0{,}5\,e}{b}$; $e = 2b \cdot \sin(75°) \approx 2 \cdot 1{,}8\,\text{cm} \cdot \sin(15°)$; $e \approx 3{,}5\,\text{cm}$

3

Ein Tetraeder hat als Seitenflächen 4 kongruente gleichseitige Dreiecke. Folglich sind auch alle Seitenflächenhöhen (im Folgenden mit h bezeichnet) des Tetraeders gleich lang. Zusammen mit dem Teilungsverhältnis 1:2 ergibt sich folgende Gleichung:

$\cos(\delta) = \frac{\frac{1}{3}h}{h} = \frac{1}{3}$; $\delta \approx 70{,}5°$

4

$\sin(56°) = \cos(34°)$; $\cos(14°) = \sin(76°)$;
$\cos(0°) = 1$; $\sin(0°) = 0$

5

$\cos(\alpha) = 0{,}8$; $\tan(\alpha) = 0{,}75$; $\cos(90° - \alpha) = 0{,}6$;
$\tan(90° - \alpha) = 1{,}\overline{3}$

Training Grundwissen aus vorausgehenden Klassen | Raumgeometrie, Seite 13

1

$V_1 = \frac{1}{2} \cdot (50\,\text{cm})^3 - \pi \cdot (5\,\text{cm})^2 \cdot 25\,\text{cm} \approx 60\,536{,}5\,\text{cm}^3$

Oberflächeninhalt eines Würfelteils:

$O_1 = (2 \cdot 50 + 50\sqrt{2}) \cdot 50\,\text{cm}^2 + 2 \cdot \frac{1}{2} \cdot (50\,\text{cm})^2 + 2\pi \cdot 5 \cdot 25\,\text{cm}^2$
$\approx 11\,820{,}93\,\text{cm}^2$

2

Prisma → $O = 2G + M$ → $V = G \cdot h$

Kegel → $O = G + M$ → $V = \frac{1}{3}G \cdot h$ → $O = \pi r^2 + \pi r \cdot s$
→ $V = \frac{1}{3}\pi r^2 \cdot h$

Zylinder → $O = 2G + M$ → $V = G \cdot h$ → $O = 2\pi r^2 + 2\pi r \cdot h$
→ $V = \pi r^2 \cdot h$

Pyramide → $O = G + M$ → $V = \frac{1}{3}G \cdot h$

3

a) Mögliche Lösung

b) $V = \frac{1}{3} \cdot a^2 \cdot h = 4\,\text{cm}^3$

c) $h_s = \sqrt{h^2 + \left(\frac{a}{2}\right)^2} = \sqrt{10}\,\text{cm} \approx 3{,}16\,\text{cm}$

d) $O = 4 \cdot \frac{1}{2} \cdot a \cdot h_s + a^2 \approx 16{,}65\,\text{cm}^2$

4

a) $V_{Quader} = 2\,\text{dm} \cdot 4\,\text{dm} \cdot 6\,\text{dm} = 48\,\text{dm}^3$;
$V_{Kegel} = \frac{1}{3} \cdot \pi \cdot (2\,\text{dm})^2 \cdot 2\,\text{dm} \approx 8{,}38\,\text{dm}^3$;
$V = V_{Quader} - V_{Kegel} \approx 39{,}62\,\text{dm}^3$

$O_{Quader} = 2 \cdot (2 \cdot 4 + 2 \cdot 6 + 4 \cdot 6)\,\text{dm}^2 = 88\,\text{dm}^2$;
$A_{Kreis} = \pi \cdot (2\,\text{dm})^2 \approx 12{,}57\,\text{dm}^2$;
$M_{Kegel} = \pi \cdot 2\,\text{dm} \cdot \sqrt{2^2 + 2^2}\,\text{dm} \approx 17{,}77\,\text{dm}^2$;
$O = O_{Quader} - A_{Kreis} + M_{Kegel} \approx 93{,}21\,\text{dm}^2$

b) $V_{Zylinder} = \pi \cdot (3{,}5\,\text{m})^2 \cdot 10\,\text{m} \approx 384{,}85\,\text{m}^3$;
$V_{Kegel} = \frac{1}{3} \cdot \pi \cdot (3{,}5\,\text{m})^2 \cdot 7{,}5\,\text{m} \approx 96{,}21\,\text{m}^3$;
$V = V_{Zylinder} + V_{Kegel} \approx 481{,}06\,\text{m}^3$

$A_{Kreis} = \pi \cdot (3{,}5\,\text{m})^2 \approx 38{,}48\,\text{m}^2$;
$M_{Zylinder} = 2\pi \cdot 3{,}5\,\text{m} \cdot 10\,\text{m} \approx 219{,}91\,\text{m}^2$;
$M_{Kegel} = \pi \cdot 3{,}5\,\text{m} \cdot \sqrt{3{,}5^2 + 7{,}5^2}\,\text{m} \approx 91{,}00\,\text{m}^2$;
$O = A_{Kreis} + M_{Zylinder} + M_{Kegel} \approx 349{,}39\,\text{m}^2$

Kreissektor und Bogenmaß, Seite 14

1

Siehe Tabelle 1.

Tabelle 1

α im Gradmaß	1°	12°	18°	36°	45°	63°	120°	150°	210°	310°
α im Bogenmaß	$\frac{\pi}{180}$	$\frac{\pi}{15}$	$\frac{\pi}{10}$	$\frac{\pi}{5}$	$\frac{\pi}{4}$	$\frac{7\pi}{20}$	$\frac{2\pi}{3}$	$\frac{5\pi}{6}$	$\frac{7\pi}{6}$	$\frac{31\pi}{18}$

2

a) $A = \frac{1}{4}\pi(2\,cm)^2 + \frac{1}{8}\pi(1{,}5\,cm)^2 \approx 4{,}03\,cm^2$;

$U = \frac{1}{4} \cdot 2\pi \cdot 2\,cm + 2 \cdot 2\,cm + \frac{1}{8} \cdot 2\pi \cdot 1{,}5\,cm + 2 \cdot 1{,}5\,cm \approx 11{,}3\,cm$

b) $A = \frac{1}{2}\pi(2\,cm)^2 - \frac{1}{4}\pi(1\,cm)^2 \approx 5{,}50\,cm^2$

$U = \frac{1}{2} \cdot 2\pi \cdot 2\,cm + \frac{1}{4} \cdot 2\pi \cdot 1\,cm + 2\,cm + 1\,cm + 1\,cm + 2\,cm + 1\,cm$

$+ 1\,cm \approx 15{,}9\,cm$

c) $A = \frac{1}{4}\pi(4\,cm)^2 - \frac{1}{2} \cdot 4\,cm \cdot 4\,cm + \frac{1}{4}\pi(1{,}5\,cm)^2 + \frac{1}{4}\pi(2\,cm)^2$

$\approx 9{,}48\,cm^2$

$U = \frac{1}{4} \cdot 2\pi \cdot 4\,cm + \frac{1}{4} \cdot 2\pi \cdot 1{,}5\,cm + \frac{1}{4} \cdot 2\pi \cdot 2\,cm + 0{,}5\,cm + 0{,}5\,cm$

$+ \sqrt{4^2 + 4^2}\,cm - 3\,cm \approx 15{,}4\,cm$

3

	r	α	b	A	U
a)	3,5 m	200°	12,2 m	$21{,}4\,m^2$	22,0 m
b)	7,2 m	95°	12 m	$43{,}2\,m^2$	45,5 m
c)	3,5 m	26,2°	1,6 m	$2{,}8\,m^2$	22,0 m
d)	8,6 m	350°	52,5 m	$232{,}2\,m^2$	54 m

4

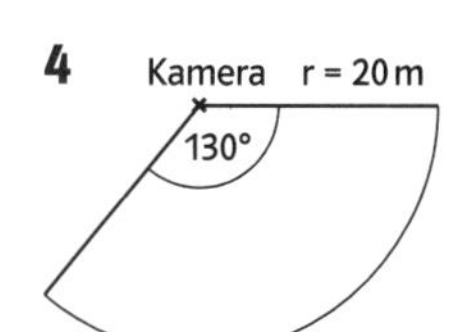

$A = \pi \cdot 20^2 \cdot \frac{130°}{360°}\,m^2 \approx 453{,}79\,m^2$

Das Beobachtungsfeld hat einen Flächeninhalt von etwa $453{,}79\,m^2$.

Volumen der Kugel, Seite 15

1

$V_{Erde} = \frac{4}{3}\pi \cdot (6370\,km)^3 \approx 1{,}08270 \cdot 10^{12}\,km^3$

$V_{Erde + Atmosphäre} = 1{,}05 \cdot V_{Erde} \approx 1{,}13683 \cdot 10^{12}\,km^3$

$r_{Erde + Atmosphäre} = \sqrt[3]{\frac{3}{4} \cdot \frac{V_{Erde + Atmosphäre}}{\pi}} \approx 6474\,km$

$h_{Atmosphäre} = 6474 - r_{Erde} = 104\,km$

$\frac{h_{Atmosphäre}}{r_{Erde}} = \frac{104\,km}{6370\,km} \approx 0{,}016 = 1{,}6\,\%$

Die Höhe der Atmosphäre beträgt ungefähr 1,6 % des Erdradius.

2

a) $V_{Kugel} = \frac{4000\,g}{7{,}2\frac{g}{cm^3}} = 555{,}\bar{5}\,cm^3$; $r_{Kugel} = \sqrt[3]{\frac{3}{4} \cdot \frac{V_{Kugel}}{\pi}} \approx 5{,}1\,cm$;

$d \approx 10{,}2\,cm$

Die Kugel hat einen Durchmesser von etwa 10,2 cm.

b) $V_{Kugel} = \frac{4}{3} \cdot \pi \cdot \left(\frac{9{,}5}{2}\,cm\right)^3 \approx 448{,}921\,cm^3$;

$Dichte = \frac{Masse}{Volumen} \approx \frac{4000\,g}{448{,}921\,cm^3} \approx 8{,}9\,\frac{g}{cm^3}$

c) Masse = Volumen · Dichte; $Masse \approx 448{,}921\,cm^3 \cdot 19{,}3\,\frac{g}{cm^3}$

$= 8664{,}1753\,g \approx 86{,}7\,kg$

3

Kurze Lösung: Der Radius hat sich verzehnfacht, die Anzahl der halben Butterstücke erhöht sich damit um $10^3 = 1000$.
Die Anzahl der (ganzen) Butterstücke ist folglich 500.
Lange Lösung:

$Volumen_{Korkkugel\ mit\ r = 5\,cm} = \frac{4}{3}\pi \cdot (5\,cm)^3 \approx 523{,}599\,cm^3$;

$Dichte_{Kork} = \frac{Masse_{Kork}}{Volumen_{Kork}} = \frac{125\,g}{523{,}599\,cm^3} \approx 0{,}239\,\frac{g}{cm^3}$;

$Volumen_{Korkkugel\ mit\ r = 50\,cm} = \frac{4}{3}\pi \cdot (50\,cm)^3 \approx 523\,598{,}776\,cm^3$;

$Masse_{Korkkugel\ mit\ r = 50\,cm} = Volumen_{Korkkugel\ mit\ r = 50\,cm} \cdot Dichte_{Kork}$

$\approx Masse_{Korkkugel\ mit\ r = 50\,cm} \approx 125\,140{,}108\,g$;

Anzahl der 250-g-Butterstücke $= \frac{Masse_{Korkkugel\ mit\ r = 50\,cm}}{250\,g} \approx 500$.

Die Anzahl der (ganzen) Butterstücke ist folglich 500.

4

$V_{Schale} = \frac{1}{2} \cdot \frac{4}{3} \cdot \pi \cdot 16^3\,cm^3$

Es gilt $V_{Schale} = V_{Flüssigkeit\ im\ Zylinder}$, d.h.

$\frac{2}{3} \cdot \pi \cdot 16^3\,cm^3 = \pi \cdot 16^2\,cm^2 \cdot h_{Flüssigkeit}$

Daraus folgt $h_{Flüssigkeit} = \frac{2}{3} \cdot 16\,cm \approx 10{,}7\,cm$.

Das Wasser steht im Zylinder 10,7 cm hoch.

Oberflächeninhalt der Kugel, Seite 16

1

	r	d	O	V
a)	5 m	10 m	$314{,}16\,m^2$	$523{,}60\,m^3$
b)	0,2 dm	0,4 dm	$0{,}50\,dm^2$	$33{,}51\,cm^3$
c)	0,63 cm	1,26 cm	$5{,}00\,cm^2$	$1{,}05\,m^3$
d)	1,06 cm	2,12 cm	$14{,}14\,cm^2$	$5{,}00\,cm^3$

2

a) $O_{Kugeln} = 3 \cdot 4 \cdot \pi \cdot \left(\frac{3{,}5}{2}\right)^2 m^2 \approx 115{,}45\,m^2$

Man benötigt rund 346 Stunden zum Säubern.

b) V_{Kugel}: $\frac{4}{3} \cdot \pi \cdot \left(\frac{3{,}5}{2}\right)^3 m^3 \approx 22{,}45\,m^3$

Eine Kugel wiegt ungefähr $22{,}45 \cdot 2400\,kg = 53\,880\,kg = 53{,}88\,t$

3

$O_Z = 2\pi \cdot (5\,cm) \cdot (20\,cm) + 2 \cdot \pi \cdot (5\,cm)^2 \approx 250\,\pi\,cm^2$;

$O_{Kugeln} = 2 \cdot 4\pi \cdot (5\,cm)^2 = 200\,\pi\,cm^2$; der gesamte Oberflächeninhalt der beiden Kugeln ist um 20 % kleiner als O_Z.

4

$r_{Außenkugel} = \sqrt{\frac{O}{4\pi}} = \sqrt{\frac{201{,}1\,cm^2}{4\pi}} \approx 4{,}0\,cm$;

Volumen der Schokolade $= V_{Schoko} = \frac{50\,g}{1{,}06\,\frac{g}{cm^3}} \approx 47{,}170\,cm^3$;

$V_{Außenkugel} \approx \frac{4}{3}\pi \cdot (4\,cm)^3 \approx 268{,}083\,cm^3$;

$V_{Innenkugel} = V_{Außenkugel} - V_{Schoko} \approx 220{,}913\,cm^3$;

$r_{Innenkugel} = \sqrt[3]{\frac{3}{4} \cdot \frac{V_{Innenkugel}}{\pi}} \approx 3{,}75\,cm$; die Schokoladenschicht der Hohlkugel ist somit ungefähr $4{,}0\,cm - 3{,}75\,cm = 0{,}25\,cm$ dick.

5

... vergrößert sich ihr Volumen um das 27-Fache und ihr Oberflächeninhalt um das 9-Fache.

Anwendungen, Seite 17

1

a) $V_{Jupiter} \approx \frac{4}{3}\pi \cdot (71\,900\,km)^3 \approx 1{,}56 \cdot 10^{15}\,km^3 = 1{,}56 \cdot 10^{27}\,dm^3$;

$Dichte_{Jupiter} = \frac{Masse_{Jupiter}}{Volumen_{Jupiter}} \approx \frac{1{,}899 \cdot 10^{27}\,kg}{1{,}56 \cdot 10^{27}\,dm^3} \approx 1{,}22\,\frac{kg}{dm^3}$

$V_{Erde} \approx \frac{4}{3}\pi \cdot (6370\,kg)^3 \approx 1{,}08 \cdot 10^{12}\,km^3 = 1{,}08 \cdot 10^{24}\,dm^3$;

$Dichte_{Erde} = \frac{Masse_{Erde}}{Volumen_{Erde}} \approx \frac{5{,}974 \cdot 10^{24}\,kg}{1{,}08 \cdot 10^{24}\,dm^3} \approx 5{,}53\,\frac{kg}{dm^3}$

b) Jupiter hat zwar etwa den 11-fachen Radius der Erde, aber wegen seiner wesentlich geringeren Dichte nur etwa die 3-fache Masse der Erde. Gase weisen eine besonders geringe Dichte auf, daher der Name „Gasriese".

c) $O_{Erde} \approx 4\pi \cdot (6370\,km)^2 \approx 5{,}1 \cdot 10^8\,km^2$;
$O_{Jupiter} \approx 4\pi \cdot (71900\,km)^2 \approx 6{,}5 \cdot 10^{10}\,km^2$
Der Oberflächeninhalt der Erde beträgt ca. 0,8 % des Oberflächeninhalts des Jupiters.

2

a) $V = \frac{1}{3}\pi \cdot a^2 \cdot a + \pi \cdot a^2 \cdot a + \frac{1}{2} \cdot \frac{4}{3} \cdot \pi \cdot a^3 = 2\pi \cdot a^3$;
$O = \pi \cdot a \cdot \sqrt{2a^2} + 2\pi \cdot a^2 + \frac{1}{2} \cdot 4\pi \cdot a^2 = (\sqrt{2} + 4) \cdot \pi a^2$

b) $a = \sqrt[3]{\frac{182{,}25\,\pi\,dm^3}{2\pi}} = 4{,}5\,dm = 45\,cm$

3*

a) $r_{Erde} = 6370\,km$; $\cos(48°) = \frac{r_B}{6370\,km}$; $r_B \approx 4262\,km$;
$U_B = 2\pi \cdot r_B \approx 26781\,km$; 360° entsprechen 26781 km;
1° entspricht somit ca. 74,39 km und 1′ entspricht ca. 1,24 km.
Der Differenz Le Mans – Freiburg (7° 39′) entspricht etwa der Wert 7 · 74,39 km + 39 · 1,24 km. Damit beträgt die Entfernung Freiburg – Le Mans etwa 569,09 km.
Der Differenz Bratislava – Freiburg (9° 18′) entspricht etwa der Wert 9 · 74,39 km + 18 · 1,24 km. Damit beträgt die Entfernung Freiburg – Bratislava etwa 691,81 km.

b) $U_{Längengrad} = 2\pi \cdot 6370\,km \approx 40024\,km$; 1° entspricht etwa $\frac{40024\,km}{360} \approx 111{,}18\,km$. Für Freiburg mit 48° beträgt damit die Entfernung zum Äquator etwa 48 · 111,18 km ≈ 5337 km.

Kreis und Kugel | Merkzettel, Seite 18

Texte:

- irrationale; 3,141 592 65 …
- Mittelpunktswinkel; Kreisbogen;

$b = \frac{\alpha}{360°} \cdot 2\pi \cdot r$; $A = \frac{\alpha}{360°} \cdot \pi \cdot r^2$; $\frac{\alpha}{360°}$;
am Kreisumfang; Kreisfläche

- Bogenlänge und Radius; Gradmaß; Bogenmaß;

$\frac{\alpha \text{ im Bogenmaß}}{2\pi} = \frac{\alpha \text{ im Gradmaß}}{360°}$

- $\frac{4}{3}\pi \cdot r^3$
- $4\pi \cdot r^2$

Beispiele:

- Einem Kreis werden regelmäßige Vielecke ein- und umbeschrieben und deren Umfänge berechnet. Durch Erhöhung der Eckenzahl kann π beliebig genau angenähert werden.
- $b = \frac{100°}{360°} \cdot 2\pi \cdot 1{,}5\,cm \approx 2{,}6\,cm$;

$A = \frac{100°}{360°} \cdot 2\pi \cdot (1{,}5\,cm)^2 \approx 1{,}96\,cm^2$

Kreissektor	α im Gradmaß	α im Bogenmaß
Halbkreis	180°	π
Viertelkreis	90°	$\frac{\pi}{2}$
Sechstelkreis	60°	$\frac{\pi}{3}$

20° im Gradmaß: $\frac{20°}{360°} \cdot 2\pi = \frac{\pi}{9}$ im Bogenmaß

$\frac{4\pi}{9}$ im Bogenmaß: $\frac{4\pi}{9 \cdot 2\pi} \cdot 360° = 80°$

- $\frac{4}{3}\pi \cdot (4\,dm)^3 = \frac{256}{3}\pi\,dm^3 \approx 268{,}08\,dm^3$
- $4\pi \cdot (4\,mm)^2 = 64\pi\,mm^2 \approx 201{,}06\,mm^2$

Sinus und Kosinus am Einheitskreis, Seite 19

1

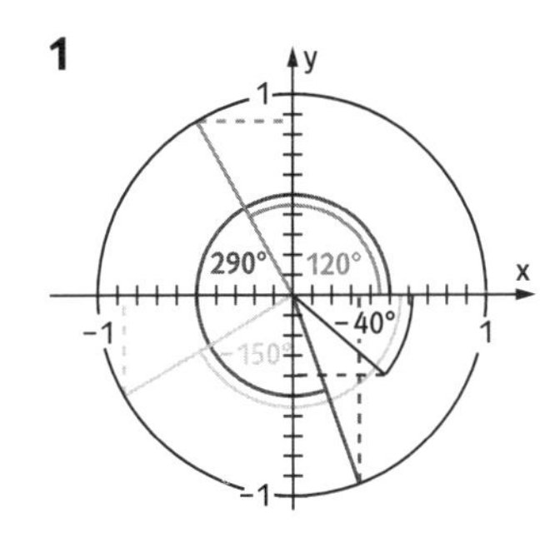

a) sin (120°) ≈ 0,87
b) cos (−150°) ≈ −0,88
c) cos (290°) ≈ 0,35
d) sin (−40°) ≈ −0,64

2

A – D; F – C – B; H – E; G – I

3

sin (−α) = −sin (α) und cos (−α) = cos (α)

4

a) sin (51°) ≈ 0,7771; cos (219°) ≈ −0,7771;
cos (141°) ≈ −0,7771; sin (−51°) ≈ −0,7771
b) cos (19°) ≈ 0,9455; cos (−19°) ≈ 0,9455;
sin (−109°) ≈ −0,9455; sin (71°) ≈ 0,9455

5

a) Falsch, da −1 ≦ cos (α) ≦ 1 für alle Winkel α
b) Falsch, da sin (135°) = sin (45°) und cos (135°) = −cos (45°) = −sin (45°)
c) Wahr, da sin (23°) = cos (90° − 23°) = cos (67°) = cos (360° − 67°) = cos (293°)
d) Falsch, denn $\cos\left(\frac{7}{4}\pi\right) = \cos\left(2\pi - \frac{1}{4}\pi\right) = \cos\left(\frac{1}{4}\pi\right) = \frac{1}{2}\sqrt{2} = +\sin\left(\frac{1}{4}\pi\right)$
e) Wahr, da cos (270°) = 0 und sin (270°) = −1
f) Falsch, da $\cos(-60°) = +\frac{1}{2}$

6

a) $x_1 \approx 0{,}201$ und $x_2 \approx 2{,}940$; $x_1 \approx 0{,}235$ und $x_2 \approx 3{,}937$
b) tan (36°) ≈ 0,727; $\tan\left(\frac{\pi}{5}\right) \approx 0{,}727$
c) $\alpha_1 \approx -298°$; $\alpha_2 \approx -118°$; $\alpha_3 \approx 62°$; $\alpha_4 \approx 242°$

Der Sinussatz°, Seite 20

1

a) Siehe Tabelle 1.

Tabelle 1

	a	b	c	sin (α)	sin (β)	sin (γ)	α	β	γ
(1)	3,2 cm	2,1 cm	2,2 cm	0,99	0,64	0,67	98°	40°	42°
(2)	5,2 cm	8,2 cm	5,4 cm	0,63	0,98	0,65	38,7°	101°	40,3°
(3)	4,5 cm	5,0 cm	3,6 cm	0,87	0,97	0,7	60°	75,6°	44,4°
(4)	12,6 cm	8,2 cm	5,4 cm	0,49	0,68	0,29	26°	137°	17°
(5)	nicht lösbar	8,2 cm	5,4 cm	nicht lösbar	nicht lösbar	0,98	nicht lösbar	nicht lösbar	101°

b) In der letzten Tabellenzeile ergibt sich bei der Berechnung von Sinuswerten mit dem Sinussatz z. B. für β, dass $\sin(\beta)$ größer als 1 ist. Dies ist aber nicht möglich.
c) Wenn zwei Seiten und der Winkel, der der kleineren Seite gegenüber liegt, gegeben sind, kann dies zu zwei Lösungsdreiecken führen. In der Tabelle ist dies in den Teilaufgaben (3) und (4) der Fall.

2
a) Gegeben sind in dieser Aufgabe zwei Seiten und der Winkel, der der kleineren gegebenen Seite gegenüber liegt. In diesem Fall kann es zwei Lösungsdreiecke geben.
b) $\beta_1 - \gamma_2 - c_1$; $\beta_2 - \gamma_1 - c_2$

3
Von A nach G sind es etwa 21,12 km, von B nach G sind es etwa 15,55 km.
Rechenweg:
1. $\gamma = 180° - (41° + 63°) = 76°$
2. $\frac{23\,\text{km}}{\sin(76°)} \approx 23{,}7\,\text{km} = \frac{\overline{AG}}{\sin(63°)} = \frac{\overline{BG}}{\sin(41°)}$
3. $\overline{AG} \approx 21{,}12\,\text{km}$; $\overline{BG} \approx 15{,}55\,\text{km}$

4
a) Es gibt nicht nur eine mögliche Reihenfolge; eine Lösung:
1: Berechne den Winkel bei Q und P. 2: Berechne $\overline{AC}$.
3: Berechne $\overline{AQ}$ mit Sinussatz. 4: Berechne $\overline{AP}$ mit Sinussatz.
5: Berechne $\overline{AP} - \overline{AQ}$.
b) 1: $\varepsilon = 180° - 68° - 81° = 31°$; $\delta = 180° - 68° - 22° = 90°$
2: $\overline{AC} = 78\,\text{m} + 56\,\text{m} = 134\,\text{m}$
3: $\frac{\overline{AQ}}{\sin(\gamma)} = \frac{\overline{AC}}{\sin(90°)}$; $\overline{AQ} \approx 50{,}2\,\text{m}$
4: $\frac{\overline{AP}}{\sin(\beta)} = \frac{\overline{AB}}{\sin(31°)}$; $\overline{AP} \approx 149{,}6\,\text{m}$
5: $\overline{PQ} = \overline{AP} - \overline{AQ} = 99{,}4\,\text{m}$

Der Kosinussatz*, Seite 21

1
a) $a^2 = b^2 + c^2 - 2bc \cdot \cos(\alpha) \approx 14{,}1\,\text{cm}^2$; $a \approx 3{,}8\,\text{cm}$
$\frac{a}{\sin(\alpha)} = \frac{3\,\text{cm}}{\sin(\gamma)} = \frac{4\,\text{cm}}{\sin(\beta)} \Longrightarrow \sin(\gamma) = 0{,}71$; $\gamma \approx 45{,}4°$
$\beta = 180° - (\alpha + \gamma) \approx 71{,}6°$
b) $a^2 = b^2 + c^2 - 2bc \cdot \cos(\alpha)$; $\cos(\alpha) = \frac{b^2 + c^2 - a^2}{2bc}$
Also $\cos(\alpha) = \frac{11}{14}$; $\alpha \approx 38{,}2°$
entsprechend $\cos(\beta) = \frac{a^2 + c^2 - b^2}{2ac} = \frac{13}{14}$; $\beta \approx 21{,}8°$
$\gamma = 180° - (\alpha + \beta) \approx 120°$

2
$\alpha = 110°$; $\beta = 70°$; $\gamma = 110°$
$a^2 = (3\,\text{cm})^2 + (3\,\text{cm})^2 - 2 \cdot 3\,\text{cm} \cdot 3\,\text{cm} \cdot \cos(110°) \approx 24{,}2\,\text{cm}^2$;
$a \approx 4{,}9\,\text{cm}$
$b^2 = (3\,\text{cm})^2 + (2\,\text{cm})^2 - 2 \cdot 3\,\text{cm} \cdot 2\,\text{cm} \cdot \cos(70°) \approx 8{,}9\,\text{cm}^2$;
$b \approx 3{,}0\,\text{cm}$
$c^2 = (2\,\text{cm})^2 + (2\,\text{cm})^2 - 2 \cdot 2\,\text{cm} \cdot 2\,\text{cm} \cdot \cos(110°) \approx 10{,}7\,\text{cm}^2$;
$c \approx 3{,}3\,\text{cm}$

3
a) 1: Berechne e mit dem Kosinussatz.
2: Berechne α_1 und γ mit dem Sinus- oder Kosinussatz.
3: Berechne a mit dem Kosinussatz.
4: Berechne α_2 und β mit dem Sinus- oder Kosinussatz.
b) 1) $e^2 = d^2 + c^2 - 2dc \cdot \cos(106°) \approx 24{,}4\,\text{cm}^2$; $c \approx 4{,}9\,\text{cm}$
2) $\frac{\sin(\alpha_1)}{c} = \frac{\sin(106°)}{e}$; $\alpha_1 \approx 51{,}7°$; $\frac{\sin(\gamma)}{d} = \frac{\sin(106°)}{e}$;
$\gamma \approx 22{,}3°$
3) $a^2 = e^2 + b^2 - 2e \cdot b \cdot \cos(70°)$; $a \approx 5{,}2\,\text{cm}$
4) $\frac{\sin(\alpha_2)}{b} = \frac{\sin(70°)}{a}$; $\alpha_2 \approx 46{,}3°$;
$\beta = 180° - (\alpha_2 + 70°) \approx 63{,}7°$

4
Nach dem Kosinussatz gilt:
$c^2 = b^2 + b^2 - 2 \cdot b \cdot b \cdot \cos(\gamma)$
$c^2 = b^2(2 - 2\cos(\gamma))$
$c = b \cdot \sqrt{2 - 2\cos(\gamma)}$
Setzt man nun nacheinander für γ die gegebenen Winkel γ_1 bis γ_7 ein, so ergibt sich:
$c_1 = b \cdot \sqrt{2 - 2\cos(\gamma_1)} = b \cdot \sqrt{2 - \sqrt{3}}$
$c_2 = b \cdot \sqrt{2 - 2\cos(\gamma_2)} = b \cdot \sqrt{2 - \sqrt{2}}$
$c_3 = b \cdot \sqrt{2 - 2\cos(\gamma_3)} = b \cdot \sqrt{2 - \sqrt{1}}$
$c_4 = b \cdot \sqrt{2 - 2\cos(\gamma_4)} = b \cdot \sqrt{2 - \sqrt{0}}$
$c_5 = b \cdot \sqrt{2 - 2\cos(\gamma_5)} = b \cdot \sqrt{2 - (-\sqrt{1})}$
$c_6 = b \cdot \sqrt{2 - 2\cos(\gamma_6)} = b \cdot \sqrt{2 - (-\sqrt{2})}$
$c_7 = b \cdot \sqrt{2 - 2\cos(\gamma_7)} = b \cdot \sqrt{2 - (-\sqrt{3})}$
Aus diesen Werten kann man nun die folgenden beiden Bildungsgesetze ableiten:
Für $n \leqq 4$: $c_n = b \cdot \sqrt{2 - \sqrt{4 - n}}$;
Für $4 < n \leqq 7$: $c_n = b \cdot \sqrt{2 + \sqrt{n - 4}}$

Trigonometrische Funktionen, Seite 22

1
a) $\sin\left(\frac{\pi}{2}\right) = 1$ b) $\cos\left(\frac{2\pi}{3}\right) = -0{,}5$
c) $\cos\left(-\frac{\pi}{4}\right) = \frac{1}{2}\sqrt{2}$ d) $\sin\left(-\frac{\pi}{6}\right) = -0{,}5$

2
a) $x_1 = \frac{5}{4}\pi$; $x_2 = \frac{7}{4}\pi$ b) $x = \pi$

3
a) Periodenlänge 2π, d. h. für jede ganze Zahl $k \in \mathbb{Z}$ gilt $\sin(x + k \cdot 2\pi) = \sin(x)$ bzw. $\cos(x + k \cdot 2\pi) = \cos(x)$.
b) $\sin(5\pi) = 0$; $\cos\left(-\frac{11}{2}\pi\right) = 0$;
$\sin\left(\frac{11}{4}\pi\right) = \frac{1}{2}\sqrt{2}$; $\cos\left(\frac{31\pi}{6}\right) = -\frac{\sqrt{3}}{2}$
c) $x \approx 0{,}6 + k \cdot 2\pi$ oder $x \approx 2{,}5 + k \cdot 2\pi$, $k \in \mathbb{Z}$
$x \approx 1{,}9 + k \cdot 2\pi$ oder $x \approx -1{,}9 + k \cdot 2\pi$, $k \in \mathbb{Z}$
d) $x_1 = -\frac{7\pi}{4}$; $x_2 = -\frac{3\pi}{4}$; $x_3 = \frac{\pi}{4}$; $x_4 = \frac{5\pi}{4}$
$x_1 = -\frac{5\pi}{4}$; $x_2 = -\frac{\pi}{4}$; $x_3 = \frac{3\pi}{4}$; $x_4 = \frac{7\pi}{4}$

4
a) $x_1 \approx 1{,}02 + k \cdot 2\pi$; $x_2 \approx 2{,}12 + k \cdot 2\pi$, $k \in \mathbb{Z}$
b) keine Lösung, da $\cos(x) \in [-1; 1]$

5
a) $\cos(9) \approx -0{,}91$ b) $\sin(-6{,}3) \approx -0{,}02$

6
a) $x_1 = 0$; $x_2 = \frac{\pi}{2}$; $x_3 = -\frac{\pi}{2}$ sind drei Lösungen der Gleichung. Da die Ursprungsgerade mit der Gleichung $y = \frac{2}{\pi} \cdot x$ eine Steigung hat, die kleiner als 1 ist, gibt es neben $x_1 = 0$ noch genau die zwei oben angegebenen Lösungen x_2 und x_3, aber keine weiteren mehr, wie aus der folgenden Abbildung ersichtlich wird.

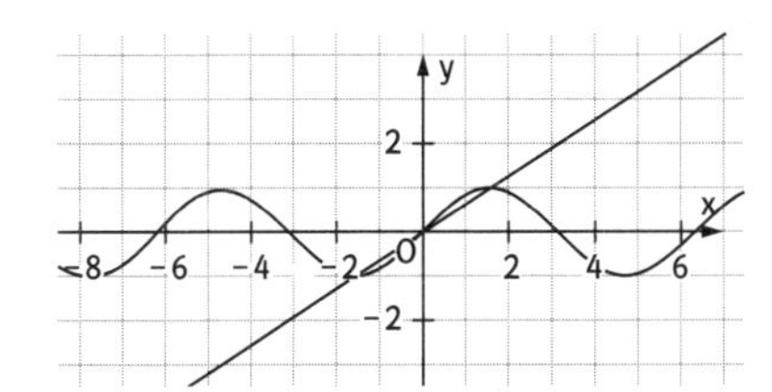

b) Z. B. die Gleichung $\sin(x) = 0$ besitzt unendlich viele Lösungen $(x = k \cdot \pi;\ k \in \mathbb{Z})$. Da ein Produkt gleich 0 ist, wenn ein Faktor gleich 0 ist, besitzt auch die Gleichung $\sin(x) \cdot \cos(x) = 0$ für $x \in \mathbb{R}$ unendlich viele Lösungen.
c) Für alle $x \in \mathbb{R}$ gilt: $|\sin(x)| \leqq 1$ und $|\cos(x)| \leqq 1$ und damit auch $|\sin(x)| \cdot |\cos(x)| \leqq 1$. Die Gleichung $\sin(x) \cdot \cos(x) = -1$ ist also nur dann lösbar, wenn es ein $x \in \mathbb{R}$ gibt, für das sowohl $\sin(x) = 1$ als auch $\cos(x) = -1$ (oder umgekehrt sowohl $\sin(x) = -1$ als auch $\cos(x) = 1$) gilt. Dies ist aber für kein $x \in \mathbb{R}$ möglich.
Zur Veranschaulichung der Lösung in Teilaufgaben b) und c), hier der Graph der Funktion $f\colon x \mapsto \sin(x) \cdot \cos(x)$:

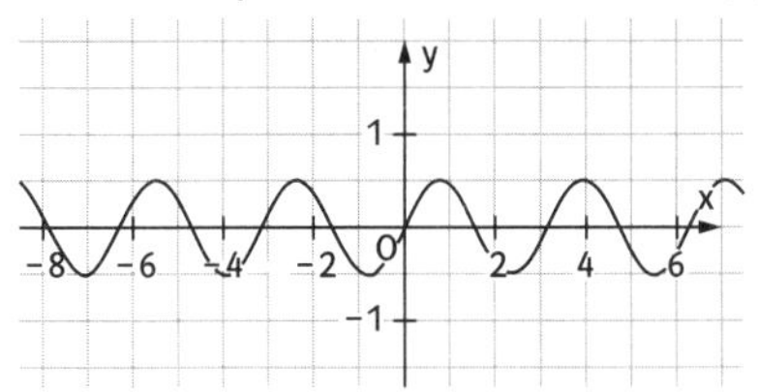

Die allgemeine Sinusfunktion $x \mapsto a \cdot \sin(bx + c)$ (1), Seite 23

1
a) $a = 1$; $p = 4\pi$ b) $a = 3$; $p = 2$
c) $a = 0{,}2$; $p = \frac{8}{3}$

2
a) $y = 2 \cdot \sin(2x)$
b) $y = \pi \cdot \sin(\pi x)$
c) $y = 0{,}3 \cdot \sin\left(\frac{20}{3}\pi \cdot x\right)$

3
a)

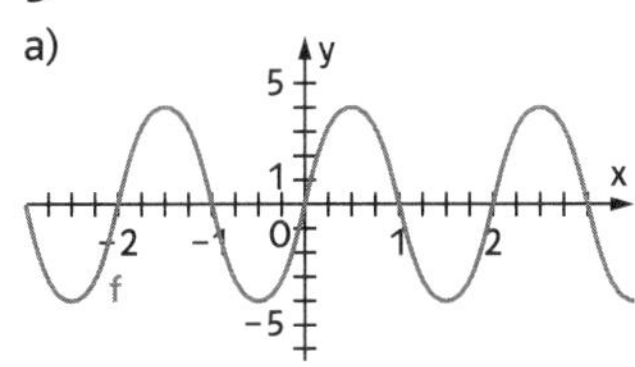

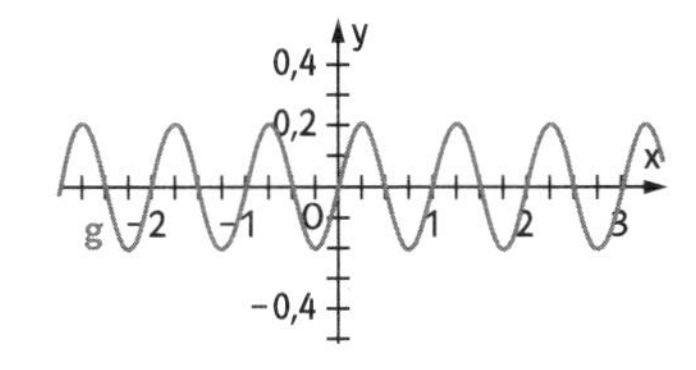

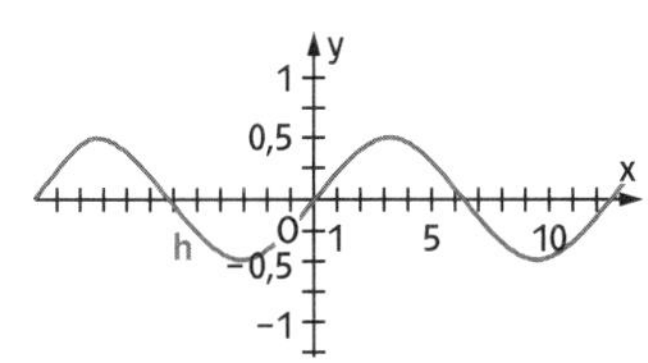

b) links: $p = 1$; $a = 0{,}5$; $f(x) = 0{,}5 \cdot \sin(2\pi \cdot x)$
Mitte: $p = \frac{2}{3}\pi$; $a = 1{,}5$; $f(x) = 1{,}5 \cdot \sin(3 \cdot x)$
rechts: $p = 2$; $a = 2$; $f(x) = 2 \cdot \sin(\pi(x - 1))$

4
a) Strecken in x-Richtung mit dem Faktor 0,5; Strecken in y-Richtung mit dem Faktor 4; Verschiebung in x-Richtung um 2 nach rechts
b) $f(x) = -0{,}3 \cdot \sin[0{,}25 \cdot (x + 8)]$; Strecken in x-Richtung mit dem Faktor $4 \left(= \frac{1}{0{,}25}\right)$; Strecken in y-Richtung mit dem Faktor 0,3; Spiegeln an der x-Achse; Verschiebung in x-Richtung um 8 nach links

5
a)

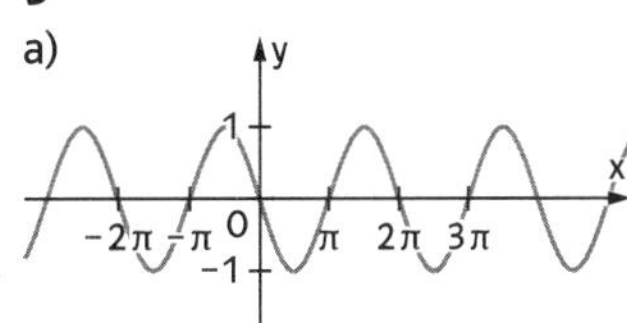

b)

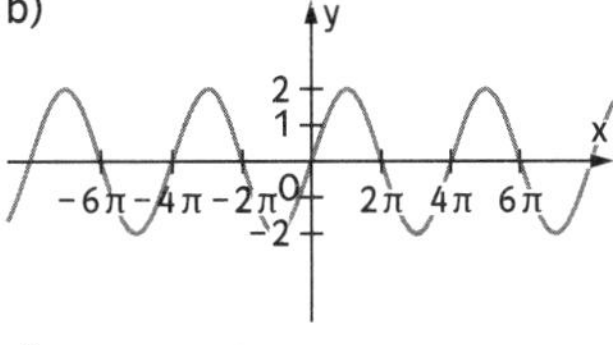

c)

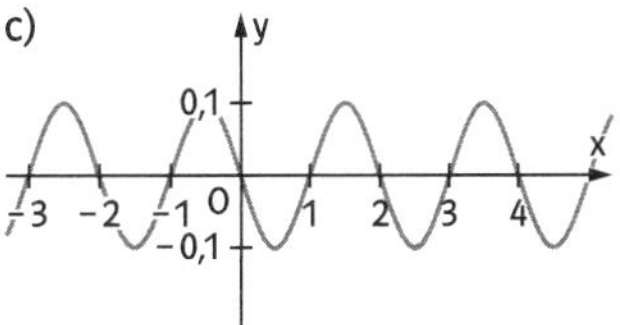

$f(x) = 0{,}1 \cdot \sin[\pi(x + 1)]$

6
$a = 4$; $b = 0{,}5$; $c = 2\pi$
oder $a = -4$; $b = 0{,}5$; $c = 0$

Die allgemeine Sinusfunktion $x \mapsto a \cdot \sin(bx + c)$ (2), Seite 24

1
a) 1. Strecken in x-Richtung mit dem Faktor $\frac{1}{5}$;
2. Strecken in y-Richtung mit dem Faktor 0,5;
3. Verschiebung in x-Richtung um 3 nach rechts
b) 1. Strecken in x-Richtung mit dem Faktor $\frac{1}{5}$;
2. Strecken in y-Richtung mit dem Faktor 2;
3. Verschiebung in x-Richtung um $\frac{3}{5}$ nach links

2
a) $f(x) = \sin[2 \cdot (x - 2)]$

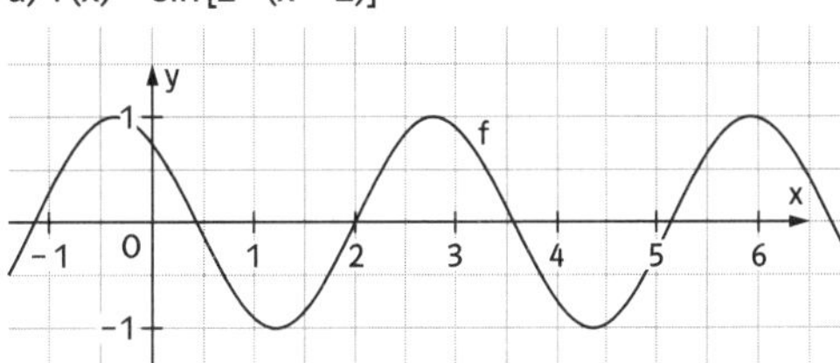

b) $f(x) = \sin(2x - 2)$

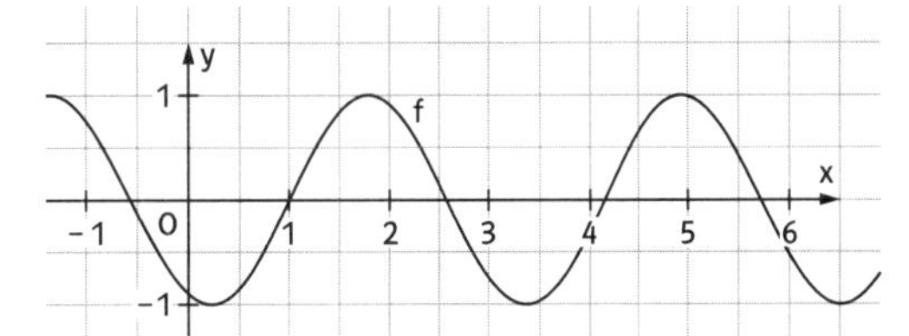

3

a) 07:36 Uhr entspricht $7\frac{36}{60}h = 7\frac{6}{10}h = 7{,}6h$.

13:48 Uhr entspricht $13\frac{48}{60}h = 13\frac{8}{10}h = 13{,}8h$.

Die Amplitude der Funktion f ist $a = 1{,}4$;
die Periode von f ist $2 \cdot (13{,}8 - 7{,}6) = 12{,}4$.

Also gilt: $b = \frac{2}{12{,}4}\pi = \frac{\pi}{6{,}2}$. Der Graph von f ist gegenüber der Sinuskurve um $(13{,}8 + 7{,}6) : 2 = 10{,}7$ nach rechts verschoben, also $c = -10{,}7$. Damit lautet der Funktionsterm:

$f(x) = 1{,}4 \cdot \sin\left[\frac{\pi}{6{,}2} \cdot (x - 10{,}7)\right]$.

b) Einer der gesuchten Zeitpunkte ergibt sich direkt aus Teilaufgabe a), nämlich bei 10,7 h (also um 10:42 Uhr). Die anderen Zeitpunkte sind jeweils in Abständen von einer halben Periodenlänge davor und dahinter zu finden.
Vor 10,7 h (bzw. 10:42 Uhr): $(10{,}7 - 6{,}2)h = 4{,}5h$, also um 04:30 Uhr. Der nächste NN-Wert vor 04:30 Uhr wäre bereits am Vortag und scheidet hier folglich aus.
Nach 10,7 h (bzw. 10:42 Uhr): $(10{,}7 + 6{,}2)h = 16{,}9h$ (also um 16:54 Uhr) sowie $(16{,}9 + 6{,}2)h = 23{,}1h$ (also um 23:06 Uhr).

Trigonometrie aus geometrischer und funktionaler Sicht | Merkzettel, Seite 25

Texte:

■ $\sin(\alpha)$; $\cos(\alpha)$; $\sin(110°) \approx 0{,}95$; $\cos(110°) \approx -0{,}35$
■ 2π; 2π; $\mathbb{Z}$; Bogenmaß; RAD;
periodisch; 2π; $[-1; 1]$
■ $|a|$; $p = \frac{2\pi}{b}$; $\frac{c}{b} > 0$; $\frac{c}{b} < 0$
*■ Sinuswerte; $\frac{a}{b} = \frac{\sin(\alpha)}{\sin(\beta)}$; $\frac{b}{c} = \frac{\sin(\beta)}{\sin(\gamma)}$; $\frac{a}{c} = \frac{\sin(\alpha)}{\sin(\gamma)}$
*■ $a^2 = b^2 + c^2 - 2bc \cdot \cos(\alpha)$; $b^2 = a^2 + c^2 - 2ac \cdot \cos(\beta)$;
$c^2 = a^2 + b^2 - 2ab \cdot \cos(\gamma)$

Beispiele:

■

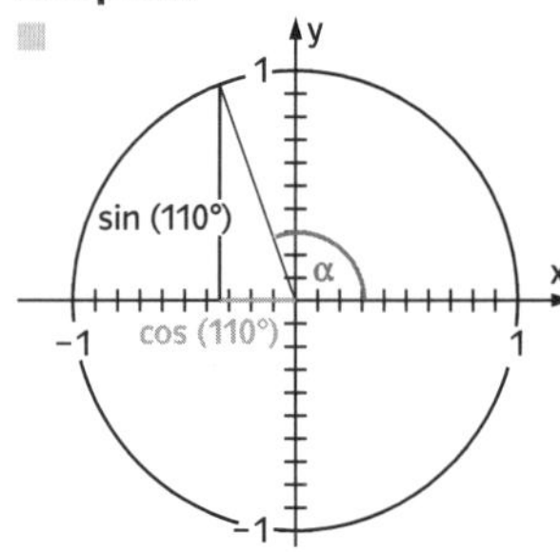

■ $x_1 \approx 2{,}094$; $x_2 \approx 4{,}189$; $x_1 = \frac{\pi}{3}$; $x_2 = \frac{2\pi}{3}$
■ $f(x) = 4 \cdot \sin\left[\frac{\pi}{2} \cdot (x + 1)\right]$
■ $\frac{a}{b} = \frac{\sin(\alpha)}{\sin(\beta)}$; $\sin(\alpha) = a \cdot \frac{\sin(\beta)}{b}$; $\alpha \approx 51{,}0°$
■ $c^2 = (4cm)^2 + (3cm)^2 - 2 \cdot (4cm) \cdot (3cm) \cdot \cos(73°) \approx 17{,}98$;
$c \approx 4{,}2cm$

Üben und Wiederholen | Training 1, Seite 26

1

a)

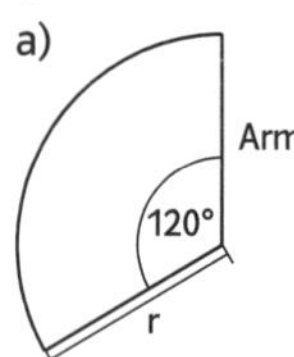

$r = 17{,}5m$; $\alpha = 120°$;

$b = 2\pi r \cdot \frac{120°}{360°} = \frac{2\pi}{3} \cdot 17{,}5m \approx 36{,}65m$

Er legt an der Spitze etwa 36,65 m zurück.

b) $A = \pi r^2 \cdot \frac{320°}{360°} = \frac{8\pi}{9} \cdot r^2$;

$A = \frac{8\pi}{9} \cdot (17{,}5m)^2 \approx 855{,}21m^2$

Der Arbeitsbereich beträgt maximal etwa $855m^2$.

2

a)

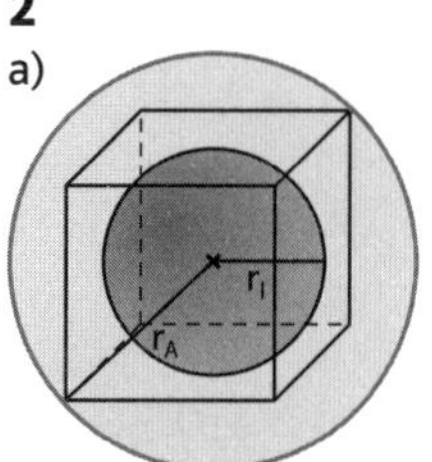

b) Der Radius der äußeren Kugel ist so groß wie die halbe Raumdiagonale des Würfels.

$r_{Außenkugel} = \frac{1}{2} \cdot \sqrt{3a^2} = \frac{a}{2} \cdot \sqrt{3} \approx 21{,}65cm$

c) $V_{Außenkugel} = \frac{4}{3} \cdot \pi \cdot r^3_{Außenkugel} \approx 42510{,}92cm^3$

$V_{Würfel} = a^3 = 15625cm^3$

$V_{Innenkugel} = \frac{4}{3} \cdot \pi \cdot r^3_{Innenkugel} \approx 8181{,}23cm^3$

d) $O_{Außenkugel} = 4 \cdot \pi \cdot r^2_{Außenkugel} = 4\pi \cdot \frac{3a^2}{4} = 3\pi a^2 \approx 5890{,}49cm^2$

$O_{Würfel} = 6a^2 = 3750cm^2$

$O_{Innenkugel} = 4 \cdot \pi \cdot r^2_{Innenkugel} = 4\pi \cdot \frac{a^2}{4} = \pi a^2 \approx 1963{,}50cm^2$

3

A → g und k; B → f und i; C → h und j

4*

a) $b^2 = 4^2 + 3{,}1^2 - 2 \cdot 3{,}1 \cdot 4 \cdot \cos(50°)$; $b \approx 3{,}11cm$

$\sin(\alpha) = \frac{4 \cdot \sin(50°)}{3{,}11}$; $\alpha \approx 80{,}21°$

$\gamma = 180° - \alpha - \beta \approx 49{,}79°$

b) $\alpha = 180° - 38° - 80° = 62°$

$\frac{c}{b} = \frac{\sin(\gamma)}{\sin(\beta)}$; $c \approx 4{,}13cm$

$\frac{b}{c} = \frac{\sin(\beta)}{\sin(\gamma)}$; $b \approx 2{,}58cm$

Lineares und exponentielles Wachstum (1), Seite 27

1

Eingefügt werden der Reihe nach:
a) linearen; Differenz; konstant; 3;
$f(20) = 10 + 20 \cdot 3 = 70$
b) exponentiellen; Quotient; konstant; 1,2;
$f(20) = f(0) \cdot 1{,}2^{20} \approx 76{,}68$

2

t	0	3	11	15	50	99
f(t)	16	28	60	76	216	412

$f(t) = 16 + 4 \cdot t$

t	0	1	3	11	15	36
f(t)	5	$5\frac{2}{3}$	7	$12\frac{1}{3}$	15	29

$f(t) = 5 + \frac{2}{3} \cdot t$

3

t	0	1	2	6	10
f(t)	200	100	50	3,125	$\frac{25}{128}$

$f(t) = 200 \cdot \left(\frac{1}{2}\right)^t$

t	0	1	2	5	20
f(t)	3,2	4	5	$9\frac{49}{64}$	≈ 277,6

$f(t) = 3{,}2 \cdot (1{,}25)^t$

4

a)

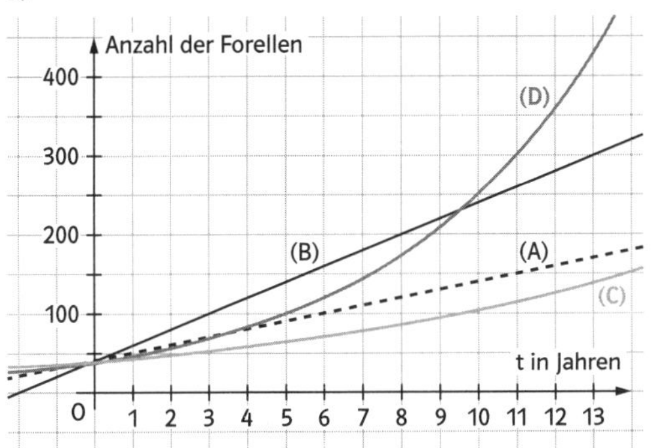

b)

Annahme	lineares Wachstum	exponentielles W.
jährl. Änderung	32	24,6 %
Funktionsterm	40 + 32 t	$40 \cdot 1{,}246^t$
Funktionswert nach 20 Jahren	680	3240

c)

Annahme	lineares Wachstum	exponentielles W.
absoluter Fehler	−2120	440
prozentualer Fehler	$\frac{-2120}{2800} \approx -75{,}7\,\%$	15,7 %

Die Annahme exponentiellen Wachstums ist hier besser.

5

a) $a = \frac{6000}{5000} = 1{,}2$; $f(4) = f(1) \cdot a^3 = 5000 \cdot 1{,}2^3 = 8640$

b) $a = \frac{6750}{6000} = 1{,}125$; $f(4) = f(2) \cdot a^2 = 6000 \cdot 1{,}125^3 = 7594$

Lineares und exponentielles Wachstum (2), Seite 28

1

Lösungswörter: WOLF, ELCH, PFAU; SARDINE

2

Der Reihe nach wird eingefügt: 360; 720; $a^2 = 2$;
$a = \sqrt{2} \approx 1{,}41$
$f(2010) = \sqrt{2} \cdot 720$ Mio ≈ 1018 Millionen Transistoren

3

a)

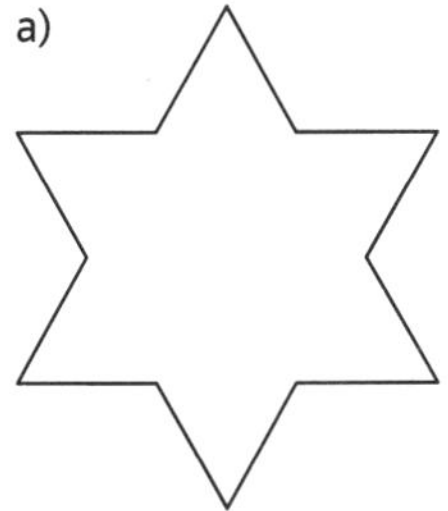

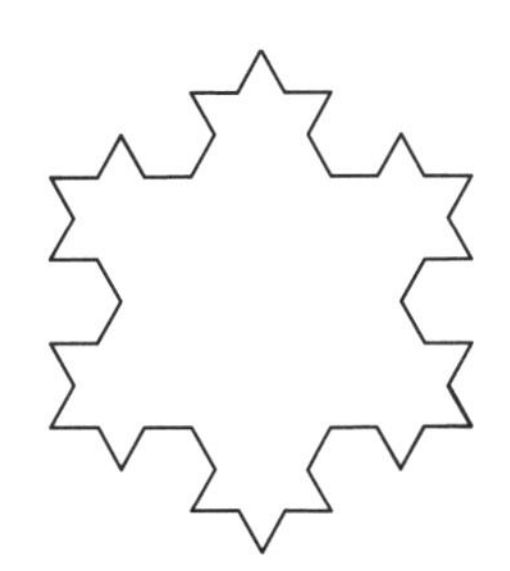

b) 3 m; 4 m; $5\frac{1}{3}$ m; $33{,}\bar{3}\,\%$; exponentiell; $a = \frac{4}{3}$;

$f(100) = f(0) \cdot a^{100} = 3 \cdot \left(\frac{4}{3}\right)^{100} \approx 9$ Billionen; 9 Mrd. km

c) $33{,}\bar{3}\,\%$; $11{,}\bar{1}\,\%$; nicht

Exponentialfunktionen (1), Seite 29

1

a) $3^{x+3} = 27 \cdot 3^x$; der Funktionswert wird mit 27 multipliziert

b) $3^{x-2} = \frac{1}{9} \cdot 3^x$; der Funktionswert wird durch 9 dividiert

c) $3^{2x} = (3^x)^2$; der Funktionswert wird quadriert

2

A → i; B → g; C → f; D → k; E → j; F → h

3

a) $a = \frac{5}{2}$; $b = 2$

P: $b \cdot a^0 = 2$; $b = 2$

Q: $b \cdot a^1 = 5$; $a = \frac{5}{b} = \frac{5}{2}$

b) $a = \frac{1}{4}$; $b = \frac{1}{2}$

P: $b \cdot a^0 = \frac{1}{2}$; $b = \frac{1}{2}$

Q: $b \cdot a^{-2} = 8$; $\frac{b}{8} = a^2$; $a^2 = \frac{1}{16}$; $a = +\frac{1}{4}$

($a = -\frac{1}{4}$ ist ausgeschlossen wegen $a > 0$)

c) $a = 2$; $b = \frac{3}{2}$

P: $b \cdot a^1 = 3$
Q: $b \cdot a^2 = 6$
$\Big\}\ \frac{a^2}{a^1} = \frac{6}{3}$; $a = 2$

$b = \frac{3}{a} = \frac{3}{2}$

4

a) Der Bestand betrug zu Beobachtungsbeginn 30 000.
Nach 12 Stunden beträgt der Bestand $30\,000 \cdot 2^{0{,}5} = 42\,426$,
nach 12 Tagen sind es $30\,000 \cdot 2^{12} = 122\,880\,000$.
Nach 2,7 Tagen ist mit einer Population von 200 000 Individuen zu rechnen.
2,6 Tage vor Beobachtungsbeginn waren es nach diesem Modell nur 5000 Bakterien.

b) $a \approx 2{,}9$; $b = 20\,000$
$g(0) = b \cdot a^0 = 20\,000$; $b = 20\,000$
$g(1{,}5) = 20\,000 \cdot a^{1{,}5} = 100\,000$; $a^{1{,}5} = 5$; $a \approx 2{,}9$

Exponentialfunktionen (2), Seite 30

1

b) $590 \cdot 0{,}7^t$ (t in Jahren) c) $b \cdot 10^t$ (t in Tagen)

d) $300 \cdot t$ (t in Sekunden) e) $b \cdot \left(\frac{1}{2}\right)^{\frac{t}{23}}$ (t in Tagen)

2

a) $\frac{1}{4} = \left(\frac{1}{2}\right)^{\frac{t}{5730}}$; $\frac{t}{5730} = 2$; $t = 11\,460$
(bzw. kurze Rechenvariante: $2 \cdot 5730 = 11\,460$, da wegen $0{,}5 \cdot 0{,}5 = 0{,}25$ genau zwei Halbwertszeiten verstrichen sind)
Der Knochen ist 11 460 Jahre alt.

b) Wachstumsfaktor: $a = \left(\frac{1}{2}\right)^{\frac{1}{5730}} \approx 0{,}999\,88$

Prozentuale jährliche Abnahme: $1 - a \approx 0{,}00012 = 0{,}012\,\%$

3

Verdoppelungszeit: ≈ 14,2 Jahre

4

A → 2; B → 3; C → 5; D → 1; E → 4

5
Sowohl Toni als auch Leonie haben recht.
Toni: $g(x) = 3^{x+2} = f(x+2)$;
Leonie: $g(x) = 3^{x+2} = 3^2 \cdot 3^x = 9 \cdot 3^x = 9 \cdot f(x)$

Modellieren von Wachstum, Seite 31

1
a) $f(1) - f(0) = 96$; $f(2) - f(1) = 94$;
$f(3) - f(2) = 99$; $f(4) - f(3) = 107$
Mittelwert der Differenzen: 99
$\frac{f(1)}{f(0)} = 1{,}078$; $\frac{f(2)}{f(1)} = 1{,}071$; $\frac{f(3)}{f(2)} = 1{,}069$;
$\frac{f(4)}{f(3)} = 1{,}070$;
Mittelwert der Quotienten: 1,072
b) $f(t) = 1237 + 99 \cdot t$ c) $f(t) = 1237 \cdot 1{,}072^t$
d)

Jahr t	0	1	2	3	4
Anzahl f(t)	1237	1333	1427	1526	1633
Toms Wert	1237	1336	1435	1534	1633
Toms Abweichung	0%	0,2%	0,6%	0,5%	0%
Tims Wert	1237	1326	1422	1524	1633
Tims Abweichung	0%	−0,5%	−0,4%	−0,1%	0%

geeignet; ebenso

2
Eingefügt werden:
a) exponentiellen; 1,22; 1,45; 1,5; 1,5
b) 1,40; $f(t) = f(2000) \cdot 1{,}40^{t-2000}$
$f(2000) = 340\,000$ und $f(t) = f(t-1) \cdot (1{,}3 + 0{,}05 \cdot (t - 2001))$
c) Siehe Tabelle 1.
d) $f(2015) \approx 53\,000\,000$; $f(2015) \approx 546\,000\,000$

Logarithmen, Seite 32

1
Folgende Rechnungen passen jeweils zusammen:

$\log_2 128 = x$	$\log_2 128 = \frac{\lg 128}{\lg 2}$	$2^7 = 128$	$x = 7$
$\log_3 243 = x$	$\log_2 243 = \frac{\lg 243}{\lg 3}$	$3^5 = 243$	$x = 5$
$\log_5 125 = x$	$\log_5 125 = \frac{\lg 125}{\lg 5}$	$5^3 = 125$	$x = 3$
$\log_7 49 = x$	$\log_7 49 = \frac{\lg 49}{\lg 7}$	$7^2 = 49$	$x = 2$
$\log_{10} 10\,000 = x$	$\log_{10} 10\,000 = \lg 10\,000$	$10^4 = 10\,000$	$x = 4$

2
b) $\log_2(2^9) = 9$ c) $\log_{79}(79^0) = 0$ d) $\log_3(3^{-4}) = -4$
e) $\log_{0,2}(5^4) = \log_{0,2}(0{,}2^{-4}) = -4$
f) $\log_{0,5}(0{,}5^3) = 3$ g) $\log_{\sqrt{a}}(\sqrt{a}^6) = 6$
h) $\log_{a^2}\left(a^{\frac{14}{5}}\right) = \log_{a^2}\left((a^2)^{\frac{7}{5}}\right) = \frac{7}{5}$

3
A → i; B → f; C → k; D → g; E → j; F → h

4
a) $x = 0{,}5$ b) $x = 5$ c) $x = 1000$
d) $x = 16$ e) $x = \frac{2}{3}$ f) $x = 25$

5
a) $3500 \cdot 1{,}025^t = 3800$; $t = \frac{\lg \frac{38}{35}}{\lg 1{,}025} \approx 3{,}33$ Jahre,
d.h. 3 Jahre und etwa 121 Tage.
b) $3500 \cdot 1{,}022^t = 3800$; $t = \frac{\lg \frac{38}{35}}{\lg 1{,}022} \approx 3{,}78$ Jahre,
d.h. 3 Jahre und etwa 285 Tage

Rechnen mit Logarithmen (1), Seite 33

1
b) $\lg 0{,}8 = \lg \frac{8}{10} = \lg 8 - \lg 10 = \lg 2^3 - 1 = 3 \cdot \lg 2 - 1 \approx 3 \cdot 0{,}3 - 1$
$= -0{,}1$
c) $\lg \sqrt{800} = \lg 800^{0,5} = 0{,}5 \cdot \lg 800 = 0{,}5 \cdot (\lg 100 + \lg 8)$
$= 0{,}5 \cdot (2 + 3 \cdot \lg 2) \approx 1{,}45$
d) $\lg 6{,}25 = \lg 2{,}5^2 = 2 \cdot \lg 2{,}5 = 2 \cdot \lg \frac{10}{4} = 2 \cdot (\lg 10 - \lg 2^2)$
$= 2 \cdot (1 - 2 \cdot \lg 2) \approx 0{,}8$

2
a) $\log_7 x = \log_7 2^7$; $x = 2^7 = 128$
b) $\lg x^2 = \lg(7 \cdot 28)$; $x^2 = 196$; $x = 14$;
−14 ist keine Lösung, da lg(−14) nicht definiert ist.
c) $\log_8 \frac{5}{x} = \log_8 8 - \log_8 12$; $\log_8 \frac{5}{x} = \log_8 \frac{2}{3}$; $\frac{5}{x} = \frac{2}{3}$; $15 = 2x$; $x = 7{,}5$
d) $5 + \log_3 x = \frac{3}{4} \log_3 3^4$; $5 + \log_3 x = \frac{3}{4} \cdot 4$; $\log_3 x = -2$; $x = 3^{-2} = \frac{1}{9}$

3
$\log_6 12 + \log_6 3 = \log_6 36 = 2$
$\log_6 12 - \log_6 3 = \log_6 4 = 2 \cdot \log_6 2$
$\log_6 3 - \log_6 12 = \log_6 \frac{1}{4} = 2 \cdot \log_6 \frac{1}{2} = -2 \cdot \log_6 2$
$1 - \log_6 12 = -\log_6 2 = \log_6 \frac{1}{2}$

Tabelle 1

Jahr	2001	2002	2003	2004	2005
realer Wert	450 000	550 000	800 000	1 200 000	1 800 000
Wert nach Modell A	480 000	670 000	930 000	1 310 000	1 830 000
Abweichung nach Modell A	6,7%	21,8%	16,3%	9,2%	1,7%
Wert nach Modell B	440 000	600 000	840 000	1 210 000	1 820 000
Abweichung nach Modell B	−2,2%	9,1%	5%	0,8%	1,1%

4

a) $2 + \frac{2}{3} \cdot \lg 700\,000 \approx 5{,}9$

b) $2 + \frac{2}{3} \cdot \lg 350\,000 \approx 5{,}7$

c) $f(2 \cdot x) = 2 + \frac{2}{3} \cdot \lg(2 \cdot x) = 2 + \frac{2}{3} \cdot (\lg x + \lg 2)$

$= 2 + \frac{2}{3} \cdot \lg x + \frac{2}{3} \cdot \lg 2 = f(x) + \frac{2}{3} \cdot \lg 2$

Bei einer Verdoppelung der Energie ändert sich der Wert der Richterskala nur um $\frac{2}{3} \cdot \lg 2 \approx 0{,}2$.

d) Stärke 9,5: $9{,}5 = 2 + \frac{2}{3} \cdot \lg x$; $x \approx 1{,}78 \cdot 10^{11}$

Stärke 8,6: $8{,}6 = 2 + \frac{2}{3} \cdot \lg x$; $x \approx 7{,}94 \cdot 10^{9}$

Der absolute Unterschied ist mit rund $1{,}70 \cdot 10^{11}$ Tonnen TNT-Äquivalent sehr groß. Der erste Wert macht nur rund 4,5 % des zweiten Werts aus.

Rechnen mit Logarithmen (2), Seite 34

1

Falsch sind die Aussagen S, K, I, A, G. Damit ergibt sich das Lösungswort BLOG.

2

a) $\log_2(8 \cdot 8) = \log_2 8 + \log_2 8 = 3 + 3 = 6$

b) $\log_3 27 = \log_3 3^3 = 3 \cdot \log_3 3 = 3 \cdot 1 = 3$

c) $\log_4 16 = \log_4(1 \cdot 16) = \log_4 1 + \log_4 16 = 0 + 2 = 2$

d) $\log_5(625 : 5) = \log_5 625 - \log_5 5 = 4 - 1 = 3$

3

a) Fiona kann ihr Auto nach etwa 10 Jahren für 12 000 € verkaufen.

b) Es dauert etwa 14,2 Jahre, bis sich der Geldbetrag von Benni verdoppelt. Demnach ist der Betrag nach etwa 75,6 Jahren auf eine Million Euro angewachsen.

c) In 100 Jahren beträgt die Waldfläche nur noch etwa 12 115 m^2. Nach etwa 459,4 Jahren sind nur noch 10 % der Waldfläche da, nach etwa 918,7 Jahren nur noch 1 %.

4

Ziffer	relative Häufigkeit
1	0,30
2	0,18
3	0,13
4	0,10
5	0,08
6	0,07
7	0,06
8	0,05
9	0,05

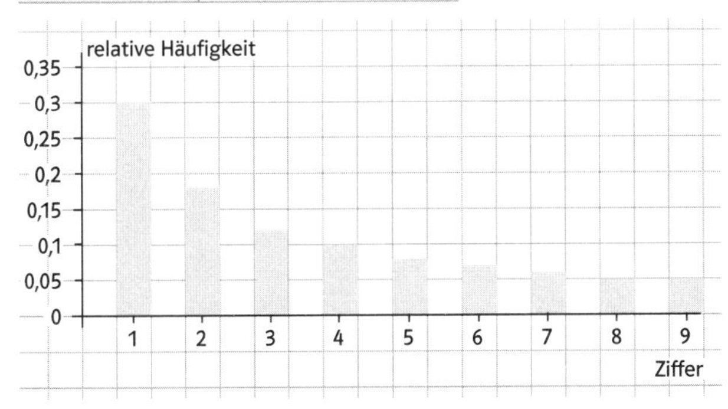

Für die Summe gilt: $\lg\left(2 \cdot \frac{3}{2} \cdot \frac{4}{3} \cdot \frac{5}{4} \cdot \frac{6}{5} \cdot \frac{7}{6} \cdot \frac{8}{7} \cdot \frac{9}{8} \cdot \frac{10}{9}\right) = \lg 10 = 1$

Exponentialgleichung, Seite 35

1

a) $7^{3x-4} = 7^{2 \cdot 2{,}5}$; $3x - 4 = 5$; $x = 3$

b) $0{,}6^{12x-5} = 0{,}6^3$; $12x - 5 = 3$; $x = \frac{2}{3}$

c) $0{,}5^{2-x^2} = 2^7$; $0{,}5^{2-x^2} = 0{,}5^{-7}$; $2 - x^2 = -7$; $x_1 = -3$ und $x_2 = 3$

d) $5^x + 4{,}8 = 25 \cdot 5^x$; $4{,}8 = 24 \cdot 5^x$; $0{,}2 = 5^x$; $x = -1$

2

a) $\lg 6 + x \cdot \lg 2{,}5 = \lg 5 + x \cdot \lg 4$; $x \cdot (\lg 2{,}5 - \lg 4) = \lg 5 - \lg 6$;
$x = \frac{\lg 5 - \lg 6}{\lg 2{,}5 - \lg 4}$; $x \approx 0{,}39$

b) $\lg(6^{4x-11}) = \lg 66$; $(4x - 11) \cdot \lg 6 = \lg 66$; $4x - 11 = \frac{\lg 66}{\lg 6}$
$x = \left(\frac{\lg 66}{\lg 6} + 11\right) : 4$; $x \approx 3{,}33$

c) $\lg\left(\frac{9}{4^x}\right) = \lg 5^{2x}$; $\lg 9 - x \cdot \lg 4 = x \cdot \lg 25$;
$\lg 9 = x \cdot (\lg 25 + \lg 4)$; $x = \frac{\lg 9}{\lg 25 + \lg 4}$; $x \approx 0{,}48$

d) $\lg(7 \cdot 3^x) = \lg(3 \cdot 7^x)$; $\lg 7 + x \cdot \lg 3 = \lg 3 + x \cdot \lg 7$;
$x \cdot (\lg 3 - \lg 7) = \lg 3 - \lg 7$; $x = \frac{\lg 3 - \lg 7}{\lg 3 - \lg 7}$; $x = 1$

3

a) Die Substitution $5^x = u$ führt auf die Gleichung $u^2 - 2u - 3 = 0$;
Lösung der Gleichung: $u_{1/2} = \frac{-(-2) \pm \sqrt{(-2)^2 - 4 \cdot 1 \cdot (-3)}}{2 \cdot 1}$;
$u_1 = -1$ und $u_2 = 3$;
$5^x = -1$ ist nicht lösbar, da für alle x gilt: $5^x > 0$;
$5^x = 3$; $x = \frac{\lg 3}{\lg 5} \approx 0{,}68$

b) Die Substitution $3^x = u$ führt auf die Gleichung $u^2 - 8u + 12 = 0$;
Lösung der Gleichung: $u_{1/2} = \frac{-(-8) \pm \sqrt{(-8)^2 - 4 \cdot 1 \cdot 12}}{2 \cdot 1}$;
$u_1 = 6$ und $u_2 = 2$;
$3^x = 6$; $x_1 = \frac{\lg 6}{\lg 3} \approx 1{,}63$
$3^x = 2$; $x_2 = \frac{\lg 2}{\lg 3} \approx 0{,}63$

c) Die Substitution $2^x = u$ führt auf die Gleichung $21u^2 - 10u + 1 = 0$;
Lösung der Gleichung: $u_{1/2} = \frac{-(-10) \pm \sqrt{(-10)^2 - 4 \cdot 21 \cdot 1}}{2 \cdot 21}$;
$u_1 = \frac{1}{7}$ und $u_2 = \frac{1}{3}$;
$2^x = \frac{1}{7}$; $x_1 = \frac{\lg \frac{1}{7}}{\lg 2} \approx -2{,}81$
$2^x = \frac{1}{3}$; $x_2 = \frac{\lg \frac{1}{3}}{\lg 2} \approx -1{,}58$

4

$10 \cdot 1{,}05^x = 5 \cdot 1{,}1^x$; $\lg(10 \cdot 1{,}05^x) = \lg(5 \cdot 1{,}1^x)$;
$\lg 10 + x \cdot \lg 1{,}05 = \lg 5 + x \cdot \lg 1{,}1$;
$x \cdot (\lg 1{,}05 - \lg 1{,}1) = \lg 5 - \lg 10$; $x = \frac{\lg 5 - \lg 10}{\lg 1{,}05 - \lg 1{,}1}$; $x \approx 14{,}9$;
in rund 15 Jahren sind die Einwohnerzahlen annäherungsweise gleich.

Exponentialfunktion und Logarithmus | Merkzettel, Seite 36

Texte:

- gleich; $+d$
- relative (oder: prozentuale)
- a^x; positiv; > 1; der Graph der Funktion an; < 1; fällt der Graph der Funktion; b
- Logarithmus; b; Basis a
- $u \cdot v$; $\frac{u}{v}$; u^x

Beispiele:

t	0	1	2	3
f(t)	40	53	66	79

SB: $f(0) = 40$ und $f(t) = f(t-1) + 13$; DB: $f(t) = 40 + t \cdot 13$

t	0	1	2	3
f(t)	20	24	28,8	34,56

Wachstumsfaktor: $\frac{24}{20} = 1{,}2$;
SB: $g(0) = 20$ und $g(t) = g(t-1) \cdot 1{,}2$;
DB: $g(t) = 20 \cdot 1{,}2^t$;
Verdoppelungszeit: $T_D = \frac{\lg 2}{\lg 1{,}2} \approx 3{,}8$

$f(x) = 0{,}5^x$; $g(x) = 3 \cdot 2^x$

$\log_2 16 = 4$; $\log_5 \frac{5}{125} = -2$; $x = 256$; $x = 0$;
$x = 1000$

1. $\log_2 32 = 7$; 2. $\log_3 27 = 3$; 3. $\log_5 5^{-2} = -2$;
$\log_5 200 = \frac{\lg 200}{\lg 5} \approx 3{,}29$

Ereignisse und Vierfeldertafel, Seite 37

1

a)

	L	$\overline{L}$	
M	$\lvert M \cap L \rvert$	$\lvert M \cap \overline{L} \rvert$	$\lvert M \rvert$
$\overline{M}$	$\lvert \overline{M} \cap L \rvert$	$\lvert \overline{M} \cap \overline{L} \rvert$	$\lvert \overline{M} \rvert$
	$\lvert L \rvert$	$\lvert \overline{L} \rvert$	$\lvert \Omega \rvert$

	L	$\overline{L}$	
M	3	57	60
$\overline{M}$	3	49	52
	6	106	112

b) $3 + 3 + 49 = 55$; alternativ: $112 - 57 = 55$

c) $\frac{106}{112} \approx 94{,}6\,\%$

d) Die Anzahl der Jungen und die Anzahl der Mädchen ist unterschiedlich.

2

a) Man kann zwar die fehlenden Angaben der 3. Zeile und 2. Spalte berechnen. Die fehlenden Daten der 1. und 2. Zeile lassen sich aber nicht berechnen, da jeweils nur eine von drei Angaben zur Verfügung steht.

b)

	U	$\overline{U}$	
M	240	85	325
$\overline{M}$	125	50	175
	365	135	500

c) $500 - 125 = 375$; 375 Schadensverursacher waren mindestens 35 Jahre alt oder männlichen Geschlechts.

d) $\frac{240}{500} = 48\,\%$, die Behauptung stimmt also.

e) Beim Merkmal „Geschlecht" hat die Rubrik „Männlich" mit 325 die höchste Schadenshäufigkeit. Beim Merkmal „Alter" hat die Rubrik „Unter 35 Jahre" mit 365 die höchste Schadenshäufigkeit. Das Alter ist folglich der größere Risikofaktor für die Versicherung.

Vierfeldertafel und Baumdiagramm (1), Seite 38

1

a)

	H	$\overline{H}$	
P	15	10	25
$\overline{P}$	2	7	9
	17	17	34

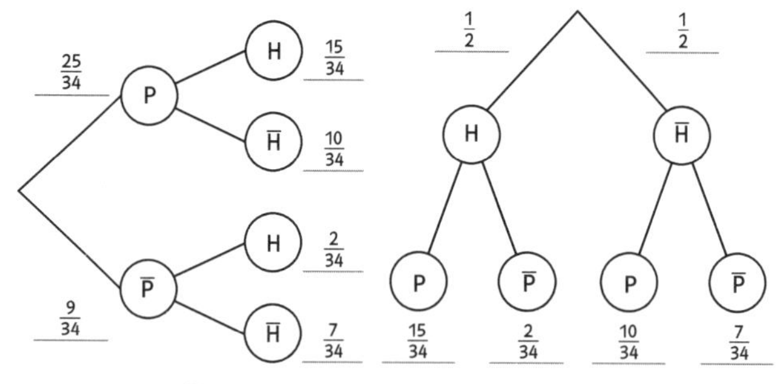

b) $P(\overline{H} \cap P) = \frac{10}{34} \approx 29{,}4\,\%$

c) $P(H \cup P) = 1 - P(\overline{H} \cap \overline{P}) = 1 - \frac{7}{34} = \frac{27}{34} \approx 79{,}4\,\%$

d) $P(P) = \frac{25}{34} \approx 73{,}5\,\%$

2

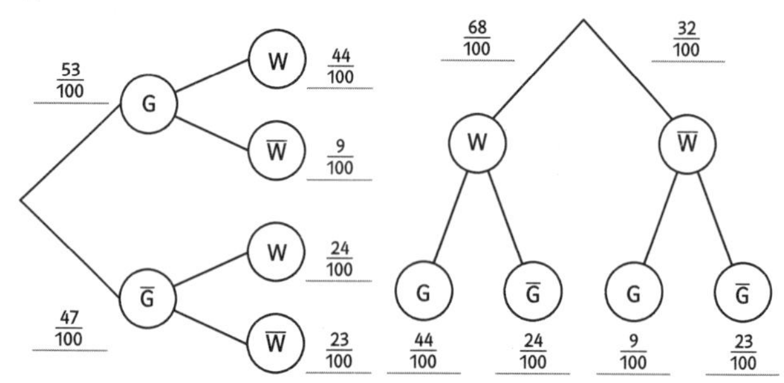

a) Falsch b) Wahr c) Falsch d) Wahr
e) Falsch f) Falsch g) Wahr h) Falsch

Vierfeldertafel und Baumdiagramm (2), Seite 39

1

a)

	H	$\overline{H}$	
G	0,27	0,45	0,72
$\overline{G}$	0,20	0,08	0,28
	0,47	0,53	1

b) $P(G \cap H) = 0{,}27$

c) $P(\overline{H} \cup \overline{G}) = 1 - P(H \cap G) = 0{,}73$

d) Siehe Figur 1.
Beachte, dass beim zweiten Baumdiagramm die Wahrscheinlichkeiten an den Zweigen der 2. Stufe nicht die exakten Werte, sondern die auf zwei Nachkommastellen gerundeten Werte sind.

2

a) „Es findet kein Einbruch statt und die Alarmanlage löst auch keinen Alarm aus."
b) $P(E \cap A) = 0{,}094 \cdot 0{,}988 \approx 0{,}093$
c) $P(E \cup A) = 1 - P(\overline{E} \cap \overline{A}) \approx 0{,}164$
d)

	E	$\overline{E}$	
A	0,093	0,070	0,163
$\overline{A}$	0,001	0,836	0,837
	0,094	0,906	1

e) $P(\overline{E} \cap A) > P(E \cap \overline{A})$, also ist das Ereignis „Es findet kein Einbruch statt und dennoch wird Alarm ausgelöst" wahrscheinlicher.

Bedingte Wahrscheinlichkeit (1), Seite 40

1

a) $P_A(\overline{B})$; $P_{\overline{A}}(B)$; $P_{\overline{A}}(\overline{B})$; $P_B(A)$; $P_B(\overline{A})$; $P_{\overline{B}}(A)$; $P_{\overline{B}}(\overline{A})$
b) $P_A(\overline{B})$
c) Die Wahrscheinlichkeit dafür, dass A nicht eintritt unter der Bedingung, dass $\overline{B}$ eingetreten ist.
d) Mit einer Vierfeldertafel, in die die Wahrscheinlichkeiten eingetragen sind, lässt sich $P_A(\overline{B})$ unmittelbar als Quotient aus dem Eintrag der inneren Zelle $P(A \cap \overline{B})$ und dem Eintrag der Randzelle $P(A)$ bestimmen.

2

a)

	G_1	G_2	
B	63	102	165
$\overline{B}$	27	18	45
	90	120	210

$P(\overline{B}) = \frac{45}{210} \approx 21{,}4\,\%$
b) $P_B(G_2) = \frac{P(B \cap G_2)}{P(B)} = \frac{102}{165} \approx 61{,}8\,\%$

3

a)

	G	$\overline{G}$	
E	75	585	660
$\overline{E}$	2425	1915	4340
	2500	2500	5000

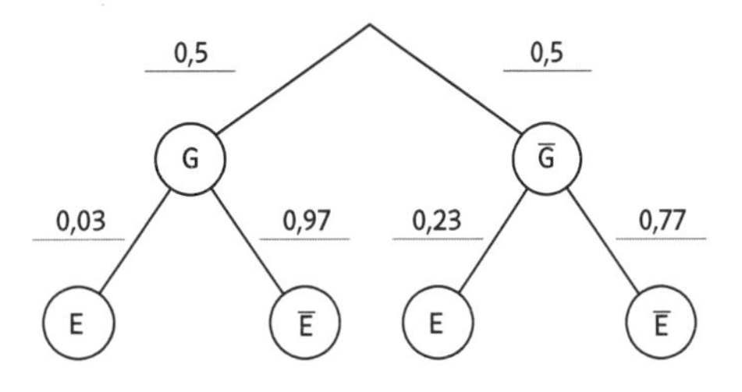

b) $P_E(G) = \frac{P(E \cap G)}{P(E)} = \frac{75}{660} \approx 11{,}4\,\%$
c) Mithilfe des Quotienten aus zwei bedingten Wahrscheinlichkeiten: $\frac{P_{\overline{G}}(E)}{P_G(E)} = 7{,}8$
Mithilfe des Quotienten zweier Zellenwerte aus der Vierfeldertafel: $\frac{585}{75} = 7{,}8$

Bedingte Wahrscheinlichkeit (2), Seite 41

1

a)

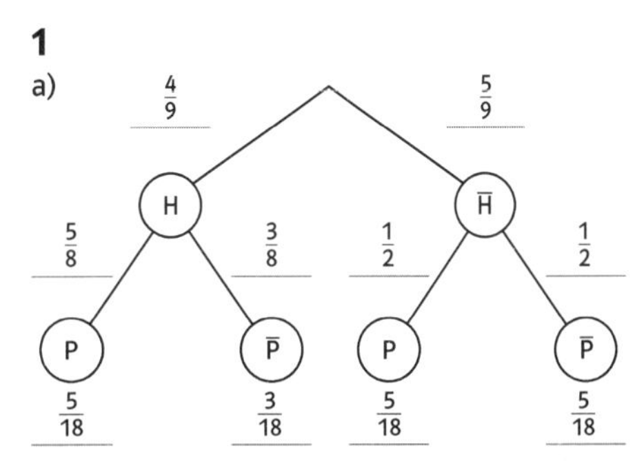

$P(H \cap \overline{P}) = \frac{3}{18}$; $P_{\overline{H}}(\overline{P}) = 0{,}5$; $P_H(P) = \frac{5}{8}$;
$P(\overline{P}) = \frac{3}{18} + \frac{5}{18} = \frac{4}{9}$
b) $P_{\overline{P}}(H) = \frac{P(H \cap \overline{P})}{P(\overline{P})} = \frac{\frac{3}{18}}{\frac{4}{9}} = \frac{3}{8}$
c) Das Ereignis P könnte heißen: „Es wird eine Kugel mit einer ungeraden Ziffer gezogen".

Figur 1

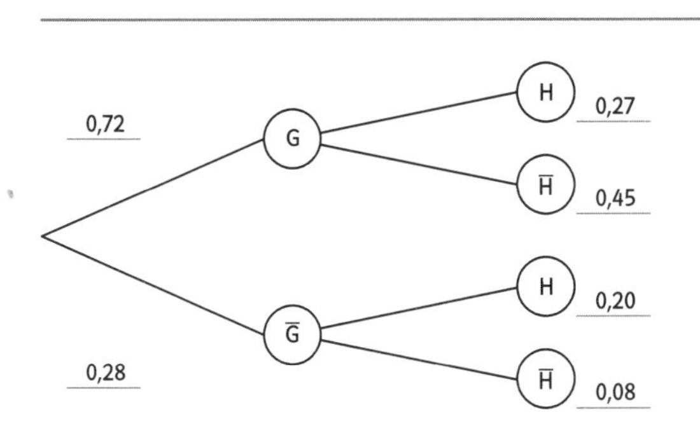

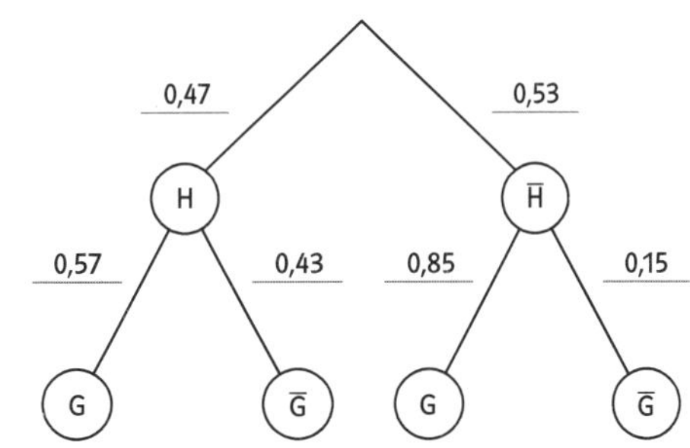

2

a)

	W	$\overline{W}$	
K	0,892	0,001	0,893
$\overline{K}$	0,078	0,029	0,107
	0,970	0,030	1

Beachte, dass einige Werte in der Tabelle nicht die exakten, sondern die auf 3 Nachkommastellen gerundeten Werte sind.

b) 10,7%;   3%

c) $P_{\overline{K}}(W) = \frac{0{,}078}{0{,}107} \approx 0{,}729 = 72{,}9\,\%$

d) $P_{\overline{W}}(\overline{K}) = \frac{0{,}029}{0{,}030} \approx 0{,}967 = 96{,}7\,\%$

3

a) Anteil der über 30-Jährigen an allen Befragten: $\frac{2750}{5000} = 0{,}55$;
Anteil der Befragten, denen der Riegel schmeckte:
$0{,}3 \cdot 0{,}55 + 0{,}6 \cdot 0{,}45 = 0{,}435 = 43{,}5\,\%$

b) $\frac{0{,}3 \cdot 0{,}55}{0{,}435} \approx 0{,}379 = 37{,}9\,\%$

c) Anteil der Befragten, denen der Riegel nicht schmeckte:
$1 - 0{,}435 = 0{,}565$.
Die gesuchte Wahrscheinlichkeit berechnet sich nun wie folgt:
$\frac{0{,}4 \cdot 0{,}45}{0{,}565} \approx 0{,}319 = 31{,}9\,\%$.

Vierfeldertafel und bedingte Wahrscheinlichkeit | Merkzettel, Seite 42

Texte:

- zur Menge A und zur Menge B gehören;   zur Menge A oder zur Menge B gehören
- in vier Teilmengen zerlegt werden;   genau einer Teilmenge;   Spalten- bzw. Zeilensummen;   zweistufige Baumdiagramme;   in der ersten (zweiten) Stufe
- Eintreten von B;   A eingetreten ist; $\frac{P(A \cap B)}{P(A)}$

Beispiele:

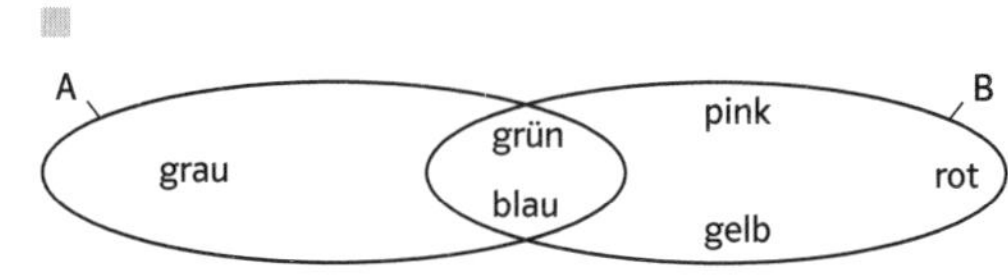

$A \cap B = \{grün; blau\}$
$A \cup B = \{grau; grün; blau; gelb; pink; rot\}$

	B	$\overline{B}$	
A	$P(A \cap B) = 0{,}25$	$P(A \cap \overline{B}) = 0{,}20$	$P(A) = 0{,}45$
$\overline{A}$	$P(\overline{A} \cap B) = 0{,}40$	$P(\overline{A} \cap \overline{B}) = 0{,}15$	$P(\overline{A}) = 0{,}55$
	$P(B) = 0{,}65$	$P(\overline{B}) = 0{,}35$	$P(\Omega) = 1$

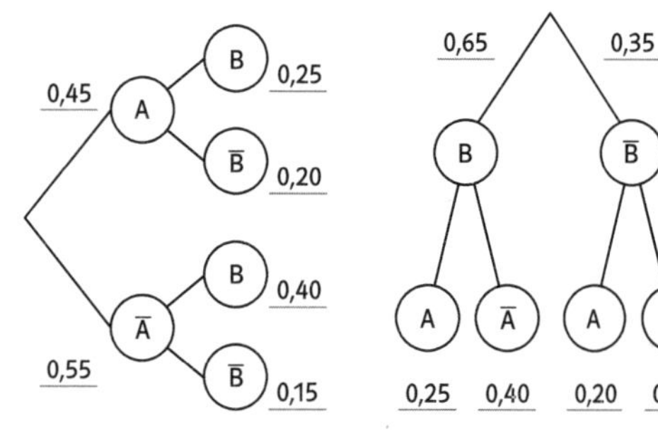

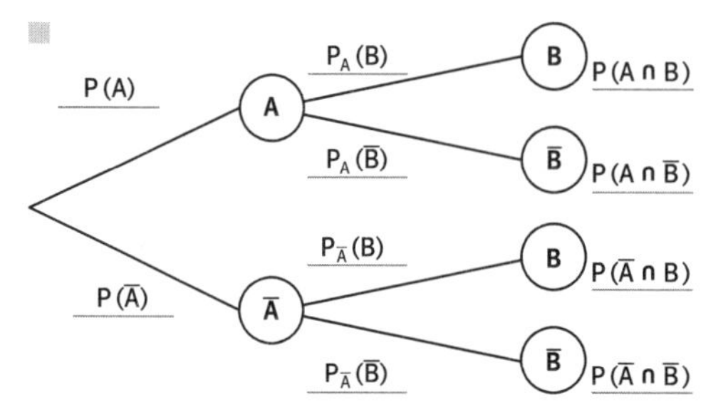

a) $\frac{P(A \cap B)}{P(B)} = \frac{0{,}25}{0{,}65} \approx 0{,}385$

b) $\frac{P(\overline{A} \cap B)}{P(\overline{A})} = \frac{0{,}40}{0{,}55} \approx 0{,}727$

c) $\frac{P(\overline{B} \cap \overline{A})}{P(\overline{B})} = \frac{0{,}15}{0{,}35} \approx 0{,}429$

d) $\frac{P(A \cap \overline{B})}{P(A)} = \frac{0{,}20}{0{,}45} = 0{,}\overline{4}$

Üben und Wiederholen | Training 2, Seite 43

1

a) $r \approx 7{,}16\,cm$

b) Wasser: $r_{Innenkugel} \approx 6{,}46\,cm$; $V_{Innenkugel} \approx 1130\,cm^3$;
Masse: $1130\,g \approx 1{,}1\,kg$
Eisen: $V_{Eisen} = V_{Außenkugel} - V_{Innenkugel} \approx 409\,cm^3$;
Masse: $3190\,g \approx 3{,}2\,kg$
Gesamtmasse: rund 4,3 kg

2

$V = 2200\,g : 2{,}5\,\frac{g}{cm^3} = 880\,cm^3$;

$V = 880\,cm^3 = \frac{4}{3}\pi r^3$; $\frac{880\,cm^3 \cdot 3}{4\pi} = r^3$; $r = \sqrt[3]{\frac{660\,cm^3}{\pi}}$; $r \approx 5{,}94\,cm$;

$O = 4\pi r^2 \approx 4\pi \cdot (5{,}94\,cm)^2 \approx 443{,}39\,cm^2$

3

$O = 4\pi r^2 = 100\,m^2$; $r = \sqrt{\frac{100\,m^2}{4\pi}} \approx 2{,}82\,m$;

$V = \frac{4}{3}\pi r^3 \approx \frac{4}{3}\pi \cdot (2{,}82\,m)^3 \approx 93{,}94\,m^3$

4

$\alpha = 33°$; $\beta = 52°$

$\overline{AC} = d$; $\frac{d}{\sin(95°)} = \frac{3\,cm}{\sin(33°)}$; $d \approx 5{,}49\,cm$

$\frac{x}{d} = \sin(38°)$; $x \approx 3{,}38\,cm$

5

a) $\alpha_1 = -21{,}6°$ $\alpha_2 = -158{,}4°$ $\alpha_3 = 201{,}6°$ $\alpha_4 = 338{,}4°$

b) $\alpha_1 = -298{,}9°$ $\alpha_2 = -61{,}1°$ $\alpha_3 = 61{,}1°$ $\alpha_4 = 298{,}9°$

6

a) -1 b) $-\frac{\sqrt{3}}{2}$ c) 0   d) $-\frac{\sqrt{2}}{2}$

7

Für $k \in \mathbb{Z}$ gilt:

a) $x_1 = 5{,}894 + k \cdot 2\pi$; $x_2 = 3{,}530 + k \cdot 2\pi$

b) $x_1 = 1{,}377 + k \cdot 2\pi$; $x_2 = 4{,}906 + k \cdot 2\pi$

8

linke Tabelle → rechtes Kärtchen
mittlere Tabelle → linkes Kärtchen
rechte Tabelle → mittleres Kärtchen

Üben und Wiederholen | Training 2, Seite 44

9

a) kein exponentielles Wachstum; der Wachstumsfaktor a ist nicht konstant; das Wachstum ist linear, Zunahme: 17.
b) exponentielles Wachstum; der Wachstumsfaktor hat einen konstanten Wert ($a = 1{,}5$).

10

Lineares Modell: $d = 1{,}2457$; $f(x) = 1{,}2457 \cdot x - 3{,}3163$
Prognose für 2009: $f(33) \approx 37{,}8$ Mio. DM $\approx 19{,}3$ Mio. Euro
Exponentielles Modell: $a = 1{,}1294$; $g(x) = 1{,}2908 \cdot 1{,}1294^x$
Prognose für 2009: $g(33) \approx 71{,}6$ Mio. DM $\approx 36{,}6$ Mio. Euro
Höchste Transfersumme 2009: 30 Mio. Euro (Gomez)
Das lineare Modell ist wenig geeignet, das exponentielle Modell ist anscheinend näher an der Realität. Demnach ist hier zu beachten, dass auch das exponentielle Modell bei der Betrachtung längerer zukünftiger Zeitspannen kaum anwendbar ist.

11

a)

	G	$\overline{G}$	
M	0,27	0,18	0,45
$\overline{M}$	0,33	0,22	0,55
	0,60	0,40	1

b) $P_M(G) = \frac{P(M \cap G)}{P(M)} = \frac{0{,}27}{0{,}45} = 0{,}60$

c) $P_{\overline{M}}(G) = \frac{P(\overline{M} \cap G)}{P(\overline{M})} = \frac{0{,}33}{0{,}55} = 0{,}60$

d) Dies ist nicht überraschend, da es ganz und gar der Alltagserfahrung entspricht, dass die Wahrscheinlichkeit, Geschwister zu haben, unabhängig vom Geschlecht ist.

Potenzfunktionen mit natürlichen Exponenten, Seite 45

1

A → 4; B → 3; C → 1; D → 2

2

a) $f(x) = a \cdot x^4$; $f(2) = -4 = a \cdot 2^4$; $a = -0{,}25$;
$f(x) = -0{,}25 \cdot x^4$
b) $g(2) = 192 = 1{,}5 \cdot 2^n$; $128 = 2^n$; $n = 7$; $g(x) = 1{,}5 \cdot x^7$
c) $h(x) = a \cdot x^n$; $h(2x) = a \cdot (2x)^n = 32 \cdot a \cdot x^n$; $2^n = 32$;
$n = 5$; $24{,}3 = a \cdot 3^5$; $a = 0{,}1$; $h(x) = 0{,}1 \cdot x^5$

3

a) $0{,}2 = a \cdot (-1)^n$; $51{,}2 = a \cdot 2^n$; $\frac{51{,}2}{0{,}2} = \frac{2^n}{(-1)^n}$; $265 = (-2)^n$;
$n = 8$; $a = \frac{51{,}2}{2^8} = 0{,}2$
b) $31{,}25 = a \cdot (-5)^n$; $-590{,}49 = a \cdot 9^n$; $\frac{-590{,}49}{31{,}25} = \frac{9^n}{(-5)^n}$;
$-18{,}89568 = (-1{,}8)^n$; $n = 5$; $a = \frac{-590{,}49}{9^5} = -0{,}01$

4

Die Aussagen B und C sind wahr, die Aussagen A und D sind falsch.

5

Die Maßzahl des Quadervolumens beträgt $x \cdot 4x \cdot 7x = 28x^3$.
Damit gilt: $f: x \mapsto 28x^3$.
Die Maßzahl des Oberflächeninhalts beträgt $2 \cdot (4x^2 + 7x^2 + 28x^2) = 78x^2$, also $g: x \mapsto 78x^2$.

Eigenschaften ganzrationaler Funktionen (1), Seite 46

1

a) Ganzrational; $n = 3$; $a_3 = \frac{1}{3}$; $a_2 = 0$; $a_1 = -\sqrt{3}$; $a_0 = 0$
b) Nicht ganzrational; $f(x) = x^{-2} - 3x$ enthält einen negativen Exponenten von x.
c) Nicht ganzrational; $f(x) = 3x^3 + 3x^{\frac{1}{2}}$ enthält einen nicht natürlichen Exponenten von x.
d) Ganzrational; $f(x) = x^3 - 3$; $n = 3$; $a_3 = 1$; $a_2 = 0$; $a_1 = 0$; $a_0 = -3$

2

Siehe Tabelle 1.

3

a) von links unten nach rechts unten
b) von links unten nach rechts oben
c) von links unten nach rechts oben
d) von links oben nach rechts unten

4

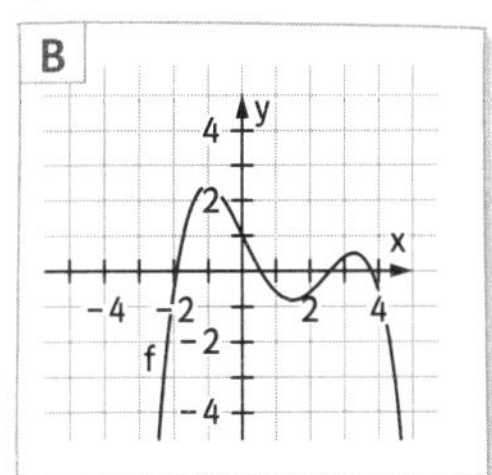

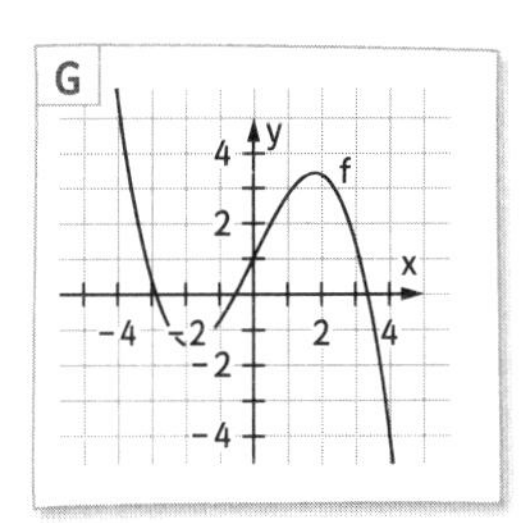

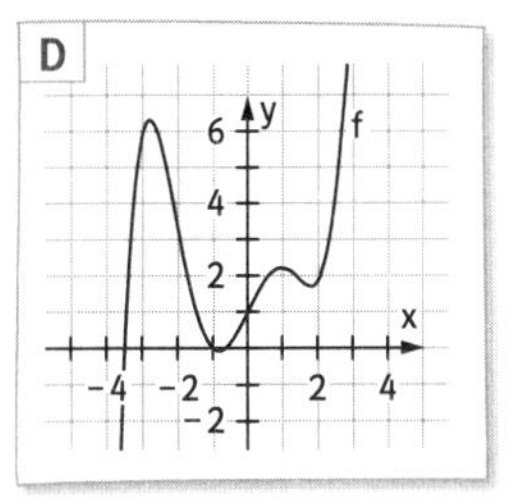

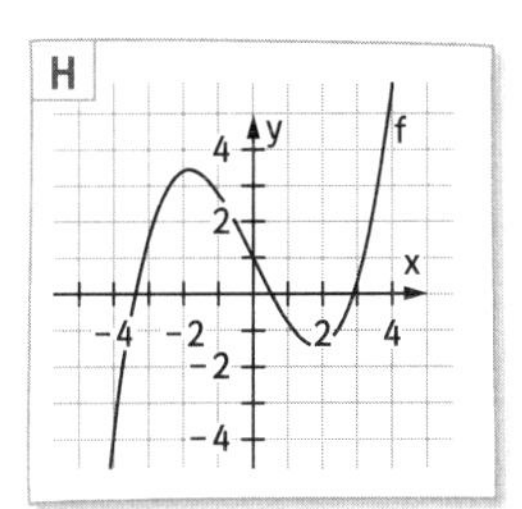

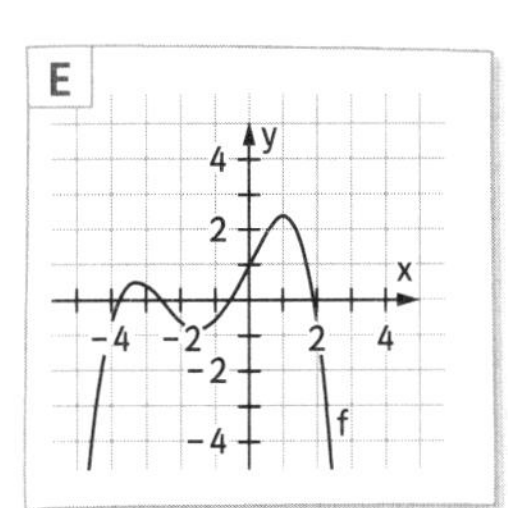

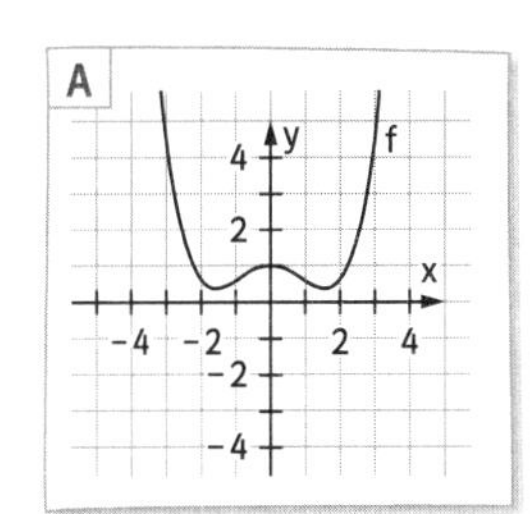

Tabelle 1

a > 0		a < 0	
n gerade	n ungerade	n gerade	n ungerade
Graph von links oben nach rechts oben	Graph von links unten nach rechts oben	Graph von links unten nach rechts unten	Graph von links oben nach rechts unten

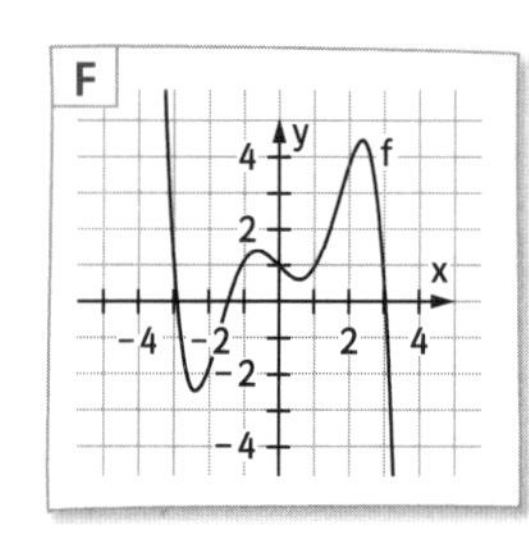

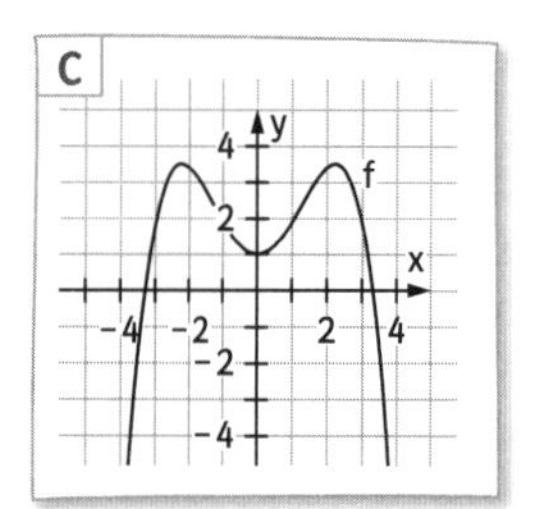

Eigenschaften ganzrationaler Funktionen (2), Seite 47

1

a) $3 - x - 6x^2 + 2x^3$; von links unten nach rechts oben
b) $-0{,}4x^4 + 55x^3 - 7$; von links unten nach rechts unten
c) $6x^4 \cdot (1 - x^4) = 6x^4 - 6x^8$; von links unten nach rechts unten

2

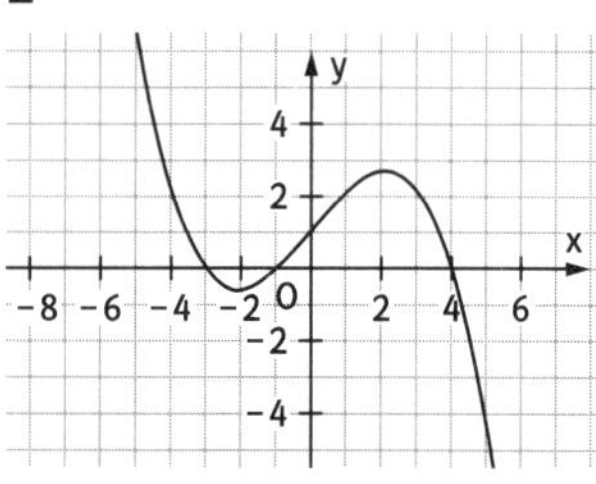

Da f von ungeradem Grad und $a < 0$ ist, muss der Graph von links oben nach rechts unten verlaufen.

3

A → i; B → h; C → k; D → j; E → g; F → f

4

$n < 7 \Longrightarrow n = 5$;
Ansatz: $f(x) = ax^5 + bx^4 - 0{,}2x^3 + 1$;

$$\begin{aligned}
1 &= -32a + 16b + 1{,}6 + 1\\
1 &= 3125a + 625b - 25 + 1\\
&\quad -32a + 16b = -1{,}6\\
&\quad 3125a + 625b = 25\\
&\quad -2a + b = -0{,}1\\
&\quad 125a + 25b = 1
\end{aligned}$$

$b = 2a - 0{,}1$; $125a + 25 \cdot (2a - 0{,}1) = 1$;
$a = 0{,}02$; $b = -0{,}06$; $f(x) = 0{,}02x^5 - 0{,}06x^4 - 0{,}2x^3 + 1$

Nullstellen und Faktorisieren (1), Seite 48

1

a → U; b → T; c → O; d → P; e → F; f → M;
g → C; h → D; i → A; HELSINKI

2

a) Gleichung: $3x^3 + 10x^2 - 8x = 0$;
Ausklammern: $x \cdot (3x^2 + 10x - 8) = 0$; $x_1 = 0$;
Lösen der verbleibenden Gleichung:

$x_{1/2} = \frac{-10 \pm \sqrt{(10)^2 - 4 \cdot 3 \cdot (-8)}}{2 \cdot 3}$; $x_1 = -4$; $x_2 = \frac{2}{3}$

b) Gleichung: $0{,}5x^4 - 5x^2 + 12 = 0$;
Substitution $x^2 = z$ ergibt die Gleichung $0{,}5z^2 - 5z + 12 = 0$;

Lösen der Gleichung: $z_{1/2} = \frac{-(-5) \pm \sqrt{(-5)^2 - 4 \cdot 0{,}5 \cdot 12}}{2 \cdot 0{,}5}$;

$z_1 = 6$; $z_2 = 4$; $x_1 = -\sqrt{6}$; $x_2 = \sqrt{6}$; $x_3 = -2$;
$x_4 = 2$

3

Lösungsformel: f_5; Substitution: f_3, f_6;
Ausklammern: $f_1, f_2, f_4, f_7, f_8, f_9, f_{10}$

4

a) $f: x \mapsto x^6 + 1$ b) $g: x \mapsto (x - 1)^3 \cdot (x + 4)^3$

5

$x_1 = -3$; $x_2 = 6$; $x_1 = -3$ ist Nullstelle mit VZW;
$x_2 = 6$ ist Nullstelle ohne VZW

Nullstellen und Faktorisieren (2), Seite 49

1

a) $(x^3 + 6x^2 - 13x - 42) : (x + 2) = x^2 + 4x - 21$

$$\begin{aligned}
&\underline{x^3 + 2x^2}\\
&\quad 4x^2 - 13x\\
&\quad \underline{4x^2 + 8x}\\
&\qquad -21x - 42\\
&\qquad \underline{-21x - 42}\\
&\qquad\qquad 0
\end{aligned}$$

$x^2 + 4x - 21 = 0$; $x_{2/3} = \frac{-4 \pm \sqrt{4^2 - 4 \cdot 1 \cdot (-21)}}{2 \cdot 1}$; $x_2 = -7$;
$x_3 = 3$

b) $(x^3 - 12x + 16) : (x - 2) = x^2 + 2x - 8$

$$\begin{aligned}
&\underline{x^3 - 2x^2}\\
&\quad 2x^2 - 12x\\
&\quad \underline{2x^2 - 4x}\\
&\qquad -8x + 16\\
&\qquad \underline{-8x + 16}\\
&\qquad\qquad 0
\end{aligned}$$

$x^2 + 2x - 8 = 0$; $x_{2/3} = \frac{-2 \pm \sqrt{2^2 - 4 \cdot 1 \cdot (-8)}}{2 \cdot 1}$;
$x_2 = x_1 = 2$; $x_3 = -4$

2

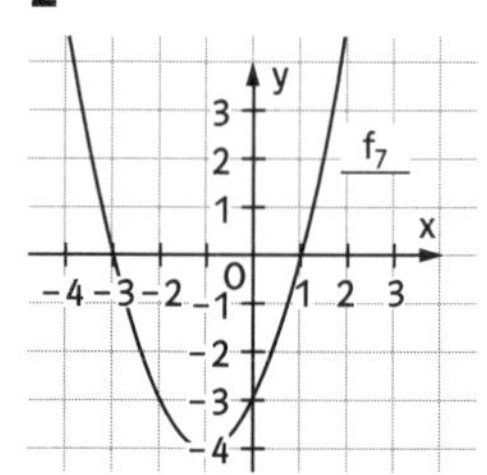

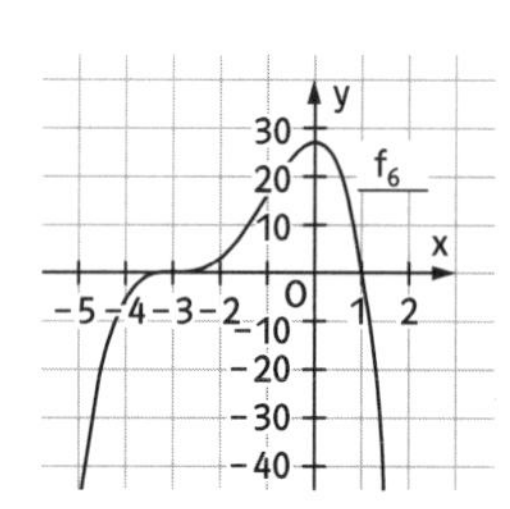

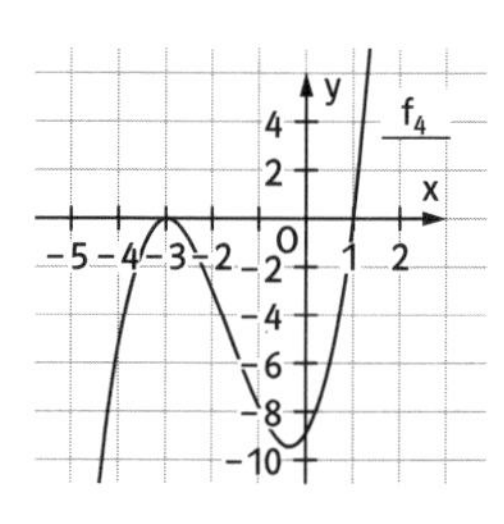

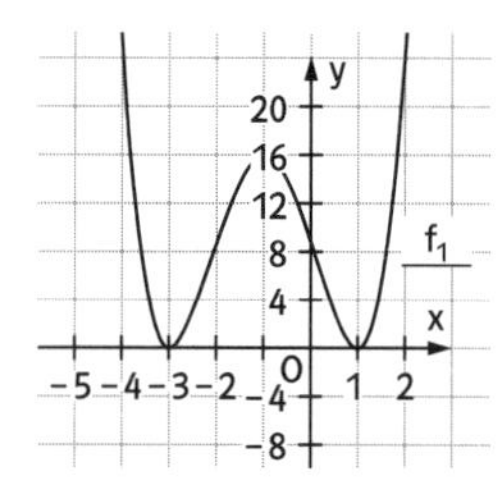

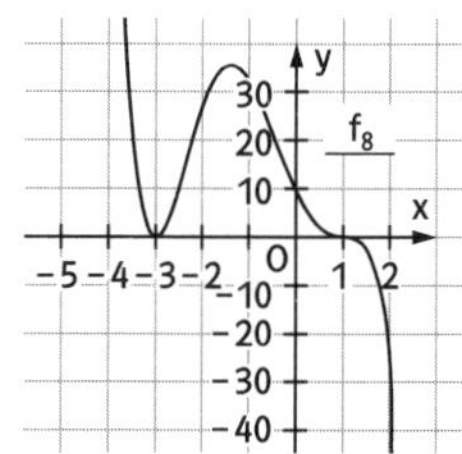

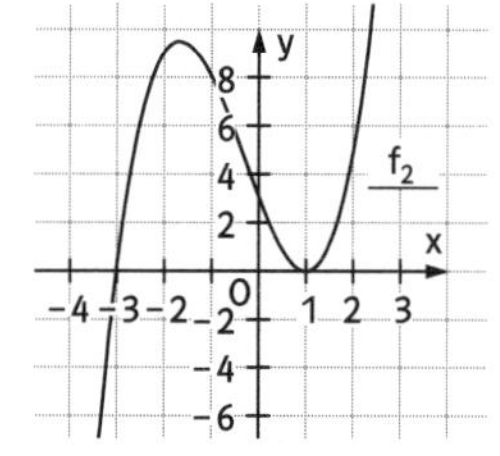

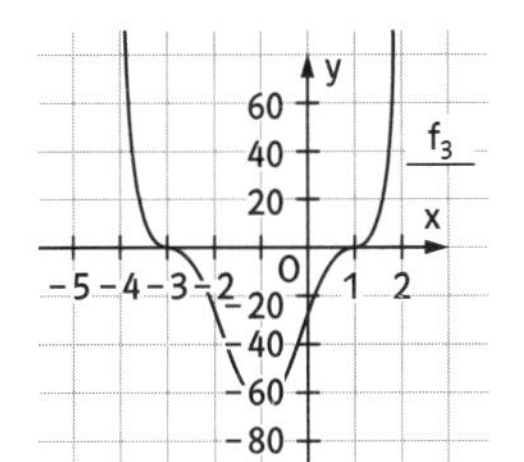

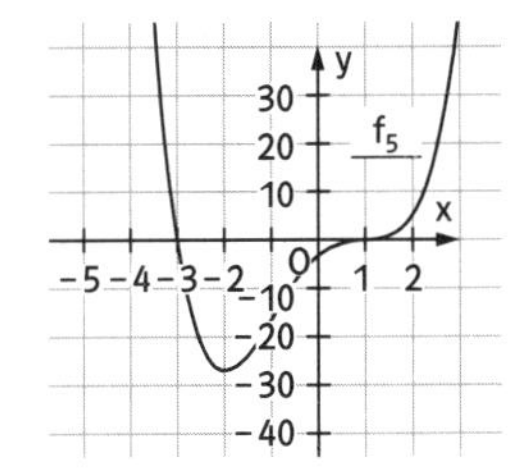

3

$x_1 = -3$ ist eine Nullstelle ohne VZW;
$x_2 = 2$ und $x_3 = 4$ sind jeweils Nullstellen mit VZW.
Deshalb gilt bei kleinstmöglichem Grad der Ansatz:
$f(x) = a \cdot (x+3)^2 \cdot (x-2) \cdot (x-4)$;
$f(0) = 8 = a \cdot 3^2 \cdot (-2) \cdot (-4)$; $72a = 8$; $a = \frac{1}{9}$;
damit ist $f(x) = \frac{1}{9} \cdot (x+3)^2 \cdot (x-2) \cdot (x-4)$

Ganzrationale Funktionen | Merkzettel, Seite 50

Texte:

achsensymmetrisch; y; $\mathbb{R}_0^+$; $\mathbb{R}_0^-$;
punktsymmetrisch; Ursprung; $\mathbb{R}$; $\mathbb{R}$
Summen; ganzrationale; Grad; höchste
vier; den Summanden mit dem höchsten vorkommenden; Nullstellen; höchstens; Faktorisieren;
Substitution; Polynomdivision; $(x - a)$; $n - 1$

Beispiele:

	$x \mapsto -2x^3$	$x \mapsto 3x^6$	$x \mapsto 4x^7$	$x \mapsto -x^8$
Symmetrie bzgl.	Ursprung	y-Achse	Ursprung	y-Achse
Wertemenge	$\mathbb{R}$	$\mathbb{R}_0^+$	$\mathbb{R}$	$\mathbb{R}_0^-$

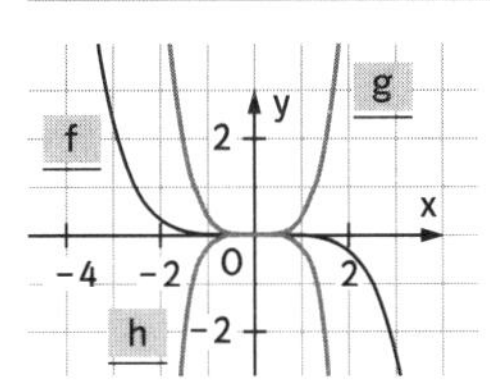

f und h sind ganzrationale Funktionen

Ganzrat. Funktion	Grad	Koeffizienten
f	7	1; 0; 0; 0; −2; −4; 0; 0
h	0	−5

Funktionsterm	Verlauf des Graphen (von ...)
$-0{,}01x^6 + 10x^5 + 90x$	links unten nach rechts unten
$-10x^7 + x$	links oben nach rechts unten
$0{,}3x^4 - 100x^3 - 90x^2$	links oben nach rechts oben

$(x^3 + 2x^2 - 5x - 6) : (x + 1) = x^2 + x - 6$
$\underline{x^3 + x^2}$
$x^2 - 5x$
$\underline{x^2 + x}$
$-6x - 6$
$\underline{-6x - 6}$
0

$g(x) = x^2 + x - 6$; $x^2 + x - 6 = 0$; $x_2 = -3$; $x_3 = 2$

Verschieben von Funktionsgraphen (1), Seite 51

1

A → 3; B → 6; C → 1; D → 4; E → 5; F → 2

2

a) Der Graph von f wird um $\frac{\pi}{4}$ nach links und um 0,75 nach oben verschoben.
b) Der Graph von f wird um 4 nach rechts und um 8 nach oben verschoben.
c) $x^2 + 2x + 1 = (x+1)^2$; der Graph von f wird um 1 nach links verschoben.

3

a) $g(x) = 2^x + 3 + b$; $g(1) = 9 = 2 + 3 + b$; $b = 4$;
$g(x) = 2^x + 7$
b) $g(x) = 2^{x+c} + 3$; $g(2) = 11 = 2^{2+c} + 3$; $2^{2+c} = 8$;
$2 + c = 3$; $c = 1$; $g(x) = 2^{x+1} + 3$

4

a)

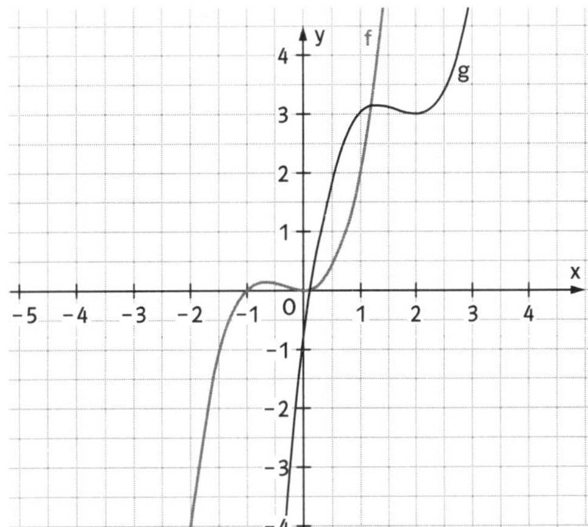

$g(x) = (x-2)^3 + (x-2)^2 + 3$

b)

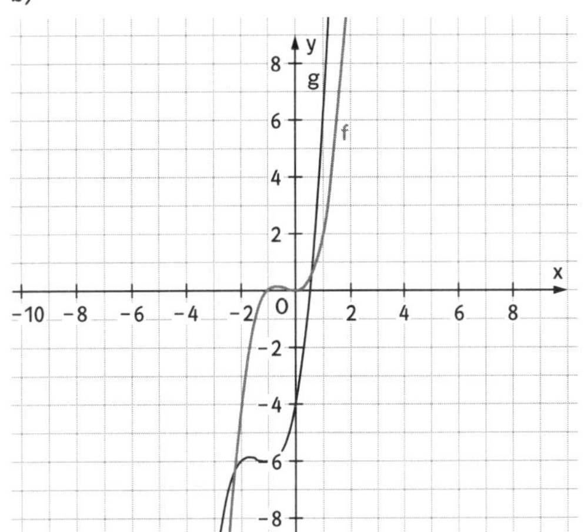

$g(x) = (x+1)^3 + (x+1)^2 - 6$

c)

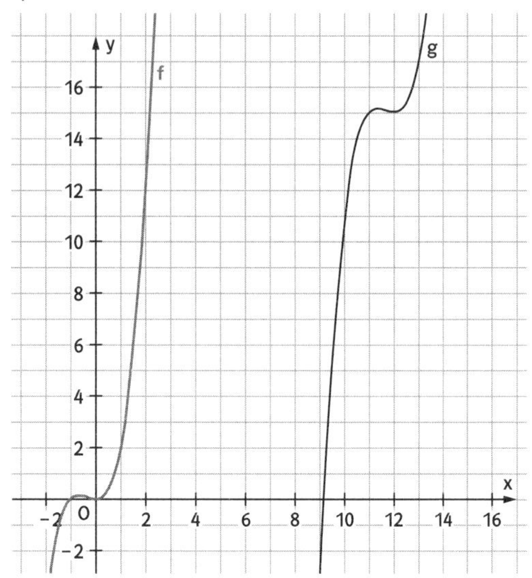

$g(x) = (x - 12)^3 + (x - 12)^2 + 15$

5

$g(x) = -0{,}1 \cdot (x + 1)^2 \cdot (x + 5) - 3;$
$h(x) = -0{,}1 \cdot (x - 1)^2 \cdot (x + 3) + 4;$
$i(x) = -0{,}1 \cdot (x - 2)^2 \cdot (x + 2) = -0{,}1 \cdot (x - 2) \cdot (x^2 - 4)$
$= -0{,}1 \cdot (x^3 - 2x^2 - 4x + 8) = -0{,}1x^3 + 0{,}2x^2 + 0{,}4x - 0{,}8$

Verschieben von Funktionsgraphen (2), Seite 52

1

Mit einem Lineal könnte man für mehrere x-Werte parallel zur y-Achse jeweils die Differenzen der entsprechenden Funktionswerte an den beiden Graphen abmessen. Diese Differenzen sind überall gleich. Beachte jedoch, dass es sich hier streng genommen nicht um einen mathematischen „Beweis" handelt, sondern lediglich um eine anschauliche Überprüfung, die allerdings sehr stichhaltig ist.

2

a) Die Aussage ist falsch. Eine Verschiebung nach links oder rechts verändert den Vorrat an Funktionswerten bei einer auf ganz $\mathbb{R}$ definierten Funktion nicht. Die einzelnen Funktionswerte sind nur anderen x-Werten zugeordnet.
b) Die Aussage ist wahr. Als Beispiel kann die Funktion f mit $f(x) = 1 (x \in \mathbb{R})$ dienen.
c) Die Aussage ist wahr. Zum Beispiel hat die Funktion f mit $f(x) = x^2 - 4$ zwei Nullstellen, die Funktion g mit $g(x) = x^2 + 4$, deren Graph gegenüber dem Graphen von f um 8 nach oben verschoben ist, hat jedoch keine Nullstellen.

3

a) $7 + 5x = 0;$ $5x = -7;$ $x = -1{,}4$
b) $2x^2 + 5x - 3 = 0;$ $x_{1/2} = \frac{-5 \pm \sqrt{5^2 - 4 \cdot 2 \cdot (-3)}}{2 \cdot 2};$
$x_1 = 0{,}5;$ $x_2 = -3$
c) $2x^3 + 8x^2 = 0;$ $2x^2 \cdot (x + 4) = 0;$ $x_1 = 0;$ $x_2 = -4$
d) $\frac{2x - 7}{4 + x} = \frac{1}{3};$ $6x - 21 = 4 + x;$ $5x = 25;$ $x = 5$
e) $\left(\frac{2}{5}\right)^{3x - 1} = 3;$ $\left(\frac{2}{5}\right)^{3x} \cdot \frac{5}{2} = 3;$ $\left(\frac{2}{5}\right)^{3x} = \frac{6}{5};$
$3x \cdot \lg\left(\frac{2}{5}\right) = \lg\left(\frac{6}{5}\right);$ $x = \frac{1}{3} \cdot \frac{\lg 6 - \lg 5}{\lg 2 - \lg 5} \approx -0{,}07$
f) $\sin(5x) = 1;$ $5x = \frac{\pi}{2} \pm 2\pi \cdot k \; (k \in \mathbb{Z});$
$x = \frac{\pi}{10} \pm \frac{2}{5}\pi \cdot k \; (k \in \mathbb{Z})$

Strecken und Spiegeln von Funktionsgraphen (1), Seite 53

1

A → 5; B → 3; C → 2; D → 4; E → 1; F → 6

2

a) Der Graph von f wird in y-Richtung mit dem Faktor $-\frac{1}{2}$ gestreckt.
b) Der Graph von f wird in x-Richtung mit dem Faktor $\frac{1}{5}$ gestreckt.
c) Der Graph von f wird an der y-Achse gespiegelt.

3

a) $g(x) = f(5x) = 1 - 3 \cdot 5x = 1 - 15x;$
$h(x) = -2 \cdot f(x) = -2 \cdot (1 - 3x) = -2 + 6x$
b) $g(x) = f(5x) = 4 \cdot (5x)^2 + 3 \cdot 5x - 1 = 100x^2 + 15x - 1;$
$h(x) = -2 \cdot f(x) = -8x^2 - 6x + 2$
c) $g(x) = f(5x) = (5x)^3 + (5x)^2 - 4 \cdot 5x = 125x^3 + 25x^2 - 20x;$
$h(x) = -2 \cdot f(x) = -2x^3 - 2x^2 + 8x$
d) $g(x) = f(5x) = \frac{25x^2 - 10x}{4 + 15x};$
$h(x) = -2 \cdot f(x) = \frac{-2x^2 + 4x}{4 + 3x}$
e) $g(x) = f(5x) = 4^{2 - 3 \cdot (5x)} - 6 = 4^{2 - 15x} - 6;$
$h(x) = -2 \cdot f(x) = -2 \cdot (4^{2 - 3x}) - 6 = -2 \cdot 4^{2 - 3x} + 12$
f) $g(x) = f(5x) = \cos\left(\frac{\pi}{2}x\right) + 1{,}5;$ $h(x) = -2\cos\left(\frac{\pi}{10}x\right) - 3$

4

a) $3 \cdot [f(x - 5) + 1] = 3 \cdot f(x - 5) + 3$ b) $-3 \cdot f(x + 2)$

Strecken und Spiegeln von Funktionsgraphen (2), Seite 54

1

a) $f(x) = x^2 + 2 \rightarrow g(x) = 2 \cdot ((x - 2)^2 + 2) = 2x^2 - 8x + 12$
$f(x) = 2^x \rightarrow g(x) = \frac{1}{2} \cdot 2^{x + 1} = 2^x$
$f(x) = 2x^3 + x \rightarrow g(x) = 3 \cdot (2x^3 + x - 6) = 6x^3 + 3x - 18$
b) $f(x) = x^2 + 2 \rightarrow g(x) = 2 \cdot ((x - 2)^2 + 2) = 2x^2 - 8x + 12$
$f(x) = 2^x \rightarrow g(x) = \frac{1}{2} \cdot 2^{x + 1} = 2^x$
$f(x) = 2x^3 + x \rightarrow g(x) = 3 \cdot (2x^3 + x) - 6 = 6x^3 + 3x - 6$
Bemerkung: Wie das jeweils letzte Beispiel zeigt, darf im Allgemeinen die Reihenfolge von Verschiebung und Streckung nicht vertauscht werden.

2

Linke Abbildung: $g(x) = -2 \cdot \frac{2}{1 - x} = -\frac{4}{1 - x};$ $h(x) = \frac{2}{1 + 2x}$
Rechte Abbildung: $g(x) = -2 \cdot \sqrt{x - 1};$ $h(x) = \sqrt{-2x - 1}$

3

a) $g_1(x) = \log_3(4x);$ $g_2(x) = \log_3\left(\frac{x}{4}\right)$
b) $g_3(x) = \log_3(x) + \log_3(4);$ $g_4(x) = \log_3(x) - \log_3(4)$
c) $g_1(x) = \log_3(4x) = \log_3(4) + \log_3(x) = g_3(x);$
$g_2(x) = \log_3\left(\frac{x}{4}\right) = \log_3(x) - \log_3(4) = g_4(x)$
Das Strecken des Graphen von f in x-Richtung mit dem Faktor $\frac{1}{4}$ bewirkt exakt dasselbe wie eine Verschiebung des Graphen von f um 4 nach oben. Das Strecken des Graphen von f in x-Richtung mit dem Faktor 4 bewirkt exakt dasselbe wie eine Verschiebung des Graphen von f um 4 nach unten.

4

Da es sich beim Graphen von f um die x-Achse handelt, bleibt der Funktionsterm und damit auch der Graph von f mit der Ausnahme von Verschiebungen in y-Richtung bei allen anderen Transformationen (Verschieben in x-Richtung, Spiegeln an beiden Achsen, Strecken in beide Richtungen) völlig unverändert.

Symmetrie von Funktionsgraphen, Seite 55

1

achsensymmetrisch: KIEW; punktsymmetrisch: ATHEN
weder achsensymmetrisch noch punktsymmetrisch: DUBLIN

2

a) Falsch; Gegenbeispiel: $f: x \mapsto x + 1$
b) Wahr; Beispiel: $f(x) = x^3 + 7x$; $g(x) = x^5 - 3x^3$;
$f(x) \cdot g(x) = x^8 + 4x^6 - 21x^4$
c) Falsch; Der Graph ist außerdem z. B. achsensymmetrisch zur Geraden $x = \frac{\pi}{2}$
d) Wahr: $f: x \mapsto 0$
e) Wahr; Beispiel: $f(x) = \frac{2x^4 - 5x^2}{-5x^3 - 4x}$;
$f(-x) = \frac{2x^4 - 5x^2}{5x^3 + 4x} = \frac{-2x^4 - 5x^2}{-5x^3 - 4x} = -f(x)$
f) Wahr; Beispiel: $f(x) = (x^7 - 3x^5 + 4x) - (2x^5 + x^3 + 7x)$
$= x^7 - 5x^5 - x^3 - 3x$

3

a) Für $t = 0$ gilt: Der Graph von f ist punktsymmetrisch bezüglich des Ursprungs.
b) Für $t = 2$ gilt: Der Graph von f ist achsensymmetrisch bezüglich der y-Achse.
c) Für alle geraden t gilt: Der Graph von f ist achsensymmetrisch bezüglich der y-Achse.
d) Für alle geraden t gilt: Der Graph von f ist achsensymmetrisch bezüglich der y-Achse.
Für alle ungeraden t gilt: Der Graph von f ist punktsymmetrisch bezüglich des Ursprungs.

4

a) $f(-x) = \cos(x) - x^2 - x + 1 \neq f(x)$; außerdem gilt $f(-x) \neq -f(x)$, folglich liegt keine der beiden Symmetrien vor.
b) $f(-x) = -\sin(x) \cdot (1 - 0{,}5x^2) = -f(x)$; folglich ist der Graph punktsymmetrisch bezüglich des Ursprungs.
c) $f(-x) = 2^{-x} + 2^x = f(x)$; folglich ist der Graph achsensymmetrisch bezüglich der y-Achse.
d) $f(-x) = |-x^3| = |x^3| = f(x)$; folglich ist der Graph achsensymmetrisch bezüglich der y-Achse.

Grenzwerte im Unendlichen, Seite 56

1

a) $\lim\limits_{x \to \infty} f(x) = -2{,}5$ b) $\lim\limits_{x \to \infty} f(x) = 0$
c) $\lim\limits_{x \to \infty} f(x) = 0$ d) Grenzwert existiert nicht.

2

a) $\lim\limits_{x \to -\infty} f(x) = -\infty$ b) $\lim\limits_{x \to -\infty} f(x) = \infty$
c) Grenzwert existiert nicht. d) $\lim\limits_{x \to -\infty} f(x) = 4$

3

a) Falsch; Gegenbeispiel: Für f mit $f(x) = 3 - \frac{1}{x}$ gilt zwar
$f'(x) = \frac{1}{x^2} > 0$ für alle $x \in \mathbb{R} \setminus \{0\}$, aber $\lim\limits_{x \to \infty} f(x) = 3$.
b) Wahr;
Beispiel 1: Für $f(x) = x$ und $g(x) = -x$ gilt:
$\lim\limits_{x \to \infty} f(x) = \infty$; $\lim\limits_{x \to \infty} g(x) = -\infty$; $\lim\limits_{x \to \infty} (f(x) + g(x)) = 0$.
Beispiel 2: Für $f(x) = x$ und $g(x) = -2x$ gilt:
$\lim\limits_{x \to \infty} f(x) = \infty$; $\lim\limits_{x \to \infty} g(x) = -\infty$; aber $\lim\limits_{x \to \infty} (f(x) + g(x)) = -\infty$.

4

a) $\lim\limits_{x \to \infty} f(x) = -4$; Asymptote: $y = -4$
b) $\lim\limits_{x \to \infty} f(x) = 0$; Asymptote: $y = 0$
c) $\lim\limits_{x \to \infty} f(x) = -\frac{1}{5}$; Asymptote: $y = -\frac{1}{5}$

5

a) $f(100) = 9$; $f(1000) = 30{,}62$; $f(10\,000) = 99$;
$f(100\,000) = 315{,}23$
Die Funktionswerte werden mit rasch steigenden x-Werten größer, aber sie steigen sehr langsam an.
b) $\sqrt{x} - 1 > 1000 \Longrightarrow x > 1001^2$
$\sqrt{x} - 1 > 100\,000 \Longrightarrow x > 100\,001^2$
$\sqrt{x} - 1 > 10\,000\,000 \Longrightarrow x > 10\,000\,001^2$
c) Offenbar findet man für jede beliebig große Zahl immer x-Werte, für die die zugehörigen Funktionswerte des Funktionsterms $\sqrt{x} - 1$ diese beliebig große Zahl noch übertreffen.

Funktionsuntersuchungen (1), Seite 57

1

a)

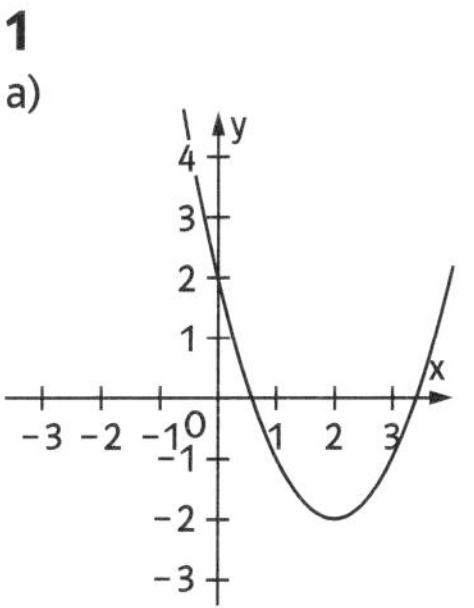

ganzrationale Funktion

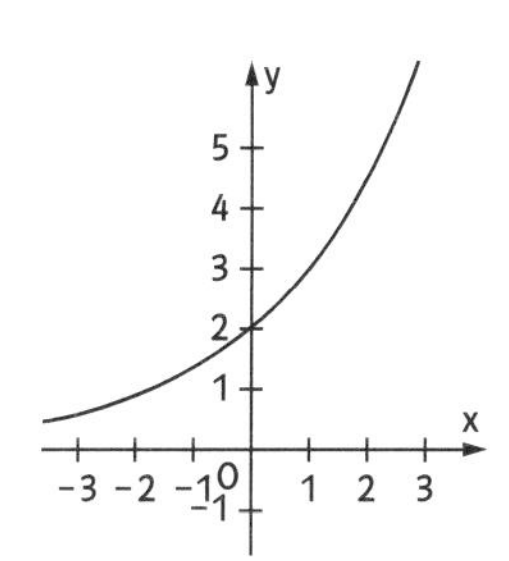

Exponentialfunktion

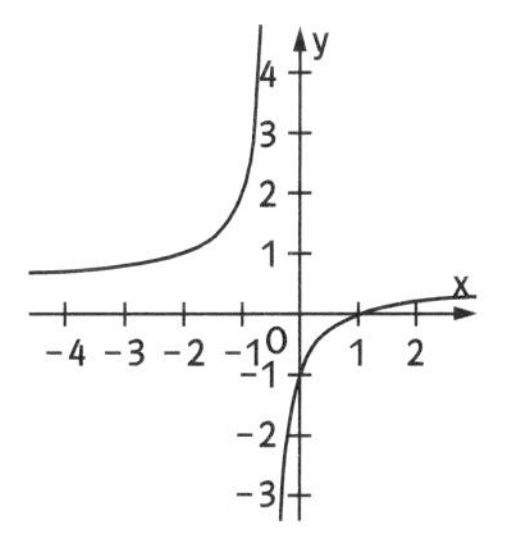

gebrochen rationale Funktion

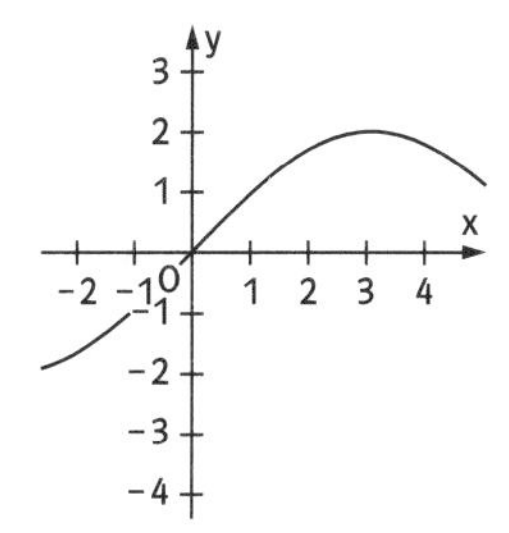

trigonometrische Funktion

b) Alle folgenden Begründungen könnten auch wesentlich knapper in Stichpunkten erfolgen:
$x^2 - 4x + 2 = (x - 2)^2 - 2$; bei dem Graphen der ganzrationalen Funktion kann es sich also nur um den Graphen von b handeln, denn der ist die um 2 nach rechts und um 2 nach unten verschobene Normalparabel.
$e(1) = 3$; $f(1) = \frac{4}{3}$; $g(1) = 4{,}5$; $h(1) = 2$;
bei dem Graphen der Exponentialfunktion kann es sich also nur um den Graphen von e handeln.
i ist für $x = 1$ nicht definiert; $k(1) = \frac{1}{2}$; $l(1) = 2$; $m(1) = 0$;
bei dem Graphen der gebrochen rationalen Funktion kann es sich also nur um den Graphen von m handeln.
Der Graph der trigonometrischen Funktion ist punktsymmetrisch zum Ursprung und hat die Amplitude 2. Es muss also der Graph der Funktion q sein.

c) Siehe Figur 1.

Funktionsuntersuchungen (2), Seite 58

1

a) $f: x \mapsto (x - 1{,}5)^2(x + 2)$

Funktionstyp:
ganzrationale Funktion

$D_{max} = \mathbb{R}$
$W = \mathbb{R}$
$\lim\limits_{x \to \infty} f(x) = \infty$
$\lim\limits_{x \to -\infty} f(x) = -\infty$

Der Graph verläuft von links unten **nach** rechts oben
Nullstellen: $x_1 = 1{,}5$
$x_2 = -2$
$f(0) = 4{,}5$

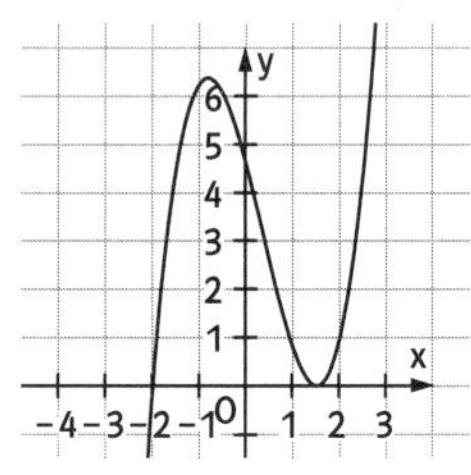

b) $f: x \mapsto \frac{3x - 5}{-2x + 4}$

Funktionstyp:
gebrochen rationale Funktion

$D_{max} = \mathbb{R} \setminus \{2\}$
$W = \mathbb{R} \setminus \{-1{,}5\}$
$\lim\limits_{x \to \infty} f(x) = -1{,}5$
$\lim\limits_{x \to -\infty} f(x) = -1{,}5$

Asymptoten:
$x = 2$; $y = -1{,}5$;
Nullstellen: $x = \frac{5}{3}$
$f(0) = -1{,}25$

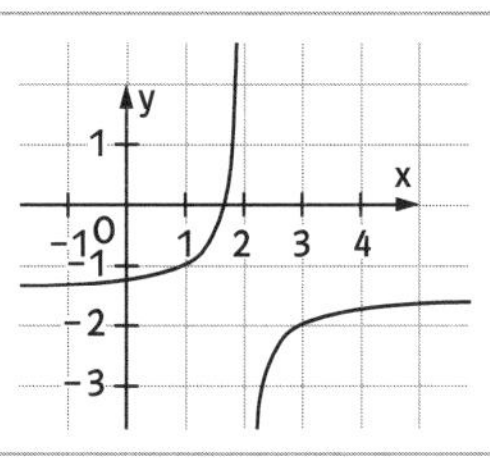

c) $f: x \mapsto 0{,}5\sin(x + \pi)$

Funktionstyp:
trigonometrische Funktion

$D_{max} = \mathbb{R}$
$W = [-0{,}5; 0{,}5]$
Amplitude: 0,5
Periode: 2π

Graph: in y-Richtung gestauchte Sinuskurve;
Verschiebung in x-Richtung:
π nach links
Nullstellen: 0; π; 2π
allgemein: $k \cdot \pi$ $(k \in \mathbb{Z})$

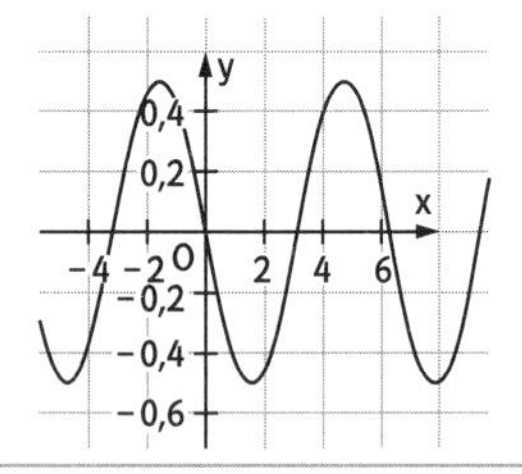

d) $f: x \mapsto 0{,}8 \cdot 0{,}5^x$

Funktionstyp:
Exponentialfunktion

$D_{max} = \mathbb{R}$
$W = \mathbb{R}^+$
Asymptote:
$y = 0$ für $x \to +\infty$

Graph: durchgehend fallend
Nullstellen: keine
$f(0) = 0{,}8$

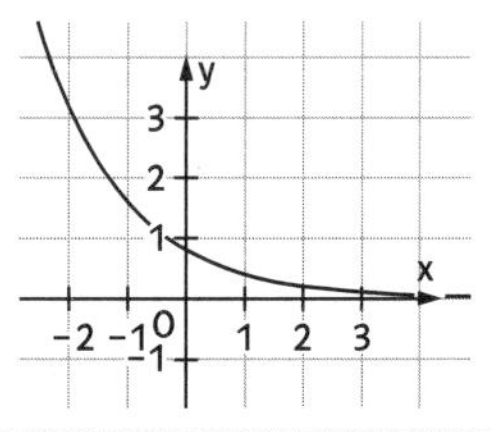

e) $f: x \mapsto 0{,}8 + 0{,}5x$

Funktionstyp:
lineare Funktion

$D_{max} = \mathbb{R}$
$W = \mathbb{R}$
Steigung: $m = 0{,}5$
y-Achsenabschnitt:
$t = f(0) = 0{,}8$

Graph: steigende Gerade
Nullstelle: $x = -1{,}6$
$t = f(0) = 0{,}8$

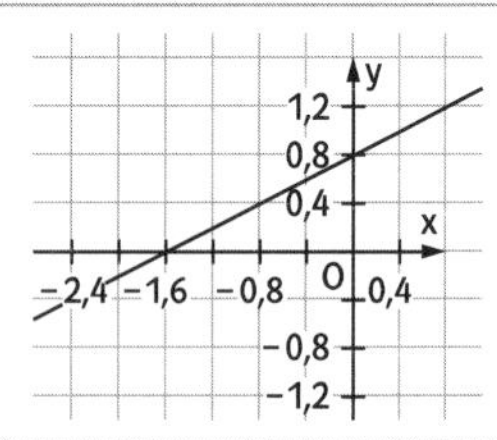

Figur 1

$a: x \mapsto (x + 2)^2 - 2$

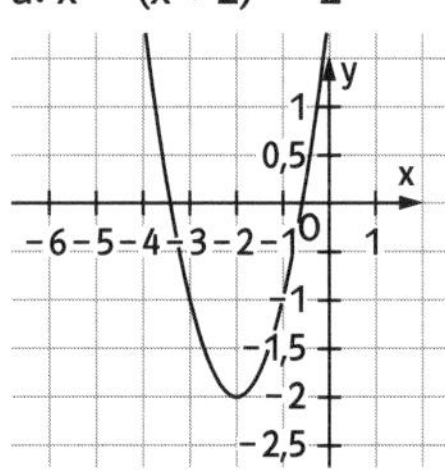

$g: x \mapsto 3 \cdot \left(\frac{3}{2}\right)^x$

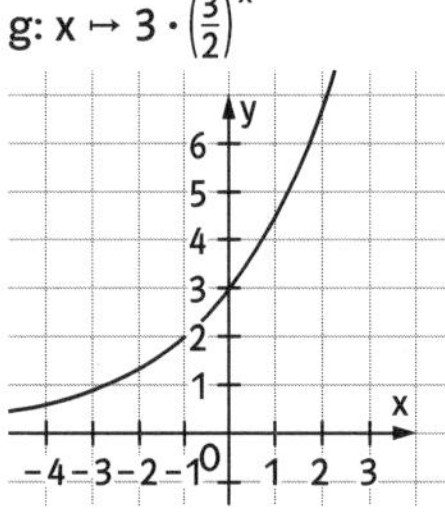

$l: x \mapsto \frac{x + 1}{2x - 1}$

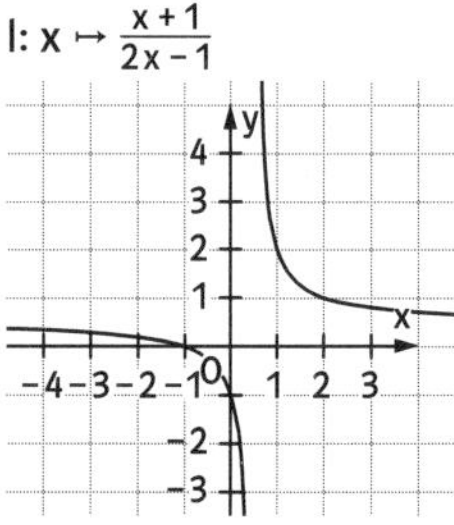

$s: x \mapsto 0{,}5 \cdot \sin(2x)$

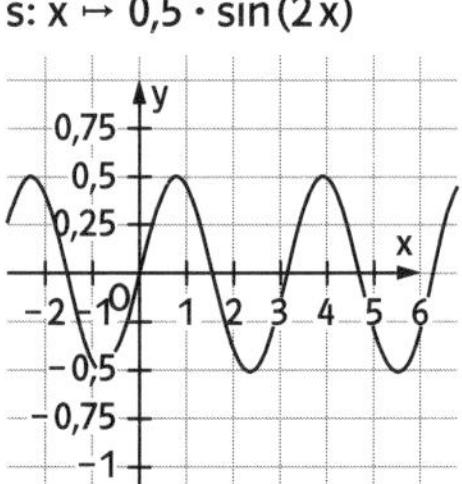

$d: x \mapsto -(x - 2)^2 - 2$

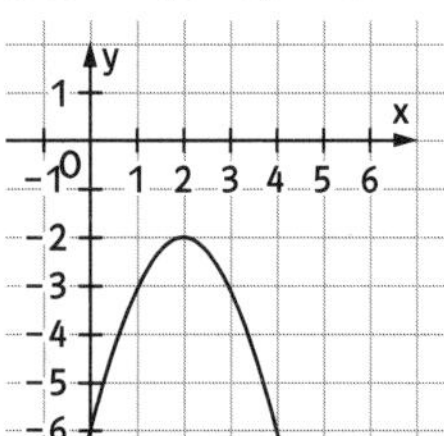

$f: x \mapsto 2 \cdot \left(\frac{2}{3}\right)^x$

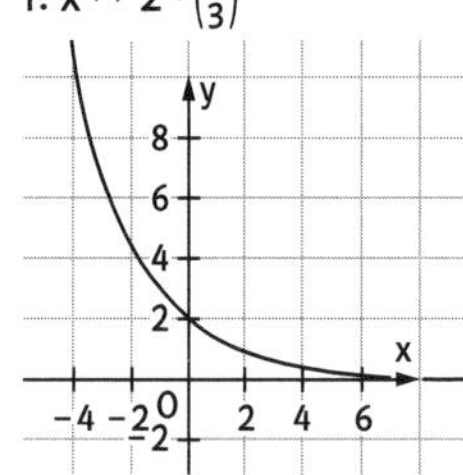

$k: x \mapsto \frac{2x - 1}{x + 1}$

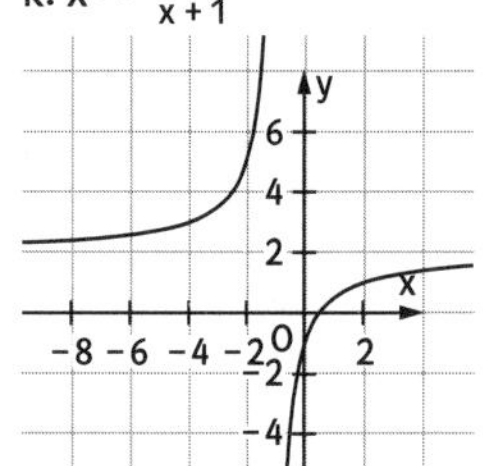

$r: x \mapsto 2 \cdot \cos(0{,}5x)$

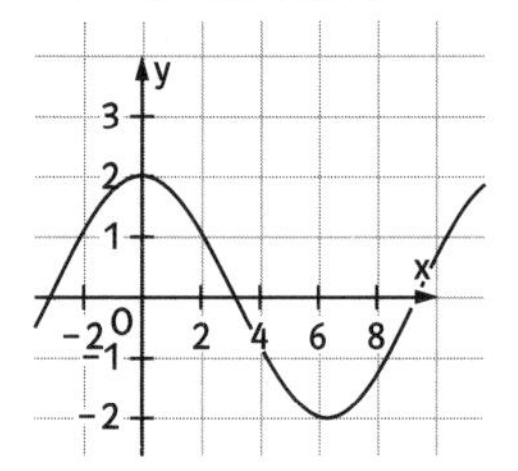

f) f: $x \mapsto -\frac{1}{2}x^2 + \frac{3}{4}x + \frac{5}{4}$
$= -\frac{1}{2} \cdot (x - 2{,}5) \cdot (x + 1)$

Funktionstyp:
quadratische Funktion

$D_{max} = \mathbb{R}$
$W =]-\infty;\ 1\frac{17}{32}]$
Scheitel: $S\left(\frac{3}{4} \middle| 1\frac{17}{32}\right)$
Symmetrie bezüglich der Geraden $x = \frac{3}{4}$

Graph: nach unten geöffnete Parabel; weiter als Normalparabel
Nullstellen: $x_1 = 2{,}5$
$x_2 = -1$
$f(0) = 1{,}25$

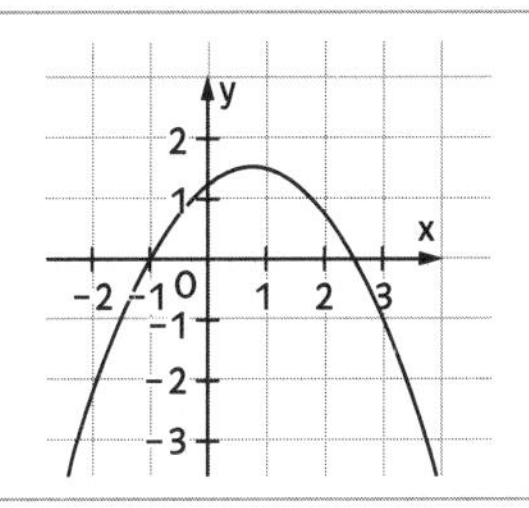

Funktionsuntersuchungen (3), Seite 59

1

Funktion f: $D_{max} = \mathbb{R} \setminus \{-2\}$; Funktion g: $D_{max} = \mathbb{R} \setminus \{0\}$;
Funktion h: $D_{max} = \mathbb{R} \setminus \{-2\}$; Funktion i: $D_{max} = \mathbb{R} \setminus \{0\}$

a)

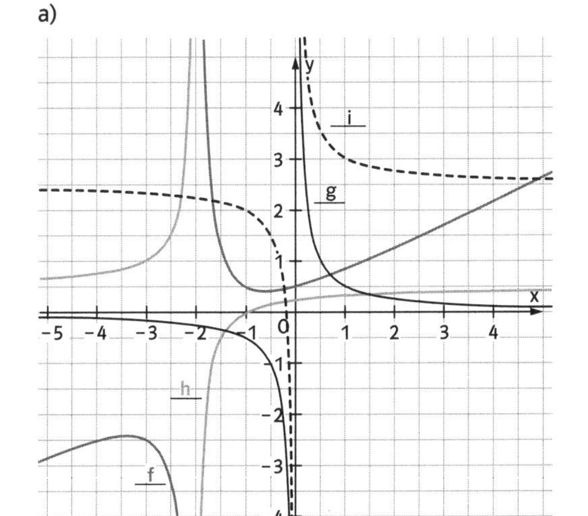

$\lim\limits_{x \to \infty} f(x) = \infty$ $\lim\limits_{x \to -\infty} f(x) = -\infty$

$\lim\limits_{x \to \infty} g(x) = 0$ $\lim\limits_{x \to -\infty} g(x) = 0$

$\lim\limits_{x \to \infty} h(x) = 0{,}5$ $\lim\limits_{x \to -\infty} h(x) = 0{,}5$

$\lim\limits_{x \to \infty} i(x) = 2{,}5$ $\lim\limits_{x \to -\infty} i(x) = 2{,}5$

b) Der Graph zur Funktion i entsteht durch Verschiebung des zur Funktion g: $\mapsto \frac{0{,}5}{x}$ gehörenden Graphen um 2,5 Einheiten nach oben.

c) Da $g(-x) = -\frac{0{,}5}{x} = -g(x)$ für alle x gilt, ist der Graph von g punktsymmetrisch zum Ursprung.

d) Der Graph von i ist punktsymmetrisch zum Punkt $(0 \mid 2{,}5)$.

e) In der Abbildung ist der Graph zur Funktion f gezeichnet.

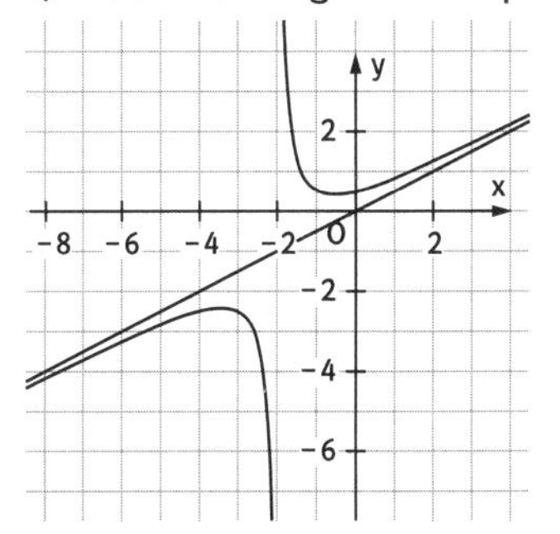

Die beiden für die Zeichnung verwendeten Punkte sind $P(2 \mid 1)$ und $Q(-6 \mid -3{,}5)$.
Begründung, warum sich die Funktionswerte der beiden Funktionen für betragsmäßig große x-Werte annähern:
Für die Differenz der Funktionswerte von f und l gilt
$f(x) - l(x) = \frac{1}{x+2}$ und damit $\lim\limits_{x \to \pm\infty} (f(x) - l(x)) = 0$

f) $\left|\frac{1}{x+2}\right| < 0{,}001$

Fall 1: $x > -2 \Longrightarrow \frac{1}{x+2} < 0{,}001 \Longleftrightarrow x > 998$

Fall 2: $x < -2 \Longrightarrow -\frac{1}{x+2} < 0{,}001 \Longleftrightarrow x < -1002$

Damit gilt: Für alle x mit $x > 998$ oder $x < -1002$ unterscheiden sich die Funktionswerte der beiden Funktionen aus Teilaufgabe a) um weniger als 0,001.

g) m: $x \mapsto \frac{x+1}{x+2}$; Streckfaktor 0,5; $\lim\limits_{x \to \infty} m(x) = 1$;

$\lim\limits_{x \to -\infty} m(x) = 1$

Eigenschaften von Funktionen und ihren Graphen | Merkzettel, Seite 60

Texte:

- nach rechts; nach oben verschiebt; y; x; $\frac{1}{k}$
- an der y-Achse; an der x-Achse
- gerade; ungerade; geraden (ungeraden) Exponenten
- Grenzwert; ∞; $\lim\limits_{x \to \infty} f(x)$; Asymptote

Beispiele:

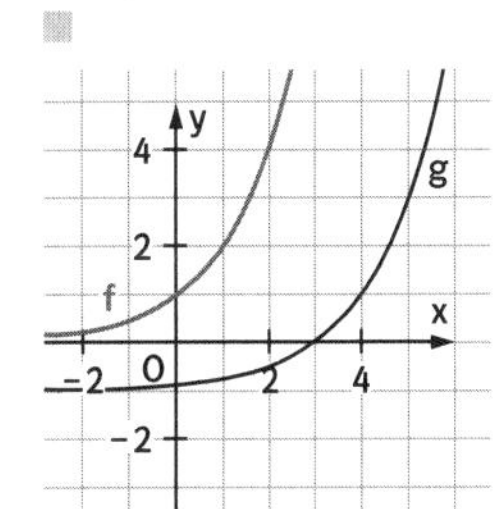

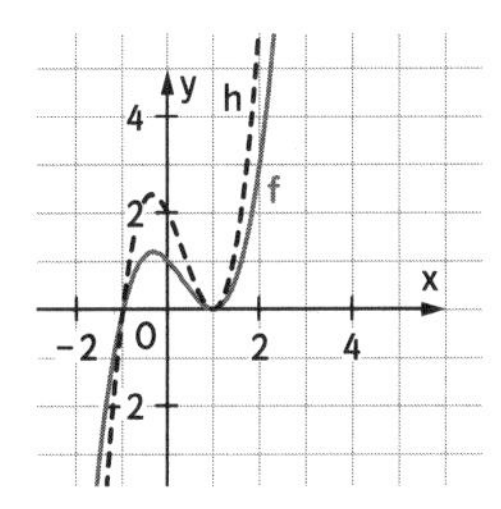

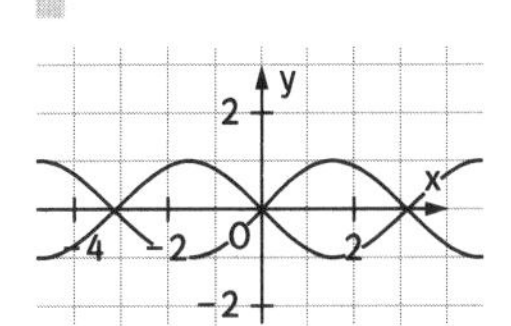

Funktion h: $x \mapsto -\sin(x)$
Offenbar gilt: $\sin(-x) = -\sin(x)$

f ist gerade. Der Graph von f ist achsensymmetrisch bzgl. der y-Achse.
g ist ungerade. Der Graph von g ist punktsymmetrisch bzgl. des Ursprungs.

$\lim\limits_{x \to \infty} \frac{2x+1}{x} = 2$; $\lim\limits_{x \to -\infty} \frac{2x+1}{x} = 2$;

y = 2 ist waagrechte Asymptote.

Üben und Wiederholen | Training 3, Seite 61

1

a)

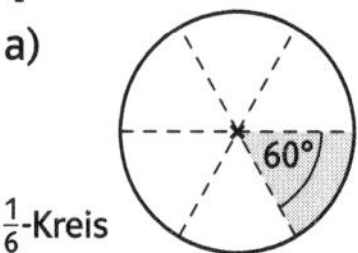

$\frac{1}{6}$-Kreis

Bogenlänge: $\approx 2{,}09\,\text{cm}$;
Flächeninhalt Kreissektor: $\approx 2{,}09\,\text{cm}^2$

b)

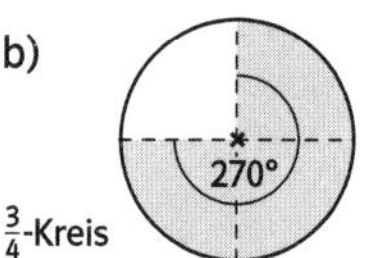

$\frac{3}{4}$-Kreis

Bogenlänge: $\approx 9{,}42\,\text{cm}$;
Flächeninhalt Kreissektor: $\approx 9{,}42\,\text{cm}^2$

c)

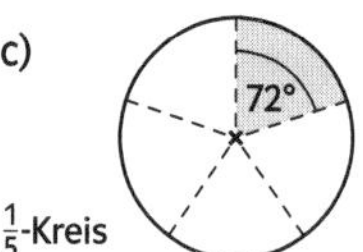

$\frac{1}{5}$-Kreis

Bogenlänge: $\approx 2{,}51\,\text{cm}$;
Flächeninhalt Kreissektor: $\approx 2{,}51\,\text{cm}^2$

2

$V = \frac{4}{3} \cdot \pi \cdot r^3$; $\quad r \approx 20\,\text{mm}$

Lösung I:

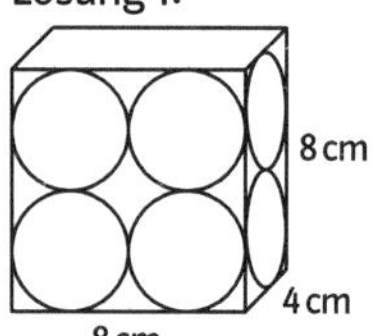

$O = 2 \cdot (8\,\text{cm})^2 + 4 \cdot (4\,\text{cm} \cdot 8\,\text{cm}) = 256\,\text{cm}^2$

Lösung II:

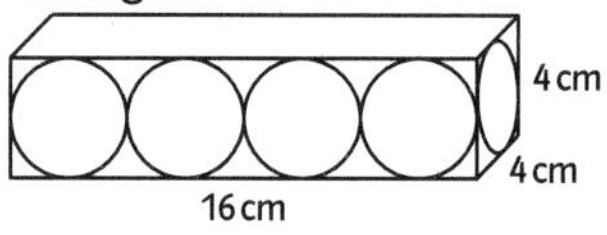

$O = 4 \cdot (4\,\text{cm} \cdot 16\,\text{cm}) + 2 \cdot (4\,\text{cm})^2 = 288\,\text{cm}^2$

3

a) $V = \frac{1}{6} \cdot a^3 \approx 20{,}83\,\text{cm}^3$ $\qquad$ b) $V = \frac{10}{3}\pi \cdot a^3 \approx 1309\,\text{cm}^3$

c) $V = \frac{4}{3}\pi \cdot a^3 \approx 523{,}6\,\text{cm}^3$

4

a) $5000 \cdot 1{,}055^{18} \approx 13107$

Das Auto sollte nicht teurer als 13107 Euro sein.

b) $1{,}055^{10} \approx 1{,}71$. Der Bankangestellte sagt nicht die Wahrheit. Die Verdoppelungszeit für ein Vermögen beträgt $\log_{1{,}055}(2) \approx 12{,}95$, also fast 13 Jahre.

Üben und Wiederholen | Training 3, Seite 62

5

a) t steht für die Anzahl an 3-Monats-Zeiträumen;

$f(t) = f(0) \cdot 0{,}9^t$; $\quad 159 = f(0) \cdot 0{,}9^6$; $\quad f(0) = \frac{159}{0{,}9^6} \approx 299$

Der Neupreis betrug etwa 299 €.

b) t steht für die Anzahl an 3-Monats-Zeiträumen;

$100 = 159 \cdot 0{,}9^t$; $\quad 0{,}9^t = \frac{100}{159}$; $\quad t \cdot \lg 0{,}9 = \lg \frac{100}{159}$;

$t = \frac{\lg \frac{100}{159}}{\lg 0{,}9} \approx 4{,}40$

Das Handy ist also in etwa 13,2 Monaten noch 100 € wert.

6

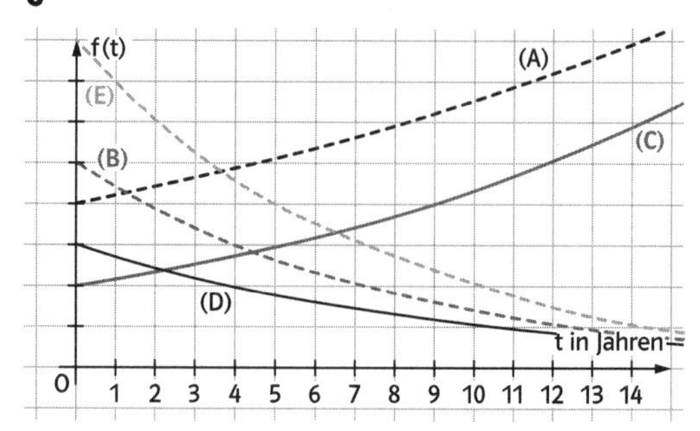

7

a) $x = \log_{24} 32$

$x = \frac{\lg 32}{\lg 24}$

$x \approx 1{,}09$

b) $5^{2x} = 5^{4x-3}$ $\quad$ (gleiche Basis)

$2x = 4x - 3$ $\quad | -4x$

$-2x = -3$ $\quad | :(-2)$

$x = 1{,}5$

c) $5x + 4 = \log_3 7$

$5x + 4 = \frac{\lg 7}{\lg 3}$ $\quad | -4$

$5x = \frac{\lg 7}{\lg 3} - 4$ $\quad | :5$

$x = 0{,}2 \cdot \frac{\lg 7}{\lg 3} - 0{,}8$

$x \approx -0{,}446$

d) $7 \cdot 11^{2x-3} = 102487$ $\quad | :7$

$11^{2x-3} = 14641$

$11^{2x-3} = 11^4$ $\quad$ (gleiche Basis)

$2x - 3 = 4$ $\quad | +3$

$2x = 7$ $\quad | :2$

$x = 3{,}5$

8

Ein öffentliches Verkehrsunternehmen weiß aus langjährigen statistischen Erhebungen, dass 9 % aller Fahrgäste ohne gültigen Fahrschein fahren, also „Schwarzfahrer" sind. Jedoch geraten nur 5 % aller Schwarzfahrer in Fahrscheinkontrollen. 84,45 % aller Fahrgäste haben einen gültigen Fahrschein, werden aber nicht kontrolliert. Bei etwa 6,43 % aller Fahrgast-Kontrollen werden Schwarzfahrer erwischt.

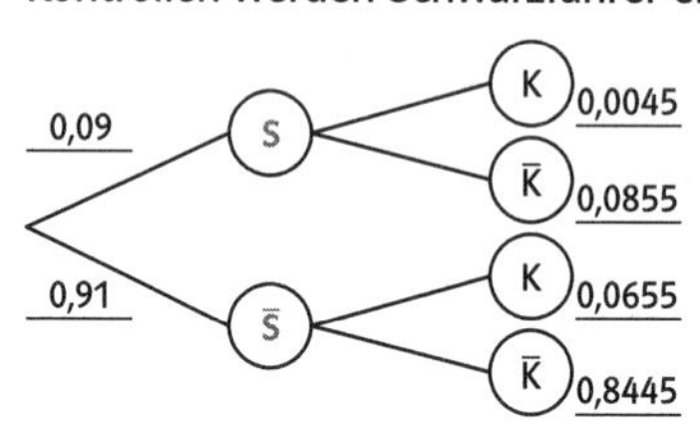

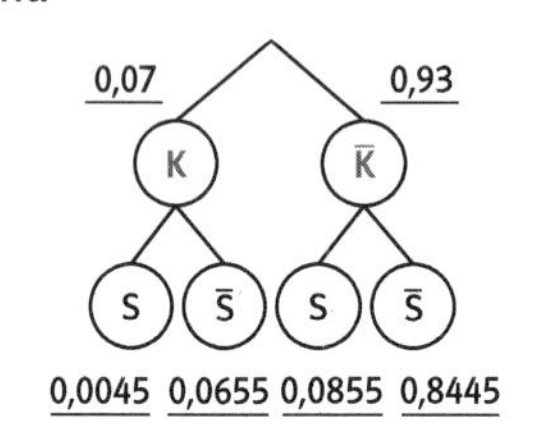

Üben und Wiederholen | Training 3, Seite 63

9

$\lim_{x \to +\infty} f(x) = -\infty$; $\qquad \lim_{x \to -\infty} f(x) = +\infty$

2 ist eine einfache Nullstelle; $\quad$ 0 ist eine doppelte Nullstelle

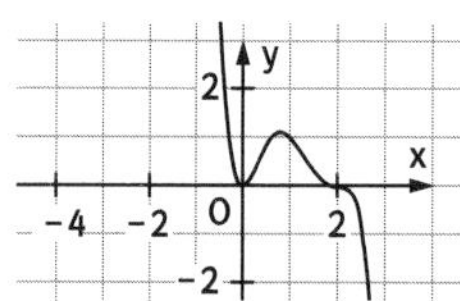

10

a) $(x^3 - 3x^2 + 2x - 6) : (x - 3) = x^2 + 2$

$\underline{-(x^3 - 3x^2)}$

$2x - 6$

$\underline{-(2x - 6)}$

0

b) Die Funktion f mit $f(x) = (x^2 + 2) \cdot (x - 3)$ hat nur die Nullstelle $x = 3$, da die Gleichung $x^2 + 2 = 0$ keine Lösung besitzt.

11

Individuelle Lösung, z. B.:

a) $f(x) = x^2$ b) $f(x) = 4x^2$ c) $f(x) = 3x^3$

12

a) $x_1 = \frac{5}{3}$; $x_2 = 2$; $x_3 = -0{,}8$

b) $f(x) = x^5 \cdot (x^2 - 16) = x^5 \cdot (x + 4) \cdot (x - 4)$;

$x_1 = 0$; $x_2 = -4$; $x_3 = 4$

c) $f(x) = (x^2 + 1) \cdot (x^2 - 1) = (x^2 + 1) \cdot (x + 1) \cdot (x - 1)$;

$x_1 = -1$; $x_2 = 1$

13

$g(x) = (x - 1)^3 - (x - 1) + 5 = x^3 - 3x^2 + 2x + 5$

14

Der Graph von f wird mit dem Faktor 3 in y-Richtung gestreckt und anschließend an der x-Achse gespiegelt. (Hier ist auch die umgekehrte Reihenfolge möglich.)

15

Ansatz für den Funktionsterm: $f(x) = a \cdot x \cdot (x - 6)^2$

$6 = a \cdot 2 \cdot (2 - 6)^2$; $6 = 32a$; $a = \frac{3}{16}$;

damit ist $f(x) = \frac{3}{16} \cdot x \cdot (x - 6)^2$

Beilage zum Arbeitsheft Lambacher Schweizer 10 **ISBN:** 978-3-12-731966-8
ISBN: 978-3-12-731967-5

Internetadresse: www.klett.de

Zeichnungen/Illustrationen: druckmedienzentrum GmbH, Gotha; media office gmbh, Kornwestheim; Dorothee Wolters, Köln
Satz: media office gmbh, Kornwestheim

1 Es gilt: $\lg 2 \approx 0{,}3$. Bestimme hiermit unter Verwendung der Logarithmen-Gesetze Näherungswerte für:

a) $\lg 250 = \lg\left(\frac{1000}{4}\right) = \lg 1000 - \lg 4 = 3 - \lg 2^2 = 3 - 2 \cdot \lg 2 \approx 3 - 2 \cdot 0{,}3 = 2{,}4$

b) $\lg 0{,}8 =$ ____________________

c) $\lg \sqrt{800} =$ ____________________

d) $\lg 6{,}25 =$ ____________________

2 Löse ohne Taschenrechner.

a) $\log_7 x = 7 \cdot \log_7 2$

b) $2 \lg x = \lg 7 + \lg 28$

c) $\log_8\left(\frac{5}{x}\right) = 1 - \log_8 12$

d) $5 + \log_3 x = \frac{3}{4} \log_3 81$

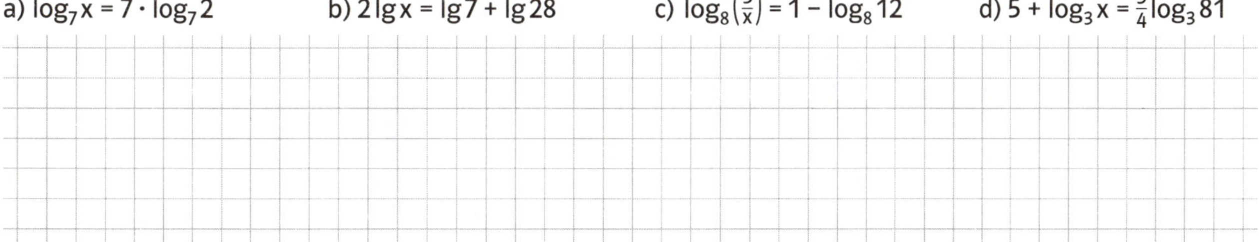

3 Verbinde Kärtchen mit dem gleichen Termwert.

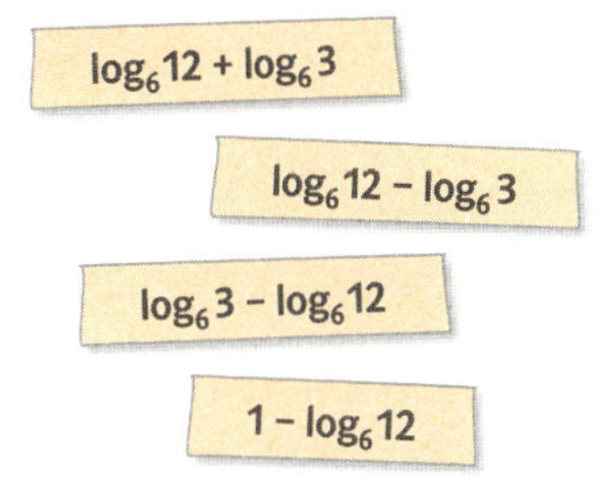

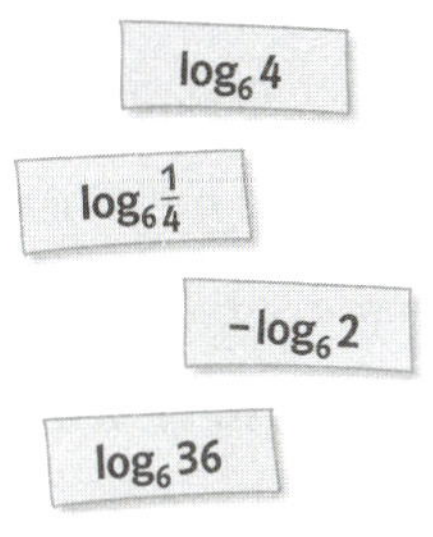

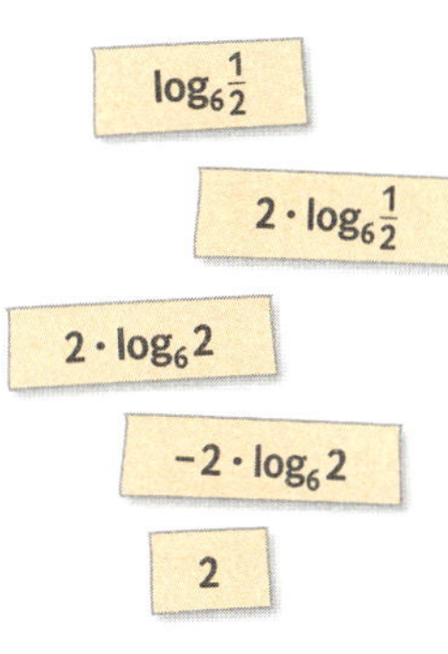

4 Der Zusammenhang zwischen der Erdbebenstärke auf der Richterskala und der Energie der Beben kann näherungsweise durch die Funktion $f: x \mapsto 2 + \left(\frac{2}{3}\right) \cdot \lg x$ (x ist die Energie in Tonnen TNT-Äquivalent, f(x) die Erdbebenstärke) beschrieben werden.

a) Bei einem Beben wird eine TNT-äquivalente Energie von 700 000 Tonnen frei. Welche Stärke auf der Richterskala hat dieses Beben? ____________________

b) Bei einem Nachbeben werden 350 000 Tonnen TNT-Äquivalent frei. Welche Stärke hat dieses Nachbeben? ______

c) Wie ändert sich generell bei einer Verdopplung der Energie der Wert der Richterskala?

d) Das stärkste Erdbeben seit der Einführung der Richterskala war das große Chile-Erdbeben 1960. Es wurde ursprünglich mit 8,6 bewertet, später aber von verschiedenen Institutionen auf 9,5 aufgewertet. Welchen absoluten und prozentualen Energieunterschied machen die zwei unterschiedlichen Bewertungen aus?

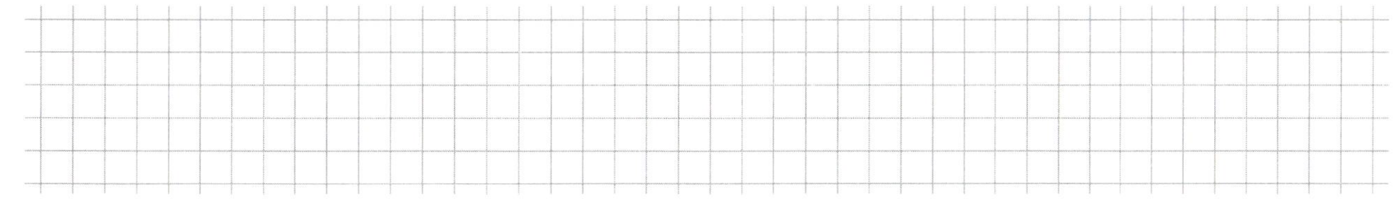

1 Streiche alle falschen Aussagen durch. Die Buchstaben auf den übrigen Karten ergeben richtig zusammengesetzt ein Lösungswort. ($u > 0$; $a > 0$; $a \neq 1$) **Lösungswort:** ____________

- S | $\log_2 3 = 8$
- K | $\log_a u = \frac{\lg a}{\lg u}$
- O | $\log_a(100a) = \frac{2 + \lg a}{\lg a}$
- I | $\log_5(-25) = -2$
- A | $\log_2 4 - \log_4 2 < 1$
- L | $2\log_4 8 - \log_4 16 = 1$
- B | $\lg u - \lg\left(\sqrt{\frac{1}{u^4}}\right) = \lg u^3$
- G | $a^{\log_a 2} = 2$

2 Streiche die Fehler in den folgenden Umformungen rot an und korrigiere die Rechnung.

a) $\log_2(8 \cdot 8) = \log_2 8 \cdot \log_2 8 = 3 \cdot 3 = 9$

b) $\log_3 27 = \log_3 3^3 = (\log_3 3)^3 = 1^3 = 1$

c) $\log_4 16 = \log_4(1 \cdot 16) = \log_4 1 + \log_4 16 = 1 + 2 = 3$

d) $\log_5(625:5) = \log_5 625 : \log_5 5 = 4 : 1 = 4$

3

- Fionas Auto ist 20 000 € wert. Der Wert des Autos sinkt jährlich um 5 %.
- Benni hat 25 000 € angespart. Von der Bank erhält er 5 % Zinsen.
- Die Fläche eines Waldgebiets von 20 000 m² sinkt jährlich um 0,5 %.

a) Fiona kann ihr Auto nach etwa ________ Jahren für 12 000 € verkaufen.

b) Es dauert ________ Jahre, bis sich der Geldbetrag von Benni mit Zinseszinsen verdoppelt.

Demnach ist der Betrag nach ________ Jahren mit Zinseszinsen auf eine Million € angewachsen.

c) In 100 Jahren beträgt die Waldfläche nur noch __________ m². Nach ________ Jahren ist nur noch 10 % der Waldfläche da, nach ________ Jahren nur noch 1 %.

4 Untersucht man die relative Häufigkeit der ersten Ziffern von Hausnummern in einer Stadt, so stellt man fest, dass diese nicht gleich verteilt sind, sondern dem sogenannten Benford-Gesetz folgen: $f(d) = \lg\left(1 + \frac{1}{d}\right)$.
Hierbei steht d für die Ziffern von 1 bis 9 und f(d) für die relative Häufigkeit ihres Vorkommens. Zum Beispiel ist $f(1) = \lg\left(1 + \frac{1}{1}\right) = \lg(2) \approx 0{,}3$; das heißt, 30 % der Hausnummern in einer Stadt beginnen mit einer 1. Ergänze die Wertetabelle und zeichne ein Säulendiagramm für die Verteilung. Beschrifte auch die Achsen.

Ziffer	relative Häufigkeit
1	0,30
2	
3	
4	
5	
6	
7	
8	
9	

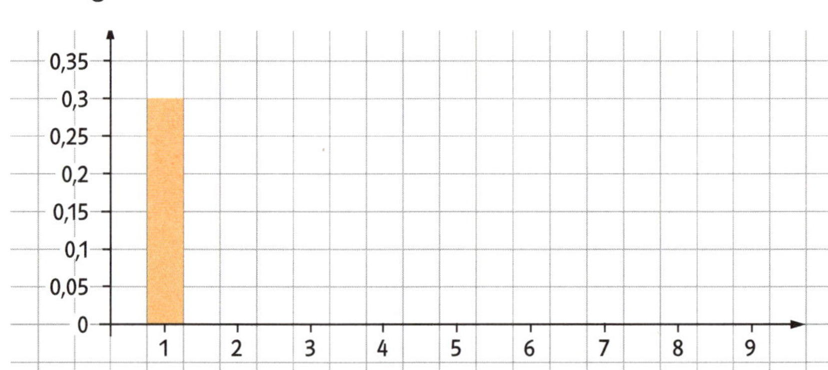

Für die Summe aller relativen Häufigkeiten gilt:

$\lg(2) + \lg\left(\frac{3}{2}\right) + \lg\left(\frac{4}{3}\right) + \ldots + \lg\left(\frac{9}{8}\right) + \lg\left(\frac{10}{9}\right)$

$= \lg($ __________________ $) = \lg($ ________ $) =$ ________

Exponentialgleichung

1 Löse die Gleichung ohne Taschenrechner.

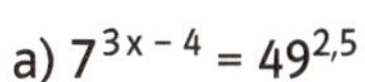
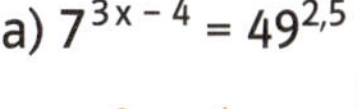

a) $7^{3x-4} = 49^{2,5}$

$7^{3x-4} = 7^{\square}$

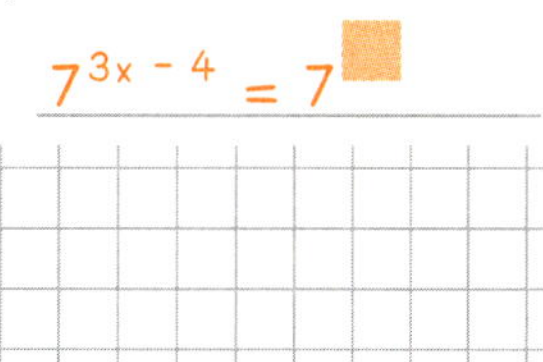

x =

b) $\left(\frac{3}{5}\right)^{12x-5} = 0,216$

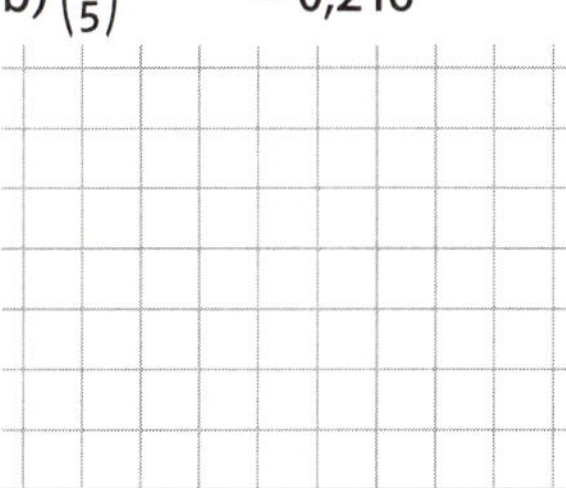

x =

c) $0,5^{2-x^2} = 2 \cdot 4^3$

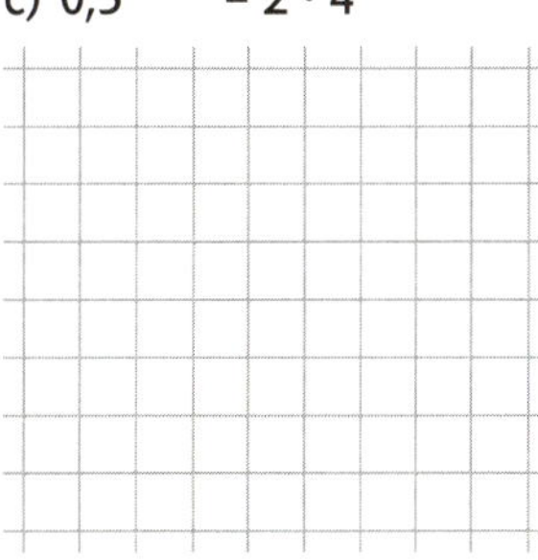

x =

d) $5^x + 4,8 = 5^{x+2}$

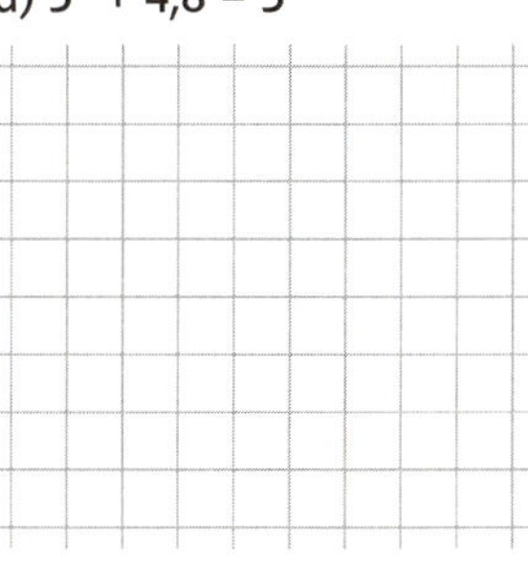

x =

2 Löse durch Logarithmieren. Gib die Lösung mit 2 Nachkommastellen an.

a) $6 \cdot 2,5^x = 5 \cdot 4^x$

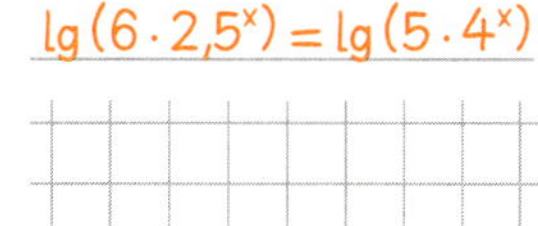

$\lg(6 \cdot 2,5^x) = \lg(5 \cdot 4^x)$

x ≈

b) $6^{4x-11} = 66$

x ≈

c) $\frac{9}{4^x} = 5^{2x}$

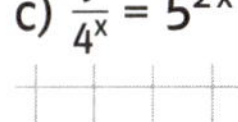

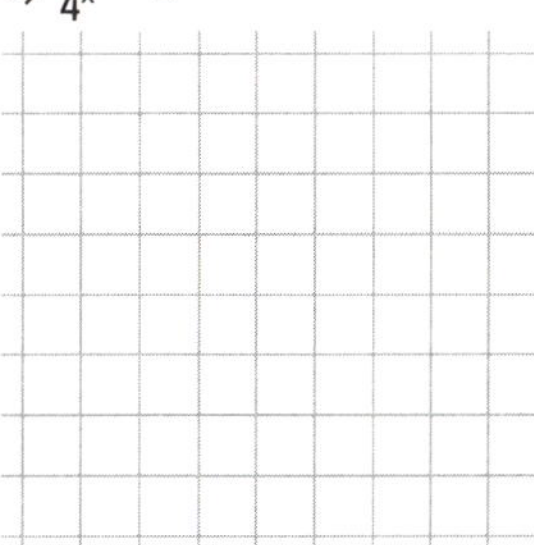

x ≈

d) $7 \cdot 3^x - 3 \cdot 7^x = 0$

x ≈

3 Löse mithilfe einer geeigneten Substitution. Gib die Lösung mit 2 Nachkommastellen an.

a) $5^{2x} - 2 \cdot 5^x - 3 = 0$

Die Substitution: $5^x = u$ führt

auf die Gleichung

Lösung der Gleichung:

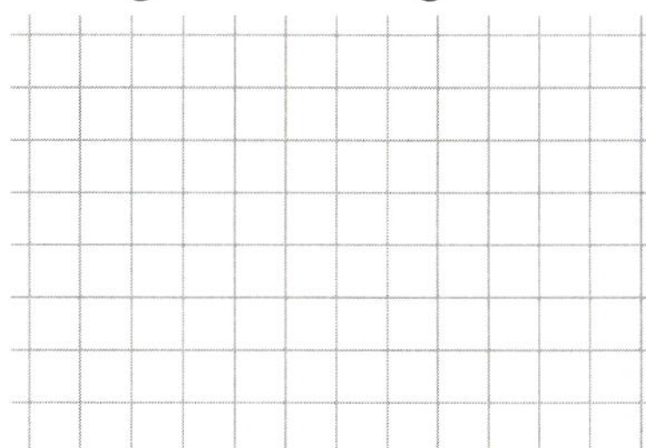

Ergebnis:

b) $3^x + \frac{12}{3^x} = 8$

Die Substitution: ______ führt

auf die Gleichung

Lösung der Gleichung:

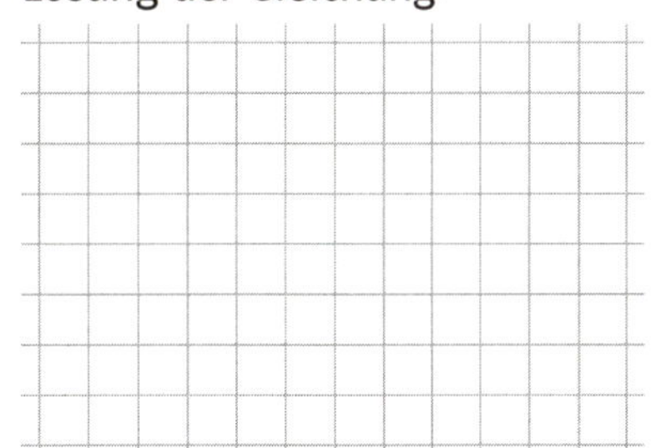

Ergebnis:

c) $2^{-x} + 21 \cdot 2^x = 10$

Die Substitution: ______ führt

auf die Gleichung

Lösung der Gleichung:

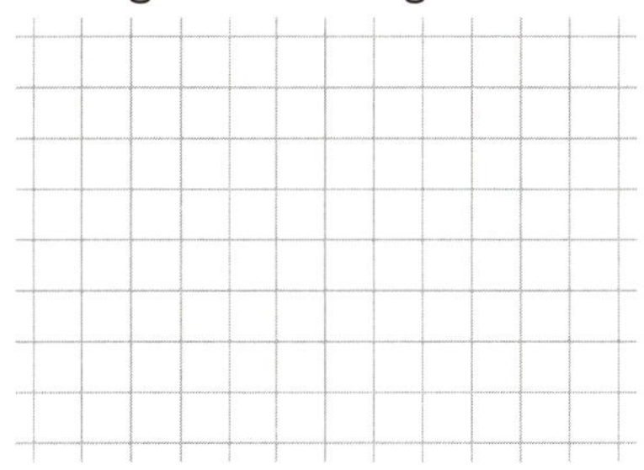

Ergebnis:

4 Die Republik Expotistan hat heute 10 Millionen Einwohner. Ihre Bevölkerung wächst exponentiell mit einem jährlichen Wachstumsfaktor von 1,05. Das Königreich Basistan hat nur 5 Millionen Einwohner, wächst aber jährlich um 10%. Berechne, in wie vielen Jahren beide Länder etwa gleich viele Einwohner haben werden.

In rund ______ Jahren sind die Einwohnerzahlen annäherungsweise gleich.

Fülle die Lücken. Löse dann die Beispielaufgaben.

Lineares Wachstum

... liegt vor, wenn die absolute Änderung d für jeden (Zeit-)Schritt ________ ist.

Schrittweise Berechnung (SB): $f(t) = f(t-1)$ ________

Direkte Berechnung (DB): $f(t) = f(0) + t \cdot d$

■ Ergänze für ein lineares Wachstum.

t	0	1	2	3
f(t)	40	53		

SB: $f(0) =$ ______ und $f(t) =$ ________

DB: $f(t) =$ ____________

Exponentielles Wachstum

... liegt vor, wenn die ________ Änderung $a - 1$ für jeden (Zeit-)Schritt gleich ist.

$a = \frac{g(t)}{g(t-1)}$ heißt Wachstumsfaktor des exponentiellen Wachstums.

SB: $g(t) = g(t-1) \cdot a$ DB: $g(t) = g(0) \cdot a^t$

■ Ergänze für ein exponentielles Wachstum.

t	0	1	2	3
f(t)	20	24		

Wachstumsfaktor: ________

SB: $g(0) =$ ______ und $g(t) =$ ________

DB: $g(t) =$ ____________

Verdoppelungszeit: $T_D =$ ________

Exponentialfunktionen

Eine Funktion f mit $f(x) = b \cdot$ ______, $a > 0$, $a \neq 1$, heißt Exponentialfunktion. Für $b > 0$ gilt:

Die Funktionswerte sind stets ________.

Ist der Wachstumsfaktor a ______, so steigt

____________________________________.

Ist der Wachstumsfaktor a ______, so ____________

____________________________________.

Der Anfangswert der Funktion für $x = 0$ ist gleich dem Faktor ______.

■ Gib die Funktionsterme von f und g an.

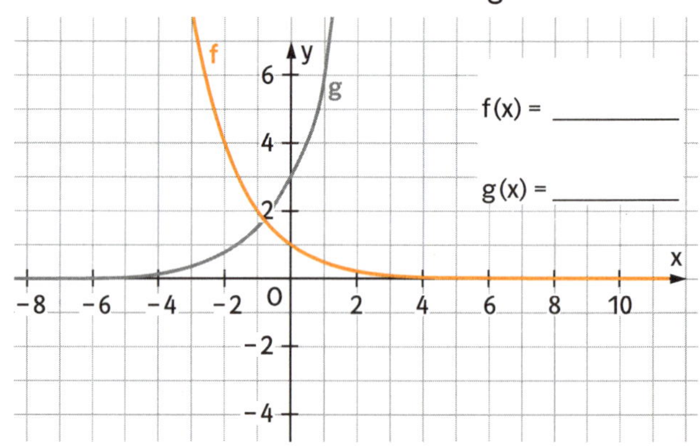

$f(x) =$ ________

$g(x) =$ ________

Logarithmus

Die eindeutige Lösung der Gleichung $a^x = b$ $(a > 0,\ a \neq 1,\ b > 0)$ heißt ____________ von ______ zur ____________.

Es gilt: $a^{\log_a b} = b$ bzw. $\log_a a^b = b$.

■ Berechne ohne Taschenrechner:

$\log_2 16 =$ ______ $\log_5 \frac{5}{125} =$ ______

■ Bestimme x ohne Taschenrechner:

$\log_4 x = 4$ $\log_5 1 = x$ $\lg x - \log_7 7^{-7} = 10$

$x =$ ______ $x =$ ______ $x =$ ______

Rechnen mit Logarithmen

1. $\log_a($ ______ $) = \log_a(u) + \log_a(v)$
2. $\log_a($ ______ $) = \log_a(u) - \log_a(v)$
3. $\log_a($ ______ $) = x \cdot \log_a(u)$

Umrechnungsformel: $\log_a b = \frac{\lg b}{\lg a}$

■ Vereinfache:

1. $\log_2(12) + \log_2\left(\frac{8}{3}\right) =$ ________ $=$ ________
2. $\log_3(54) - \log_3(2) =$ ________ $=$ ________
3. $\log_5\left(\frac{1}{25}\right) =$ ________ $=$ ________

■ Bestimme auf 2 Nachkommastellen:

$\log_5 200 =$ ________ $\approx$ ________

Ereignisse und Vierfeldertafel

1 Die zehnte Jahrgangsstufe des Goethe-Gymnasiums hat 112 Schüler. Genau 5 % der Mädchen (M) sind Linkshänder (L). Unter den insgesamt 52 Jungen der Jahrgangsstufe gibt es 49 Rechtshänder.
(Bemerkung: Die grammatikalisch maskulinen Substantivformen „Schüler", „Rechtshänder" und „Linkshänder" stehen alle ohne jegliche Diskriminierung für Heranwachsende männlichen und weiblichen Geschlechts.)

a) Vervollständige die beiden zum Sachverhalt gehörenden Vierfeldertafeln.

	L	$\overline{L}$	
M	$\lvert M \cap L \rvert$		
$\overline{M}$			
			$\lvert \Omega \rvert$

	L	$\overline{L}$	
M			
$\overline{M}$		49	
			112

b) Wie viele Schüler dieser Jahrgangsstufe sind Jungen oder Linkshänder?

c) Wie hoch ist in dieser Jahrgangsstufe der Anteil der Rechtshänder?

d) Begründe, dass der prozentuale Anteil der Linkshänder unter den Mädchen und den Jungen unterschiedlich ist, obwohl es in der Jahrgangsstufe gleich viele männliche wie weibliche Linkshänder gibt.

2 Um den Zusammenhang zwischen der Schadenshäufigkeit einerseits und dem Geschlecht sowie dem Alter der Schadensverursacher andererseits zu untersuchen, analysiert eine KfZ-Versicherung eine zufällig ausgewählte Stichprobe von 500 bereits abgewickelten Schadensfällen. Die Vierfeldertafel zeigt die von der Versicherung bisher ermittelten Daten
(M: Männlich; U: Unter 35 Jahre alt).

	U	$\overline{U}$	
M		85	
$\overline{M}$			
		135	500

a) Welche der offenen Felder in der Vierfeldertafel lassen sich berechnen, welche nicht?

Gehe in den folgenden Teilaufgaben davon aus, dass 125 der 500 Schadensfälle von weiblichen Versicherten verursacht wurden, die jünger als 35 Jahre waren.

b) Vervollständige nun die Vierfeldertafel.

c) Wie viele Schadensverursacher waren mindestens 35 Jahre alt oder männlichen Geschlechts?

d) Zeige, dass knapp 50 % der analysierten Schadensfälle von Männern unter 35 verursacht wurden.

e) Ist laut Stichprobe das Geschlecht oder das Alter der größere Risikofaktor für die Versicherung? Begründe.

1 Eine Fußball-Bundesligamannschaft hat von den insgesamt 34 Spielen der Saison in 15 Heimspielen (H) Punkte (P) erzielt, d.h., sie hat entweder gewonnen oder unentschieden gespielt. In 7 Auswärtsspielen ($\overline{H}$) hat die Mannschaft keine Punkte ($\overline{P}$) erzielt, d.h., sie hat verloren.

a) Stelle die zum Sachverhalt gehörende Vierfeldertafel sowie beide zugehörigen Baumdiagramme dar.

	H	$\overline{H}$	
P			
$\overline{P}$			
			34

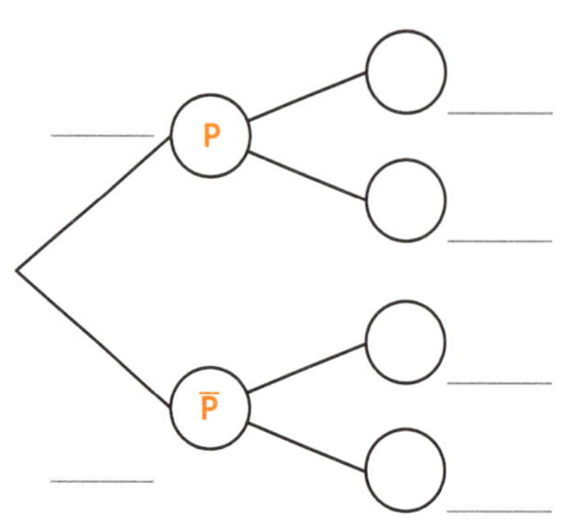

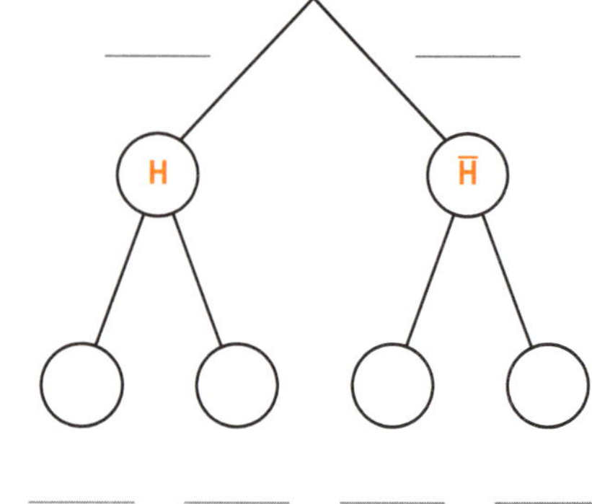

b) Bestimme die Wahrscheinlichkeit dafür, dass ein zufällig ausgewähltes Spiel ein Auswärtsspiel ist, bei dem die Mannschaft Punkte erzielt hat. ______

c) Mit welcher Wahrscheinlichkeit ist ein zufällig ausgewähltes Spiel ein Heimspiel oder ein Spiel, bei dem die Mannschaft Punkte erzielt hat? ______

d) Mit welcher Wahrscheinlichkeit hat die Mannschaft bei einem zufällig ausgewählten Spiel entweder gewonnen oder unentschieden gespielt? ______

2 Eine Internet-Umfrage auf der Website einer Jugendzeitschrift über die Beliebtheit der Teenie-Band „Toronto Motel" (TM) führte zu den in der Vierfeldertafel dargestellten Ergebnissen. Das Ereignis W bedeutet: „Die befragte Person ist weiblich". G bedeutet: „Die befragte Person findet die Band gut". Vervollständige die beiden zugehörigen Baumdiagramme und prüfe anschließend die Aussagen in der Tabelle.

	W	$\overline{W}$	
G	220	45	265
$\overline{G}$	120	115	235
	340	160	500

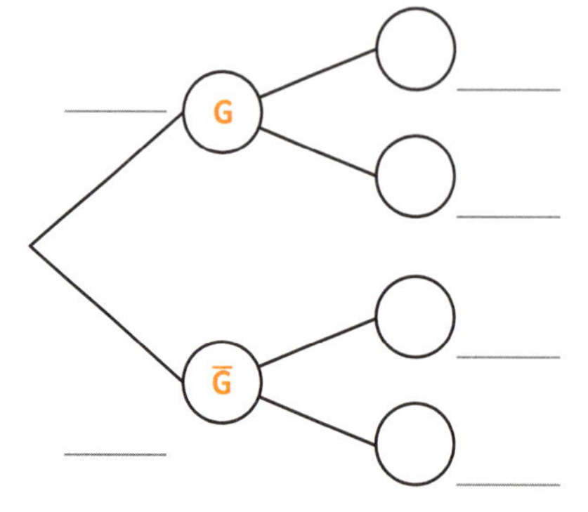

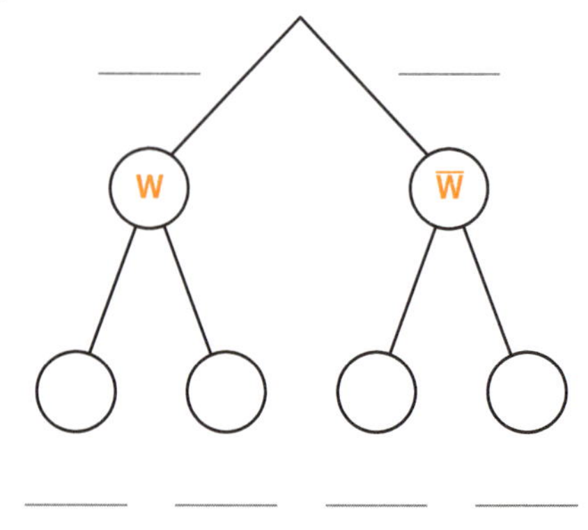

	Aussage	wahr	falsch
a)	Mehr als die Hälfte aller befragten Personen finden TM nicht gut.	○	○
b)	Genau 380 befragte Personen sind Jungen oder finden TM gut.	○	○
c)	Mehr als 25 % aller befragten Personen sind Mädchen, die TM nicht gut finden.	○	○
d)	Für eine zufällig ausgewählte Person gilt: $P(\overline{W} \cup \overline{G}) = 56\,\%$.	○	○
e)	Genau 120 befragte männliche Personen finden TM nicht gut.	○	○
f)	Genau 72 % der befragten Personen sind weiblich oder finden TM gut.	○	○
g)	Die Wahrscheinlichkeit dafür, dass eine zufällig ausgewählte Person ein weiblicher Fan von TM ist oder eine männliche Person ist, die TM nicht gut findet, beträgt genau 67 %.	○	○
h)	Die Wahrscheinlichkeit dafür, dass eine zufällig ausgewählte Person sowohl männlich ist als auch TM gut findet, liegt über 10 %.	○	○

1 Von zwei Ereignissen G und H eines Zufallsexperiments ist bekannt: $P(G \cap \overline{H}) = 0{,}45$; $P(G \cup H) = 0{,}92$ und $P(\overline{G}) = 0{,}28$.

a) Vervollständige die zugehörige Vierfeldertafel.

	H	$\overline{H}$	
G			
$\overline{G}$			
			1

b) Gib die Wahrscheinlichkeit für das Ereignis $G \cap H$ an. ____________

c) Gib die Wahrscheinlichkeit für das Ereignis $\overline{H} \cup \overline{G}$ an. ____________

d) Vervollständige die beiden zum Sachverhalt gehörenden Baumdiagramme. [T1]

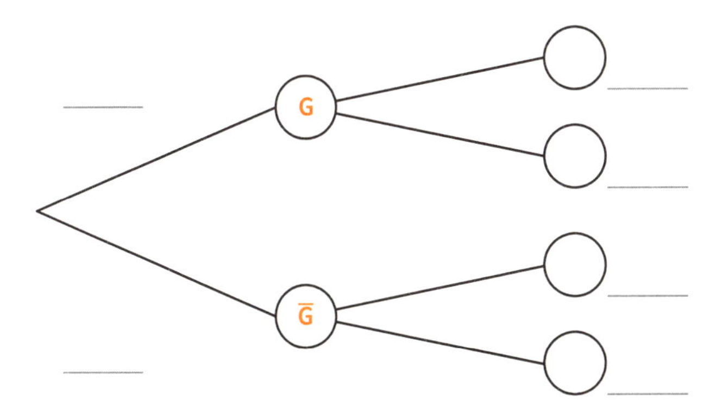

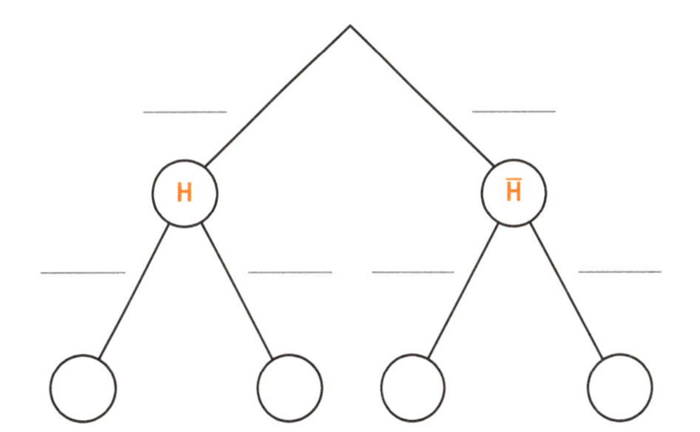

2 Die Zuverlässigkeit einer Alarmanlage für Juweliergeschäfte wird vom Hersteller mithilfe eines Baumdiagramms angegeben. Der Hersteller geht von einer durchschnittlichen Einbruchwahrscheinlichkeit pro Jahr bei Juweliergeschäften der Region aus, in der die Alarmanlage verkauft wird. Das Ereignis E bedeutet: „Es findet ein Einbruch statt"; das Ereignis A bedeutet: „Die Alarmanlage löst Alarm aus". Runde alle Ergebnisse auf drei Nachkommastellen.

a) Beschreibe, was das Ereignis $\overline{E} \cap \overline{A}$ in Worten bedeutet. ____________

b) Mit welcher Wahrscheinlichkeit tritt das Ereignis „Es findet ein Einbruch statt und die Alarmanlage löst Alarm aus" ein?

c) Mit welcher Wahrscheinlichkeit tritt das Ereignis $E \cup A$ ein?

d) Fülle die zum Sachverhalt gehörende Vierfeldertafel aus.

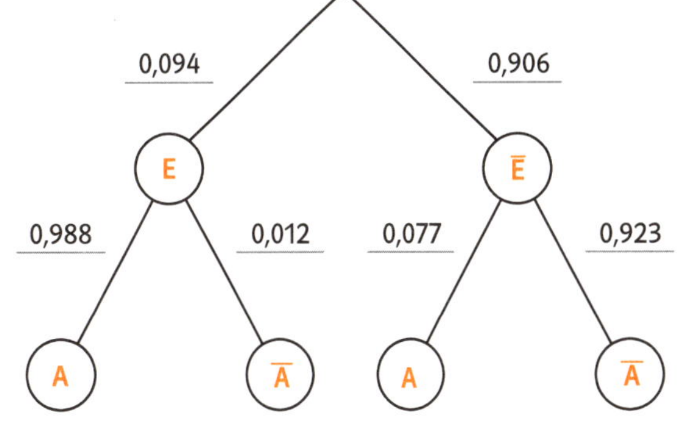

	E	$\overline{E}$	
A			
$\overline{A}$			
			1

e) Welches Ereignis ist wahrscheinlicher:
„Es findet ein Einbruch statt und dennoch wird kein Alarm ausgelöst" oder „Es findet kein Einbruch statt und dennoch wird Alarm ausgelöst"? ____________

[T1] Beachte, dass beim zweiten Baumdiagramm die Wahrscheinlichkeiten an den Zweigen der 2. Stufe zunächst im Heft berechnet werden müssen.

1 In allen folgenden Teilaufgaben geht es um ein zweistufiges Zufallsexperiment mit den Ereignissen A und B. Ergänze die Lücken oder kreuze an.

a) Mithilfe einer Vierfeldertafel lassen sich alle acht möglichen bedingten Wahrscheinlichkeiten $P_A(B)$; ______________________________ bestimmen.

b) Die Wahrscheinlichkeit dafür, dass $\overline{B}$ eintritt, wenn man weiß, dass A bereits eingetreten ist, lautet:

☐ $P_{\overline{B}}(A)$ ☐ $P(A \cap \overline{B})$ ☐ $P_A(\overline{B})$ ☐ $P_{\overline{A}}(\overline{B})$

c) Um welche Wahrscheinlichkeit handelt es sich bei $P_{\overline{B}}(\overline{A})$?

☐ Die Wahrscheinlichkeit dafür, dass A nicht eintritt unter der Bedingung, dass $\overline{B}$ eingetreten ist.
☐ Die Wahrscheinlichkeit dafür, dass sowohl $\overline{A}$ als auch $\overline{B}$ eintreten.
☐ Die Wahrscheinlichkeit dafür, dass B nicht eintritt unter der Bedingung, dass A nicht eingetreten ist.
☐ Die Wahrscheinlichkeit dafür, dass $\overline{A}$ eintritt unter der Bedingung, dass $\overline{B}$ nicht eingetreten ist.

d) Beschreibe, wie man die Wahrscheinlichkeit $P_A(\overline{B})$ mithilfe einer Vierfeldertafel bestimmen kann.

____

____

2 Eine bayerische Stadt hat zwei große Gymnasien G_1 und G_2, die seit jeher miteinander konkurrieren. Bei der zentralen Abiturprüfung in Mathematik bestehen 70 % der 90 Prüflinge von G_1 die Prüfung (B). Am Gymnasium G_2 fallen 15 % der 120 Prüflinge durch ($\overline{B}$).

a) Vervollständige die Vierfeldertafel und bestimme die Wahrscheinlichkeit dafür, dass ein aus allen Prüflingen der Stadt zufällig ausgewählter Prüfling durchgefallen ist:

____

	G_1	G_2	
B			
$\overline{B}$			
	90	120	

b) Bestimme die Wahrscheinlichkeit dafür, dass ein Prüfling der Stadt, der bestanden hat, zu G_2 gehört:

____

3 Bei einer medizinischen Studie über die Wirkung eines Impfstoffs gegen eine bestimmte Krankheit kommt heraus, dass etwa 1,5 % der insgesamt 5000 Testpersonen erkrankten (E), obwohl sie geimpft (G) waren. 1915 der nicht geimpften Testpersonen blieben gesund. Das Verhältnis von geimpften zu nicht geimpften Testpersonen war 1 : 1.

	G	$\overline{G}$	
E			
$\overline{E}$			

G
$\overline{G}$

a) Vervollständige die Vierfeldertafel und das Baumdiagramm.

b) Mit welcher Wahrscheinlichkeit war nach dieser Studie eine Testperson geimpft, wenn man weiß, dass sie erkrankte? ______________________________

c) Berechne, wie viel Mal so oft laut vorliegender Studie Erkrankungen ohne Impfung gegenüber mit Impfung vorkommen. Mithilfe des Quotienten aus zwei bedingten Wahrscheinlichkeiten: ______________

Mithilfe des Quotienten zweier Zellenwerte aus der Vierfeldertafel: ______________

1 Eine Urne enthält 9 Kugeln, die mit den Ziffern 1 bis 9 beschriftet sind. Bei dem Zufallsexperiment des zweimaligen Ziehens einer Kugel aus der Urne ohne Zurücklegen werden die Ereignisse H und P betrachtet. Das zugehörige Baumdiagramm besitzt bereits einige Einträge.

a) Vervollständige das Baumdiagramm und lies danach folgende Werte ab:

$P(H \cap \overline{P})$ = ______ $P_{\overline{H}}(\overline{P})$ = ______

$P_H(P)$ = ______ $P(\overline{P})$ = ______

b) Berechne $P_{\overline{P}}(H)$: ______

c) Das Ereignis H lautet in Worten: „Es wird eine Kugel mit einer geraden Ziffer gezogen". Wie könnte das Ereignis P in Worten heißen?

______

______

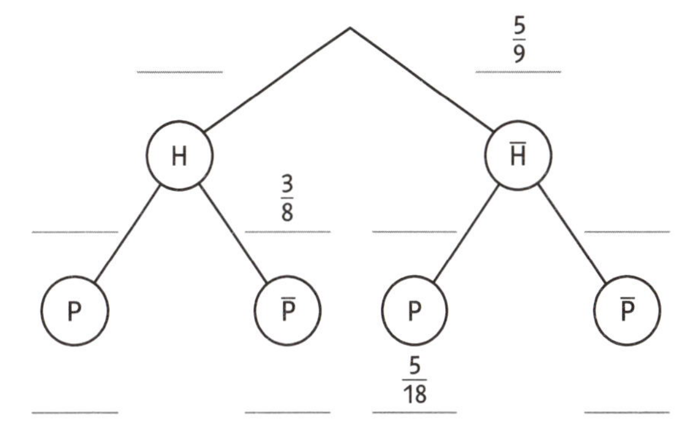

2 Nur 97% der von einem Uhrenhersteller gefertigten Taucheruhren sind direkt nach ihrer Herstellung tatsächlich wasserdicht. Deshalb werden die Uhren nach dem normalen Fertigungsprozess noch einmal kontrolliert. Die Kontrollvorrichtung zeigt jedoch nur 92% der wasserdichten Uhren auch als wasserdicht an. Bei 4% der undichten Uhren zeigt die Kontrollvorrichtung fälschlicherweise an, dass sie wasserdicht sind. Runde alle Dezimalbrüche auf drei Nachkommastellen.

a) Vervollständige die Vierfeldertafel. W steht für das Ereignis „Uhr ist wasserdicht" und K für das Ereignis „Kontrollvorrichtung zeigt Uhr als wasserdicht an".

	W	$\overline{W}$	
K			
$\overline{K}$			
			1

b) Die Wahrscheinlichkeit dafür, dass eine zufällig ausgewählte Uhr bei der Kontrolle als undicht eingestuft wird, beträgt ______ %, obwohl tatsächlich nur ______ % aller Uhren undicht sind.

c) Berechne die Wahrscheinlichkeit dafür, dass eine Uhr wasserdicht ist, die von der Kontrollvorrichtung als undicht eingestuft wurde. ______

d) Berechne die Wahrscheinlichkeit dafür, dass die Kontrollvorrichtung eine Uhr als undicht einstuft, die tatsächlich undicht ist. ______

3 Ein Süßwarenhersteller will einen neuen Schokoriegel auf den Markt bringen. Um zu testen, wie der neue Riegel ankommt, bietet der Hersteller den Riegel in Fußgängerzonen mehrerer Städte Passanten kostenlos an und befragt die Passanten anschließend, ob ihnen der Riegel geschmeckt hat oder nicht. Von den insgesamt 5000 Befragten waren 2750 älter als 30 Jahre. 30% von diesen und 60% der übrigen Befragten gaben an, dass ihnen der Riegel geschmeckt hat.

a) Bestimme den Anteil der Befragten, denen der Riegel schmeckte.

______

b) Eine der befragten Personen, die sich positiv über den Geschmack des Riegels geäußert haben, wird zufällig ausgewählt. Mit welcher Wahrscheinlichkeit ist sie älter als 30 Jahre? ______

c) Eine der befragten Personen, die sich negativ über den Geschmack des Riegels geäußert haben, wird zufällig ausgewählt. Mit welcher Wahrscheinlichkeit ist sie höchstens 30 Jahre alt?

______

Fülle die Lücken. Löse dann die Beispielaufgaben.

Schnittmenge – Vereinigungsmenge

Die Schnittmenge $A \cap B$ zweier Mengen A und B enthält die Elemente, die zugleich ______________________ .

Die Vereinigungsmenge $A \cup B$ zweier Mengen A und B enthält die Elemente, die ______________________ .

■ Trage die Elemente der Mengen A und B in die Grafik ein und gib dann $A \cap B$ sowie $A \cup B$ an.
A = {grau; grün; blau}; B = {rot; blau; gelb; grün; pink}

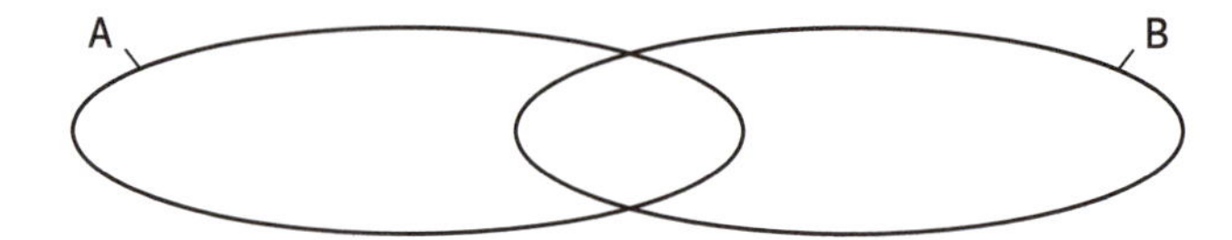

$A \cap B$ = { ______________________ }

$A \cup B$ = { ______________________ }

Vierfeldertafel und Baumdiagramm

Die Ergebnismenge Ω eines Zufallsexperiments kann durch zwei Ereignisse A und B ______________________ .

Jedes Ergebnis ω gehört dabei ______________ an. Die Wahrscheinlichkeiten der Ereignisse $A \cap B$, $\overline{A} \cap B$, $A \cap \overline{B}$ und $\overline{A} \cap \overline{B}$ können in eine Vierfeldertafel eingetragen werden. Die Wahrscheinlichkeiten von A, $\overline{A}$, B und $\overline{B}$ ergeben sich dabei als ______________________ .

Zu jeder Vierfeldertafel gehören zwei unterschiedliche ______________________ .
Dabei liegt entweder das Ereignis A oder das Ereignis B ______________ des jeweiligen Baumdiagramms.

■ Vervollständige die Vierfeldertafel.

	B	$\overline{B}$	
A	$P(A \cap B) = 0{,}25$		
$\overline{A}$	$P(\overline{A} \cap B) = 0{,}40$	$P(\overline{A} \cap \overline{B}) = 0{,}15$	

■ Vervollständige die beiden zur obigen Vierfeldertafel gehörenden Baumdiagramme.

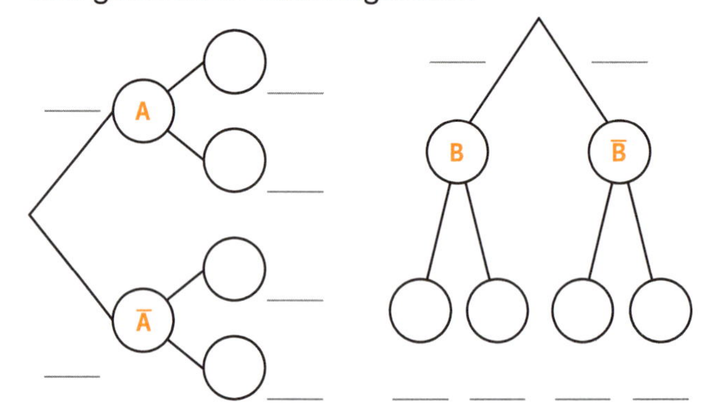

Bedingte Wahrscheinlichkeit

Für zwei Ereignisse A und B eines Zufallsexperiments mit $P(A) \neq 0$ versteht man unter der bedingten Wahrscheinlichkeit $P_A(B)$ die Wahrscheinlichkeit des ______________ unter der Bedingung, dass ______________________ .

Es gilt: $P_A(B)$ = ______________________ .

■ Vervollständige das Baumdiagramm.

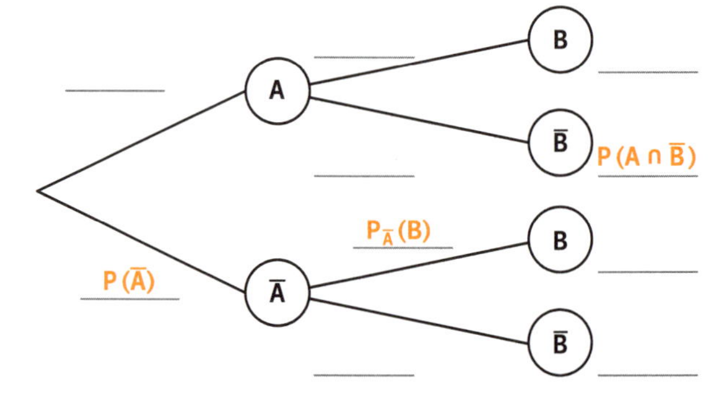

■ Berechne mithilfe der obigen Vierfeldertafel.

a) $P_B(A)$ = ______________ b) $P_{\overline{A}}(B)$ = ______________

c) $P_{\overline{B}}(\overline{A})$ = ______________ d) $P_A(\overline{B})$ = ______________

1 Eine innen hohle Eisenkugel hat eine Wandstärke von 7 mm und einen Umfang von 45 cm. Ein Kubikzentimeter Eisen hat eine Masse von 7,8 g.

a) Berechne den Radius der Eisenkugel. r ≈ ________ cm

b) Berechne die Masse der Kugel, wenn sie mit Wasser gefüllt ist.

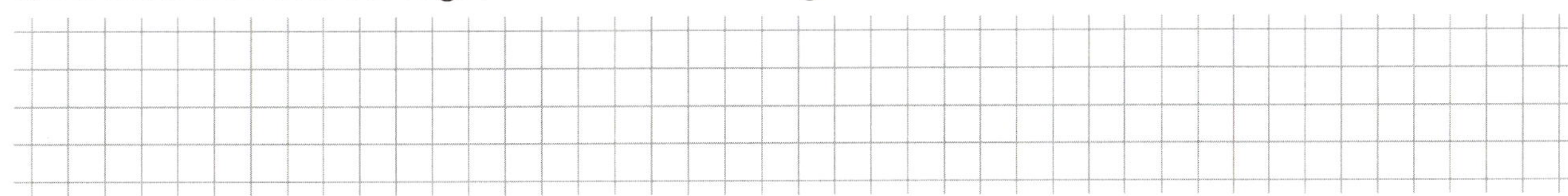

2 Bestimme den Radius und den Oberflächeninhalt einer massiven Glaskugel der Masse 2,2 kg und der Dichte $2{,}5\,\frac{g}{cm^3}$.

r = ________

O = ________

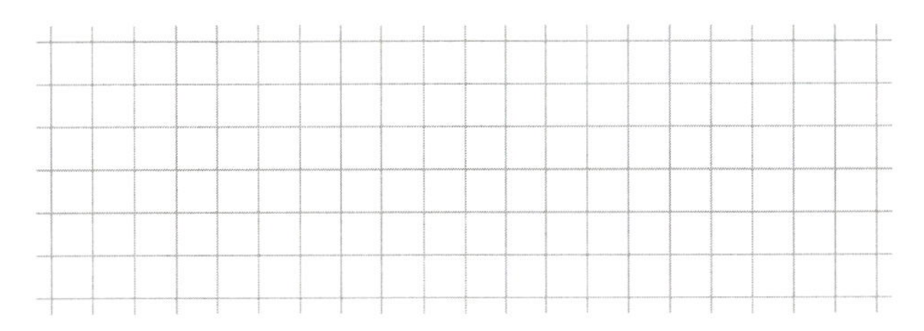

3 Ein Modell-Heißluftballon hat annähernd die Form einer Kugel. Der Oberflächeninhalt beträgt 100 m².

a) Berechne seinen Radius. r ≈ ________ m

b) Berechne sein Volumen. V ≈ ________ m³

4* Berechne x.

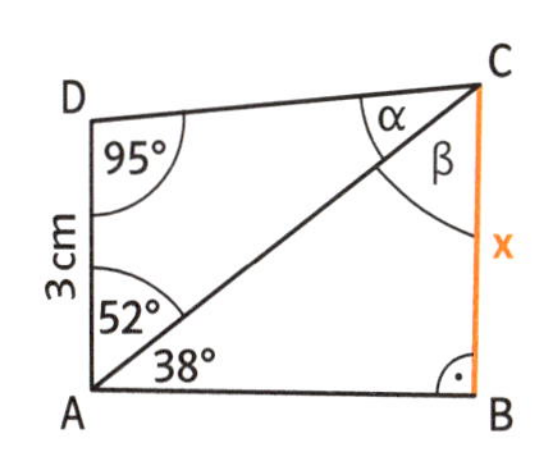

5 Bestimme mithilfe des Taschenrechners eine Lösung der Gleichung. Bestimme anschließend die anderen Lösungen mit $-360° \leqq \alpha \leqq 360°$ auf eine Nachkommastelle genau.

a) $\sin(\alpha) = -0{,}3682$

α_1 = ________ , α_2 = ________ , α_3 = ________ , α_4 = ________

b) $\cos(\alpha) = 0{,}4829$

α_1 = ________ , α_2 = ________ , α_3 = ________ , α_4 = ________

6 Bestimme die Termwerte ohne Taschenrechner.

a) $\cos(-\pi)$ = ________

b) $\sin\left(-\frac{\pi}{3}\right)$ = ________

c) $\cos\left(\frac{\pi}{2}\right)$ = ________

d) $\sin\left(\frac{15}{4}\pi\right)$ = ________

7 Bestimme mit dem Taschenrechner auf drei Nachkommastellen genau alle reellen Zahlen x, für die gilt:

a) $\sin(x) = -0{,}3791$

b) $\cos(x) = 0{,}1926$

8 Welcher Funktionsterm gehört zu welcher Datenreihe? Kontrolliere deine Zuordnungen mit einem Funktionsplotter.

x	1	2	3	4	5
y	−2,5	0	2,5	0,4	−2,4

x	1	2	3	4	5
y	0,7	−0,5	0,3	−0,1	−0,1

x	1	2	3	4	5
y	2,5	−1,1	−0,8	2,4	−3

$g(x) = 1{,}5 \cdot \sin(3x - 2{,}5)$

$h(x) = 3 \cdot \sin(2{,}5x - 1{,}5)$

$f(x) = 2{,}5 \cdot \sin(1{,}5x - 3)$

*Inhalte, die mit einem Stern gekennzeichnet sind, bieten eine Ergänzung zu den Inhalten des Lehrplans.

9 Entscheide jeweils, ob es sich um einen exponentiellen Wachstumsvorgang handelt. Begründe deine Entscheidung.

a)

t	0	1	2	3	4	5
f(t)	17	34	51	68	85	102

b)

t	0	1	2	3	4	5
f(t)	16	24	36	54	81	121,5

10 Die Geldbeträge, die von Bundesligavereinen für neue Spieler bezahlt werden, wachsen immer stärker an. In der Tabelle ist der im jeweiligen Jahr teuerste Transfer in Millionen Deutsche Mark (DM) dargestellt.

Zur Erinnerung:
1 Euro = 1,95583 DM

1976 Van Gool	1977 Keegan	1979 Woodcock	1987 Detari	1990 Laudrup	1995 Herrlich	2000 Lucio
1,0	2,0	2,5	3,6	6,0	10,7	17,5

Bestimme für die Entwicklung der Transfersummen Funktionsterme für ein lineares und ein exponentielles Modell (setze $x = 0$ für das Jahr 1976). Stelle hiermit Prognosen für das Jahr 2009 auf.

Lineares Modell:

konstanter Zuwachs d = ______ ;

Funktionsterm: $f(x) =$ ______

Prognose für 2009: $f(\_\_) \approx$ ______ Mio. DM ≈ ______ Mio. Euro

Exponentielles Modell:

Wachstumsfaktor a = ______ ;

Funktionsterm: $g(x) =$ ______

Prognose für 2009: $g(\_\_) \approx$ ______

Recherchiere und vergleiche mit der höchsten Transfersumme 2009: ______

Beurteile die beiden Modelle: ______

11 Am Schiller-Gymnasium sind 45 % aller Schüler männlich. 60 % aller Schüler haben Geschwister. 27 % aller Schüler sind männlich und haben Geschwister. (Das Wort „Schüler" wird hier geschlechtsneutral verwendet.)

a) Fülle die Vierfeldertafel mit den Ereignissen M: „Schüler ist männlich" und G: „Schüler hat Geschwister" vollständig aus.

	G	$\overline{G}$	
M			
$\overline{M}$			

b) Die Wahrscheinlichkeit dafür, dass ein zufällig ausgewählter Schüler Geschwister hat, wenn man weiß, dass dieser Schüler männlich ist,

beträgt ______

c) Die Wahrscheinlichkeit dafür, dass ein zufällig ausgewählter Schüler Geschwister hat, wenn man weiß, dass dieser Schüler weiblich ist, beträgt ______ .

d) Die in b) und c) berechneten bedingten Wahrscheinlichkeiten sind identisch. Ist dies überraschend?

1 Entscheide mithilfe des charakteristischen Verlaufs im Unendlichen, welcher Graph zu welcher Abbildungsvorschrift gehört.

A
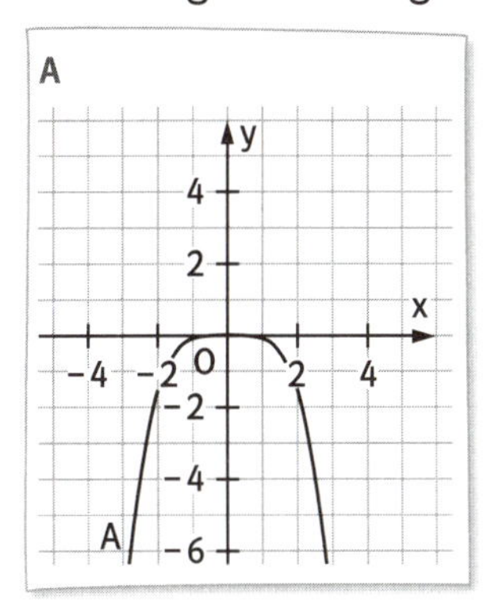

B
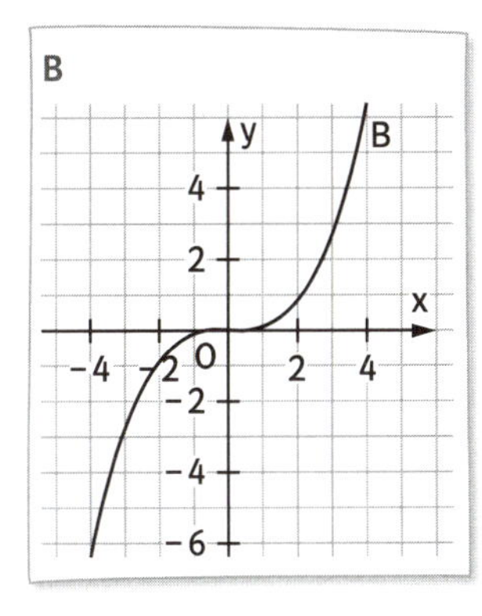

C
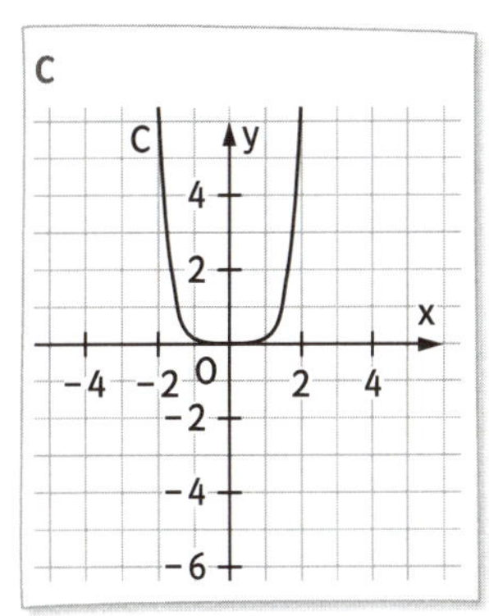

D
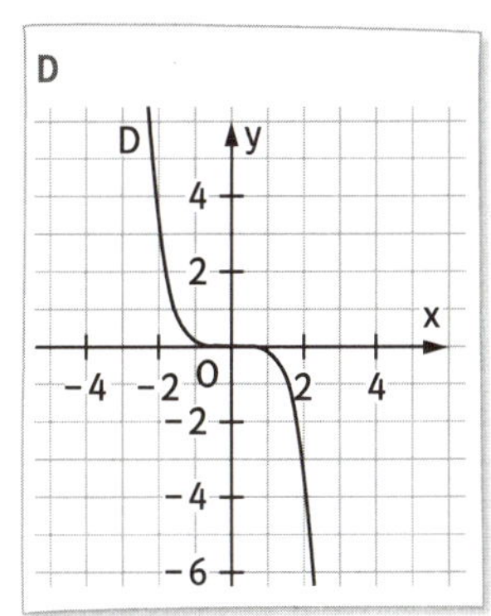

1 | $x \mapsto 0{,}1x^6$ 2 | $x \mapsto -0{,}1x^5$ 3 | $x \mapsto 0{,}1x^3$ 4 | $x \mapsto -0{,}1x^4$

2 Bestimme den gesuchten Funktionsterm.

a) Auf dem Graphen einer Potenzfunktion 4. Grades ($x \in \mathbb{R}$) liegt der Punkt $Q(2|-4)$.

b) Der Graph der Funktion $g: x \mapsto 1{,}5x^n$ ($x \in \mathbb{R}$) geht durch den Punkt $P(2|192)$.

c) Der Funktionsterm einer Potenzfunktion h erfüllt für alle $x \in \mathbb{R}$ die Bedingung $h(2x) = 32 \cdot h(x)$. Ihr Graph geht durch den Punkt $R(3|24{,}3)$.

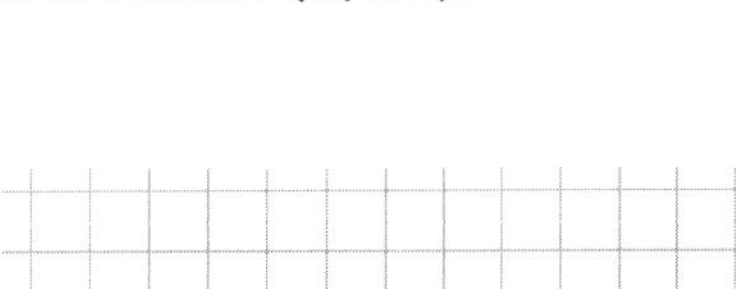

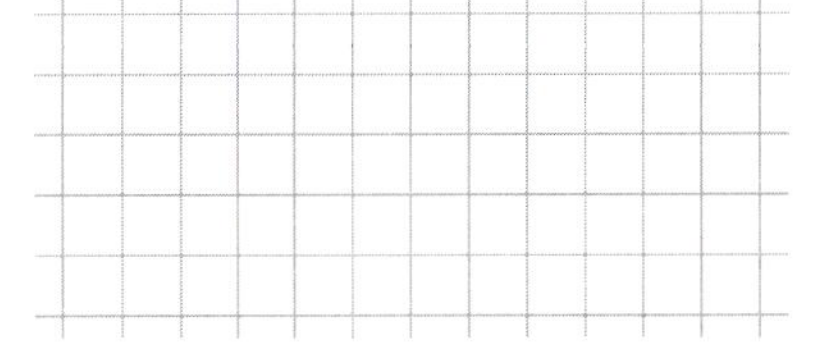

f(x) = ______ g(x) = ______ h(x) = ______

3 Bestimme a und n so, dass der Graph G_f der Funktion $f: x \mapsto a \cdot x^n$ ($x \in \mathbb{R}$) durch die Punkte P und S geht.

a) $P(-1|0{,}2)$ und $S(2|51{,}2)$

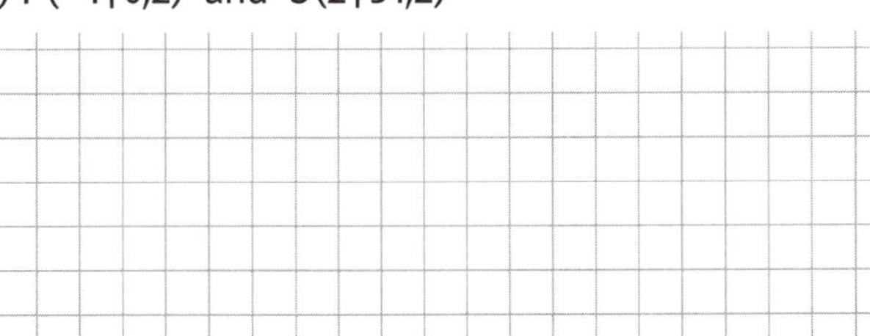

b) $P(-5|31{,}25)$ und $S(9|-590{,}49)$

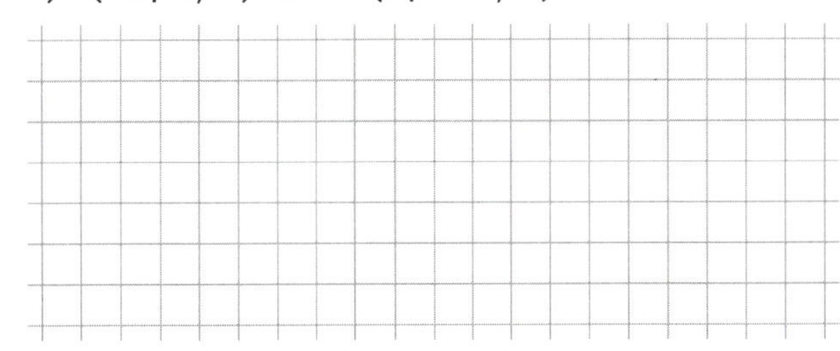

4 Gegeben sind Funktionen der Form $f: x \mapsto a \cdot x^{2n-1}$ ($a \in \mathbb{R}$; $x \in \mathbb{R}$; $n \in \mathbb{N}$). Welche Aussagen sind wahr?

A | Es gibt Graphen von f, die symmetrisch bezüglich der y-Achse sind.

B | Für die Wertemenge dieser Funktionen gilt immer: $W = \mathbb{R}$.

C | Unabhängig von a und von n sind alle Graphen von f symmetrisch bezüglich des Koordinatenursprungs.

D | Alle Graphen von f verlaufen von links unten nach rechts oben.

5 Gegeben ist ein Quader, dessen Kantenlängen die Maßzahlen x, 4x und 7x haben. Bestimme die beiden Terme, die die Maßzahl des Volumens des Quaders bzw. die Maßzahl des Oberflächeninhalts des Quaders in Abhängigkeit von x beschreiben.

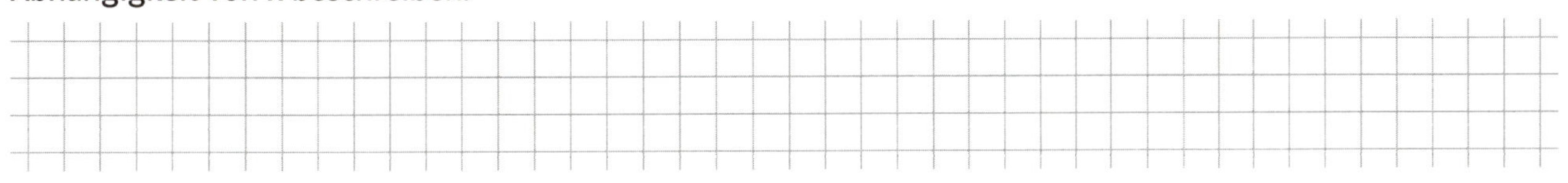

1 Entscheide, ob es sich bei f um eine ganzrationale Funktion handelt. Falls ja, gib den Grad und die Koeffizienten an. Begründe andernfalls, warum f nicht ganzrational ist.

a) $f(x) = \frac{x^3}{3} - \sqrt{3} \cdot x$ Ganzrational? ☐ Ja ☐ Nein

b) $f(x) = \frac{3x}{3x^3} - 3x$ Ganzrational? ☐ Ja ☐ Nein

c) $f(x) = 3x^3 + \sqrt{9x}$ Ganzrational? ☐ Ja ☐ Nein

d) $f(x) = \left(x^{\frac{3}{2}} - \sqrt{3}\right)\left(x^{\frac{3}{2}} + \sqrt{3}\right)$ Ganzrational? ☐ Ja ☐ Nein

2 Ergänze den Verlauf des Graphen für eine ganzrationale Funktion der Form $f: x \mapsto ax^n + bx^{n-1} + \ldots + a_1x + a_0$ ($x \in \mathbb{R}$).

a > 0		a < 0	
n gerade	n ungerade	n gerade	n ungerade
Graph von links oben nach rechts oben			

3 Untersuche, welchen charakteristischen Verlauf der Graph der Funktion f aufweist.

a) $f(x) = -3x^4 + 999x^3 - 1;\ (x \in \mathbb{R})$ Der Graph von f verläuft von ______ nach ______.

b) $f(x) = 0{,}01x^5 + 20x^4 - x - 1;\ (x \in \mathbb{R})$ Der Graph von f verläuft von ______ nach ______.

c) $f(x) = -x^6(-3x^{-4} - x^{-3} + x^{-5});\ (x \in \mathbb{R}\setminus\{0\})$ Der Graph von f verläuft von ______ nach ______.

d) $f(x) = 7^4x^2 - 4^2x^7 - 47^2;\ (x \in \mathbb{R})$ Der Graph von f verläuft von ______ nach ______.

4 Ordne den Graphen die passenden Funktionsterme zu.

A | $f(x) = \frac{1}{10}x^4 - \frac{1}{2}x^2 + 1$

B | $f(x) = -\frac{1}{10}x^4 + \frac{1}{2}x^3 - 2x + 1$

C | $f(x) = -\frac{1}{10}x^4 + x^2 + 1$

D | $f(x) = \frac{1}{10}x^5 + \frac{1}{10}x^4 - x^3 + 2x + 1$

E | $f(x) = -\frac{1}{10}x^4 - \frac{1}{2}x^3 + 2x + 1$

G | $f(x) = -\frac{1}{5}x^3 + 2x + 1$

F | $f(x) = -\frac{1}{10}x^5 + x^3 - x + 1$

H | $f(x) = \frac{1}{5}x^3 - 2x + 1$

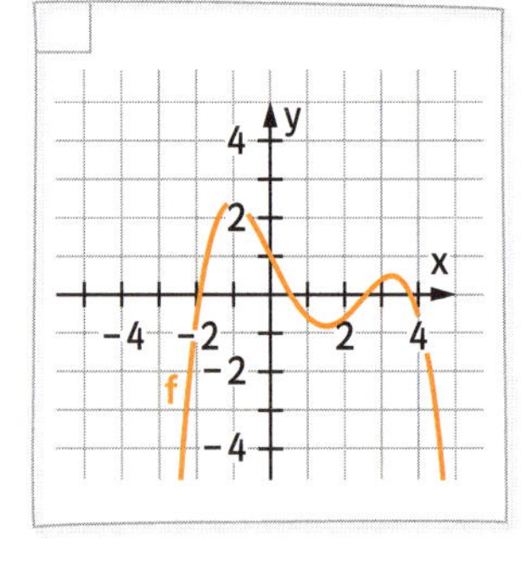

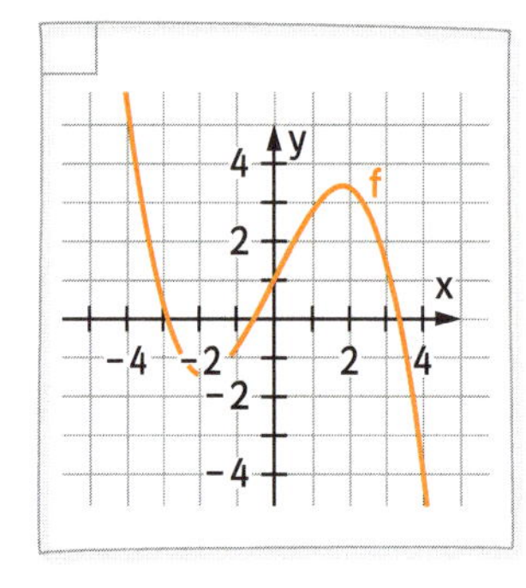

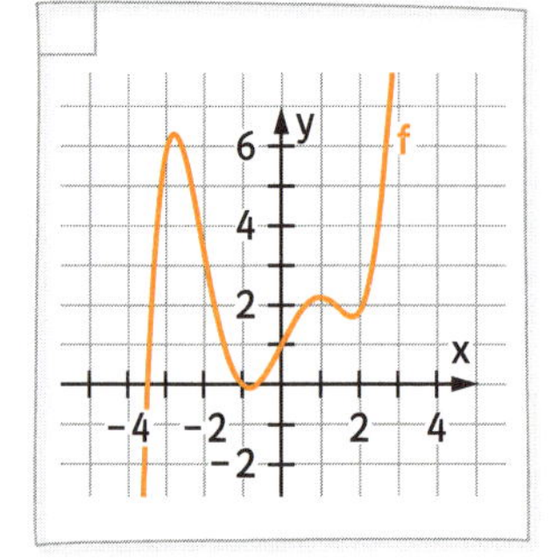

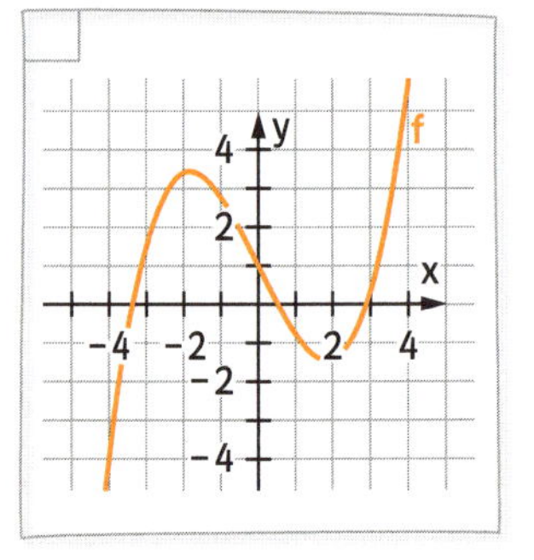

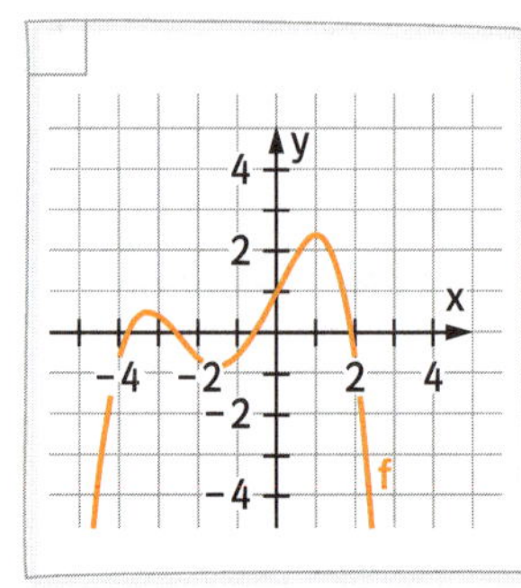

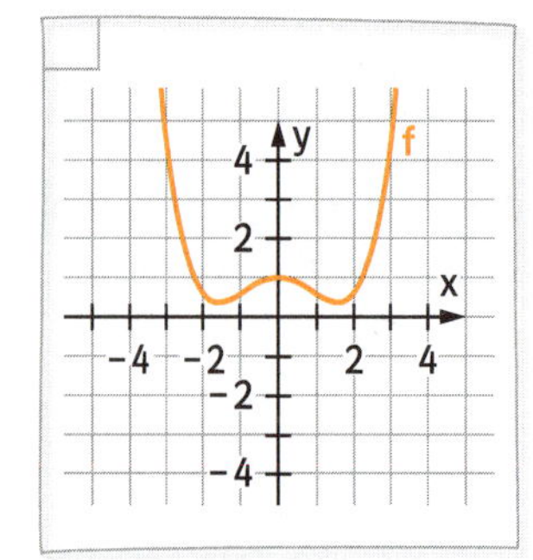

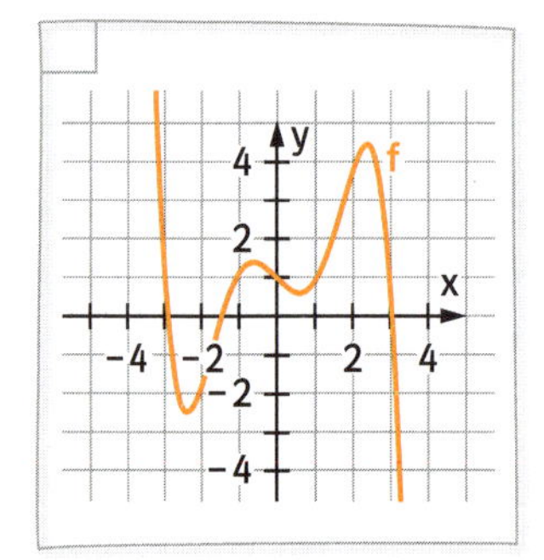

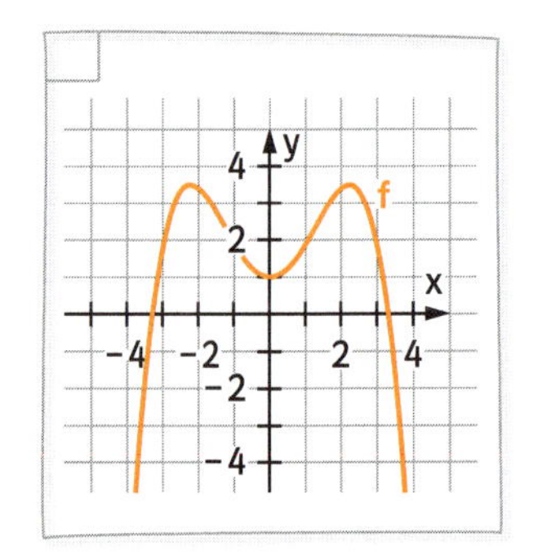

Eigenschaften ganzrationaler Funktionen (2)

1 Forme den Funktionsterm von f ($x \in \mathbb{R}$) um, sodass der Verlauf des Graphen direkt abgelesen werden kann.

a) $f(x) = (1 - 2x^2) \cdot (3 - x)$ Umformen: $(1 - 2x^2) \cdot (3 - x) =$ ____________________

Der Graph von f verläuft von ______________ nach ______________.

b) $f(x) = \frac{4x^5 - 500x^4 + 70x}{-10x}$ Umformen: $\frac{4x^5 - 500x^4 + 70x}{-10x} =$ ____________________

Der Graph von f verläuft von ______________ nach ______________.

c) $f(x) = 6x^4(1 - x^2)(1 + x^2)$ Umformen: $6x^4(1 - x^2)(1 + x^2) =$ ____________________

Der Graph von f verläuft von ______________ nach ______________.

2 Von einer ganzrationalen Funktion der Form $f: x \mapsto ax^3 + bx^2 + cx + d$ ($D = \mathbb{R}$) sind die drei Punkte $A(-3\,|\,0)$, $B(-1\,|\,0)$ und $C(4\,|\,0)$ bekannt. Außerdem weiß man, dass $a < 0$ ist. Skizziere einen möglichen Verlauf des Graphen. Begründe den Verlauf des Graphen.

____

____

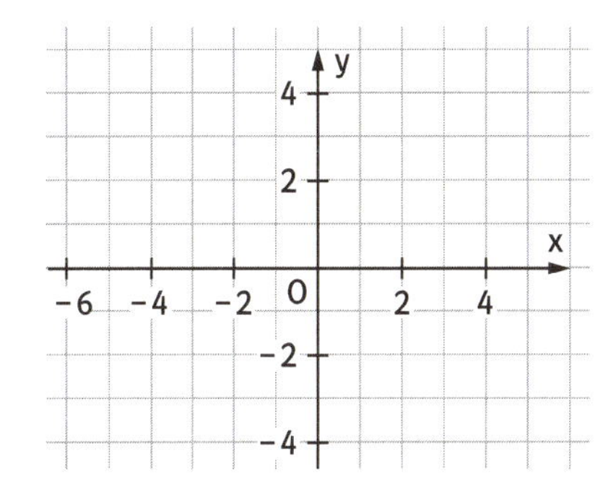

3 Beschrifte die Graphen mit den passenden Funktionsnamen.

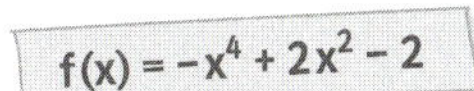

$g(x) = x^5 + 2x^3 - x$

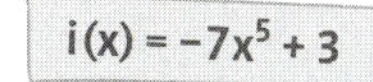

$j(x) = 7x^5 + 3$

$k(x) = -x^5 - x^4 - x^3 - 2$

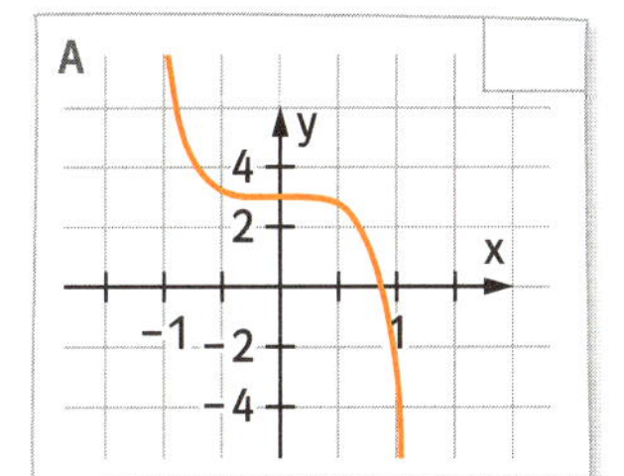

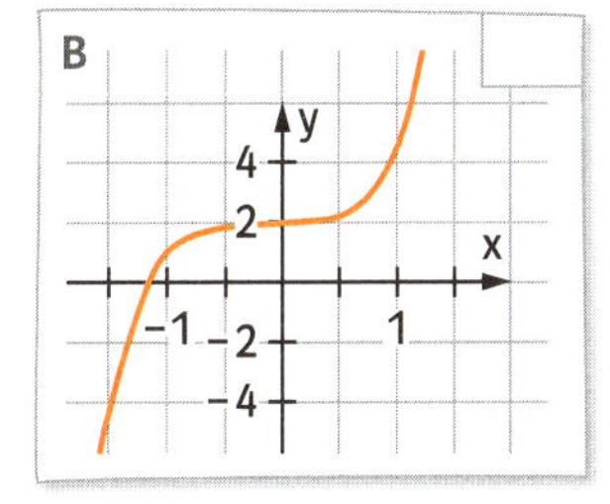

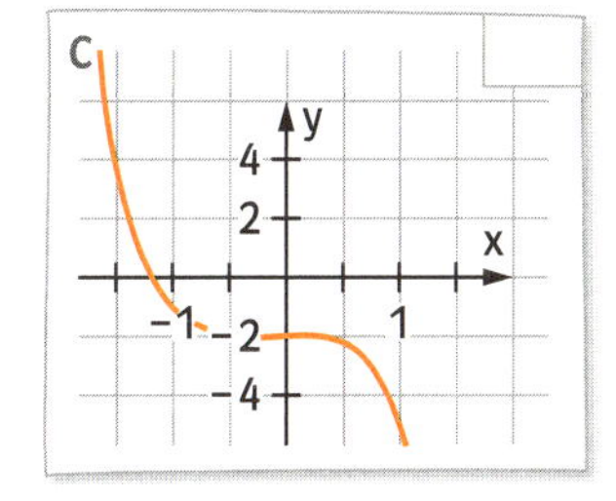

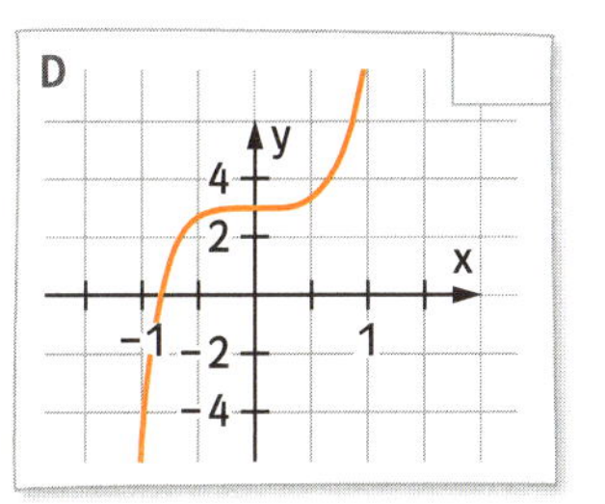

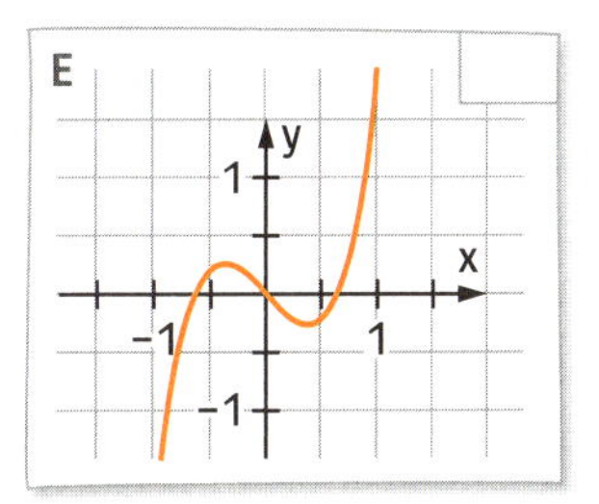

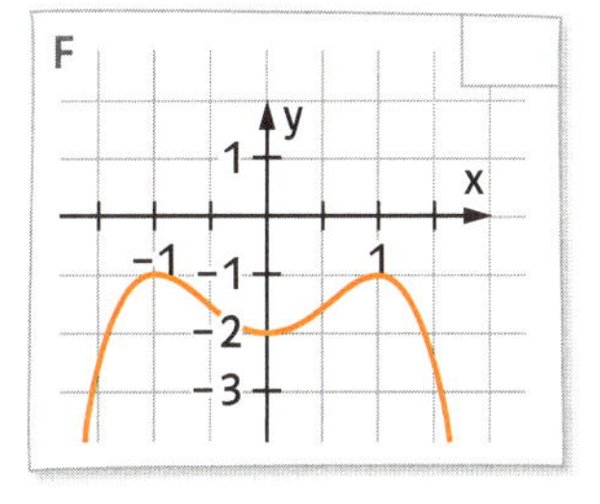

4 Die Abbildung zeigt den Graphen von $f: x \mapsto ax^n + bx^4 - 0{,}2x^3 + 1$ ($x \in \mathbb{R}$; $a \in \mathbb{R}$; $b \in \mathbb{R}$; $n \in \mathbb{N}$). Es ist bekannt: f hat nur die drei im nebenstehenden Graphen erkennbaren Nullstellen. Der Grad von f ist kleiner als 7. Der Graph geht durch die Punkte $P(-2\,|\,1)$ und $S(5\,|\,1)$. Bestimme damit n, a und b.

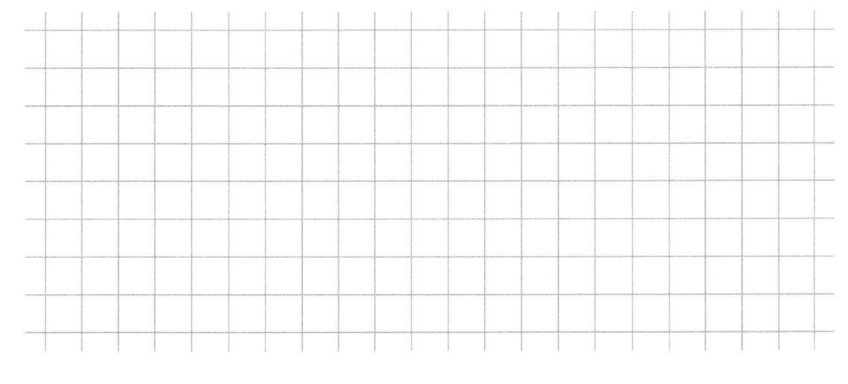

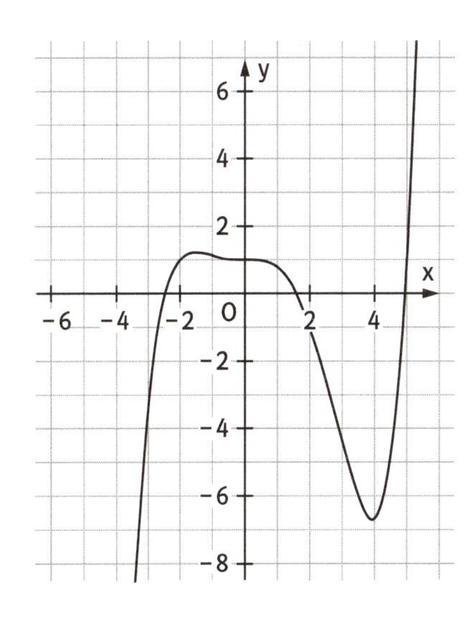

Nullstellen und Faktorisieren (1)

1 Bestimme die Lösungen der folgenden Gleichungen ($G = \mathbb{R}$) möglichst im Kopf. Ordne die richtigen Lösungskarten zu. Die Buchstaben auf den übrigen Lösungskarten ergeben den Ort, an dem 1952 die Olympischen Sommerspiele stattfanden: ______

a) $(x - 5) \cdot (2x + 4) = 0$ U b) $(x^2 + 9) \cdot (x + 9) = 0$ ____ c) $(x + 3)^1 \cdot (3x + 1) = 0$ ____

d) $x^3 + 6x^2 = 0$ ____ e) $(2x - 5) \cdot (5x + 2) = 0$ ____ f) $x^6 - 8x^3 = 0$ ____

g) $(4 - x^2) \cdot (2 + x^4) = 0$ ____ h) $x^5 - 4x^4 = 0$ ____ i) $(x^2 + 2) \cdot (3x - 15) = 0$ ____

- H | $x_1 = 5;\ x_2 = -\frac{1}{2}$
- O | $x_1 = -3;\ x_2 = -\frac{1}{3}$
- S | $x_1 = 8;\ x_2 = -6$
- C | $x_1 = 2;\ x_2 = -2$
- K | $x_1 = -\frac{5}{2};\ x_2 = \frac{2}{5}$
- M | $x_1 = 0;\ x_2 = 2$
- E | $x_1 = 0;\ x_2 = \frac{5}{4}$
- F | $x_1 = \frac{5}{2};\ x_2 = -\frac{2}{5}$
- A | $x = 5$
- D | $x_1 = 0;\ x_2 = 4$
- I | $x_1 = 0;\ x_2 = 6$
- I | $x_1 = 3;\ x_2 = -3;\ x_3 = -9$
- T | $x = -9$
- L | $x_1 = 2;\ x_2 = -2;\ x_3 = -0{,}5$
- U | $x_1 = 5;\ x_2 = -2$
- P | $x_1 = 0;\ x_2 = -6$
- N | $x_1 = -3;\ x_2 = -9$

2 Bestimme die Nullstellen von f ($x \in \mathbb{R}$).

a) $f(x) = 3x^3 + 10x^2 - 8x$

Gleichung zur Bestimmung der Nullstellen von f:

______ = 0

Ausklammern: ______ ;

somit gilt $x_1 =$ ____ .

Lösen der verbleibenden Gleichung:

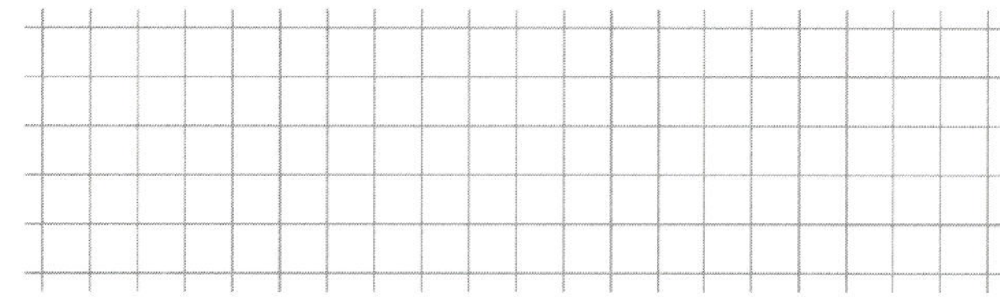

$x_2 =$ ____ ; $x_3 =$ ____

b) $f(x) = \frac{1}{2}x^4 - 5x^2 + 12$

$x_1 =$ ____ ; $x_2 =$ ____ ; $x_3 =$ ____ ; $x_4 =$ ____

3 Von den Funktionen mit den folgenden Funktionstermen ($x \in \mathbb{R}$) sollen die Nullstellen bestimmt werden. Welches Verfahren eignet sich als erster Schritt zur Berechnung der Nullstellen?

Lösungsformel: ____ Substitution: ____ Ausklammern: f_1 ____

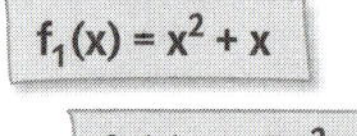

- $f_1(x) = x^2 + x$
- $f_2(x) = 5x^5 + 3x^3 + x$
- $f_3(x) = 4x^4 - 2x^2 + 1$
- $f_4(x) = 4x^4 - 2x^2$
- $f_5(x) = -5x^2 + 8x - 2$
- $f_6(x) = 2x^6 - 4x^3 + 1$
- $f_7(x) = x^4 - 3x^2$
- $f_8(x) = 2x^3 - 6x^2 + 2x$
- $f_9(x) = 8x^9 + 9x^8$
- $f_{10}(x) = 3x^2 \cdot 2x - 8x$

4 Gib den Term einer ganzrationalen Funktion ($x \in \mathbb{R}$) sechsten Grades an, …

a) … die keine Nullstellen hat: ______

b) … die nur die Nullstellen 1 und −4 hat: ______

5 Ermittle alle Nullstellen der Funktion $f\colon x \mapsto 2(x + 3)(x^2 - 12x + 36)$ ($x \in \mathbb{R}$) und gib an, ob sich an den Nullstellen ein Vorzeichenwechsel (VZW) der Funktionswerte ergibt oder nicht (kein VZW).

______

Nullstellen und Faktorisieren (2)

1 Die Funktion f ($x \in \mathbb{R}$) hat x_1 als eine Nullstelle. Bestimme mit Polynomdivision und der Lösungsformel für quadratische Gleichungen alle weiteren Nullstellen.

a) $f(x) = x^3 + 6x^2 - 13x - 42;\ x_1 = -2$

b) $f(x) = x^3 - 12x + 16;\ x_1 = 2$

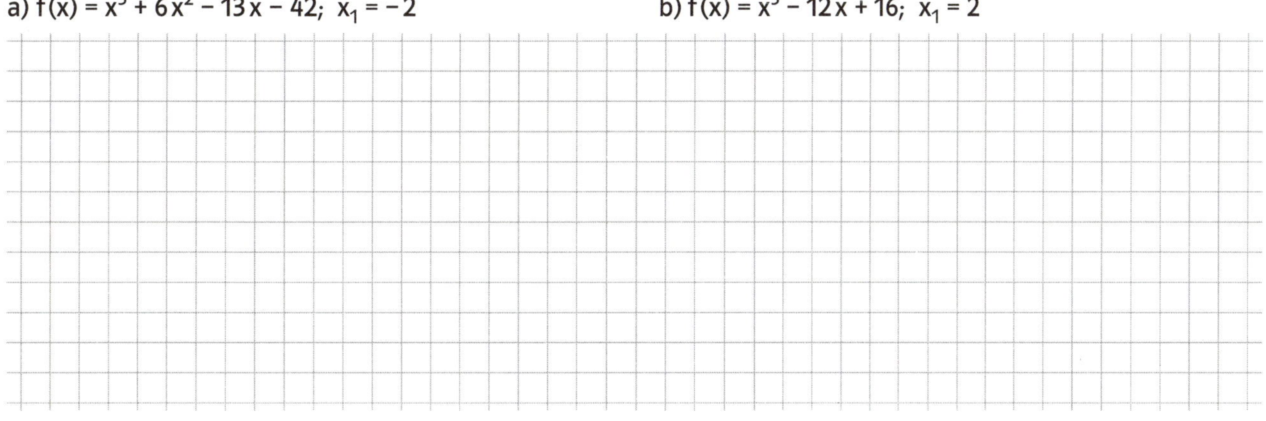

2 Beschrifte die Graphen mit den passenden Funktionsnamen.

$f_1(x) = (x-1)^2(x+3)^2$
$f_5(x) = (x-1)^3(x+3)$

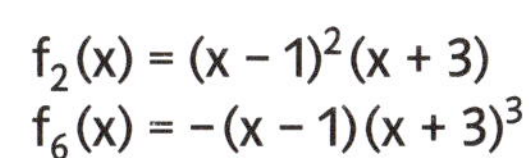

$f_2(x) = (x-1)^2(x+3)$
$f_6(x) = -(x-1)(x+3)^3$

$f_3(x) = (x-1)^3(x+3)^3$
$f_7(x) = (x-1)(x+3)$

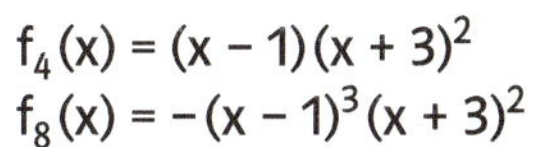

$f_4(x) = (x-1)(x+3)^2$
$f_8(x) = -(x-1)^3(x+3)^2$

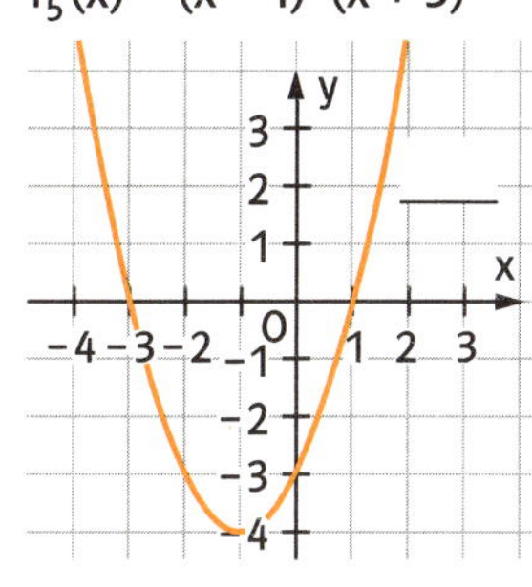

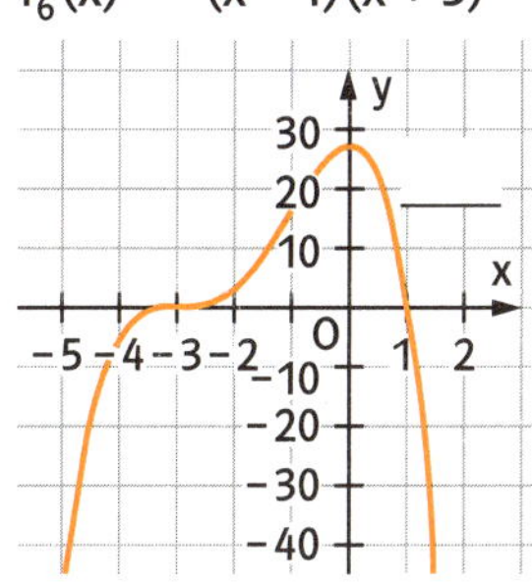

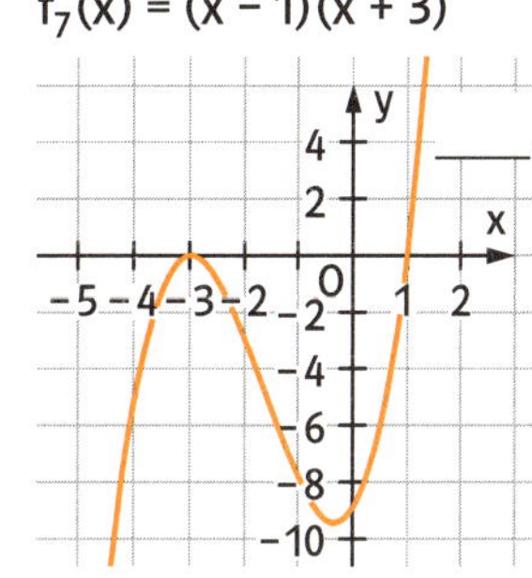

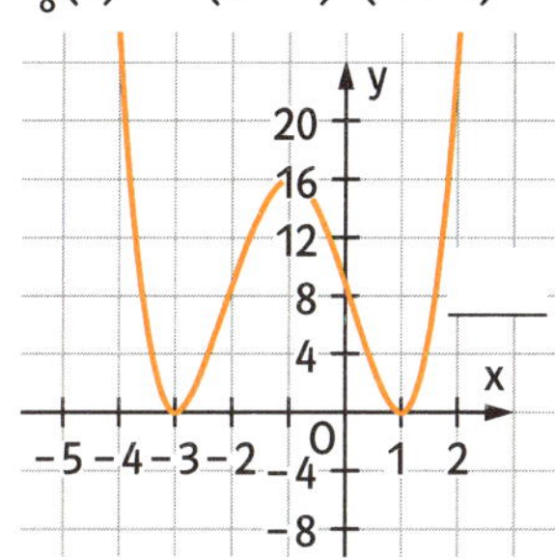

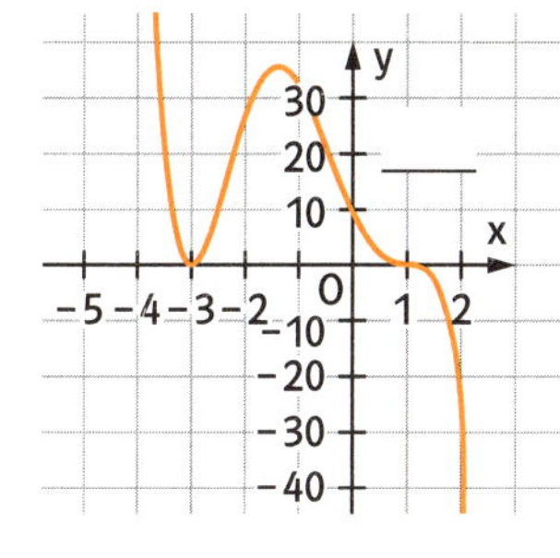

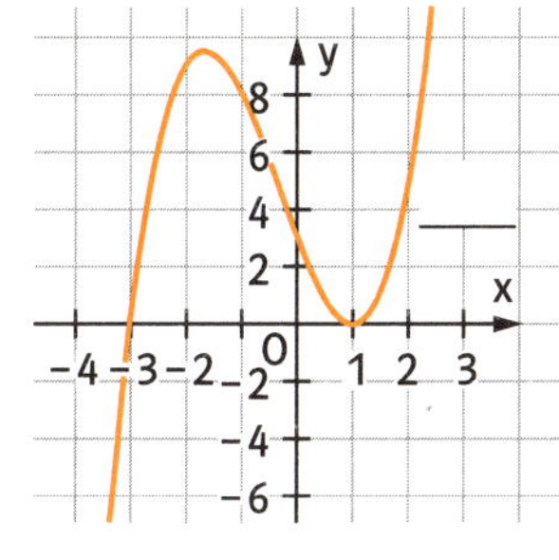

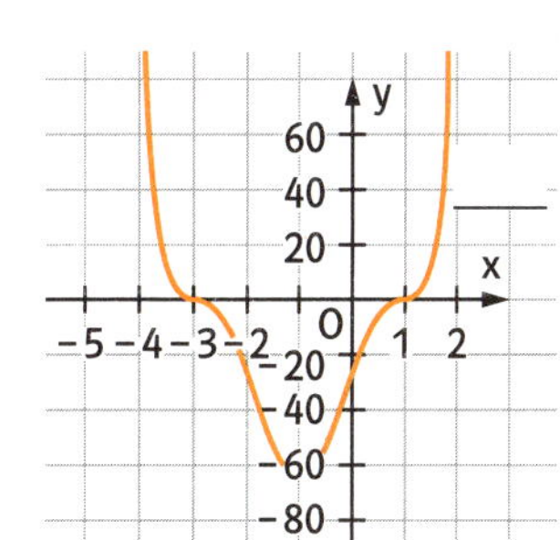

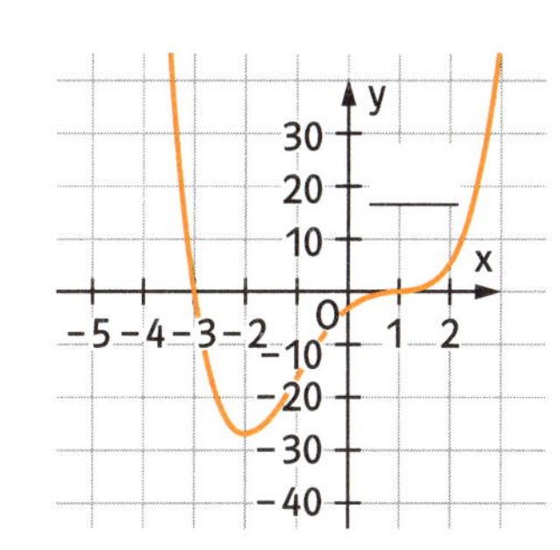

3 Bestimme eine ganzrationale Funktion möglichst kleinen Grades, die zu dem skizzierten Graphen passt.

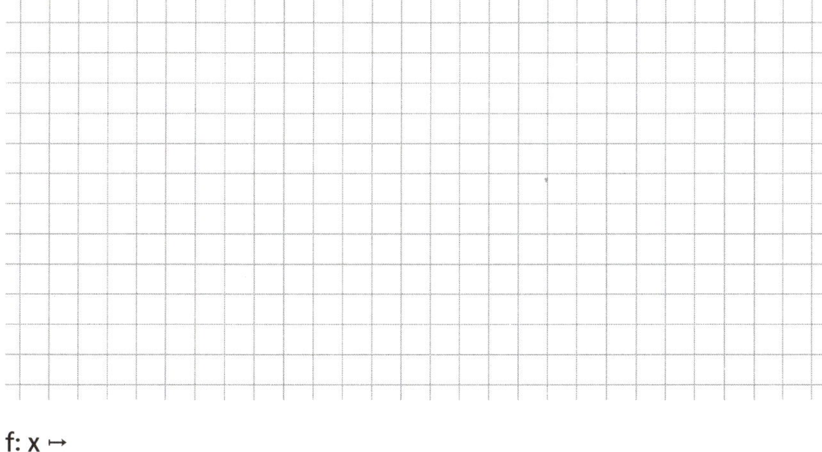

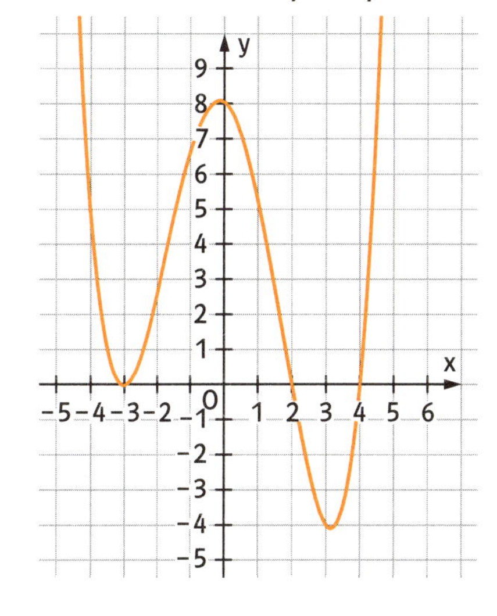

f: x ↦ ______

Fülle die Lücken. Löse dann die Beispielaufgaben.

Potenzfunktionen

Funktionen der Form $x \mapsto a \cdot x^n$ ($n \in \mathbb{N}$; $x \in \mathbb{R}$) nennt man Potenzfunktionen (n-ten Grades). Bei geraden Exponenten sind die Graphen ______ zur ___-Achse und für die Wertemenge W gilt:

Für $a > 0$: W = ______ ; für $a < 0$: W = ______ .

Bei ungeraden Exponenten sind die Graphen ______ zum ______ und es gilt:

Für $a > 0$: W = ______ ; für $a < 0$: W = ______ .

■ Vervollständige die Tabelle. Es gilt $x \in \mathbb{R}$.

	$x \mapsto -2x^3$	$x \mapsto 3x^6$	$x \mapsto 4x^7$	$x \mapsto -x^8$
Symmetrie des Graphen bzgl.		y-Achse		
Wertemenge			$\mathbb{R}$	

■ Schreibe den Funktionsnamen an den zugehörigen Graphen.

f: $x \mapsto -0{,}01x^5$

g: $x \mapsto \frac{3}{8}x^4$; h: $x \mapsto -\frac{1}{5}x^6$

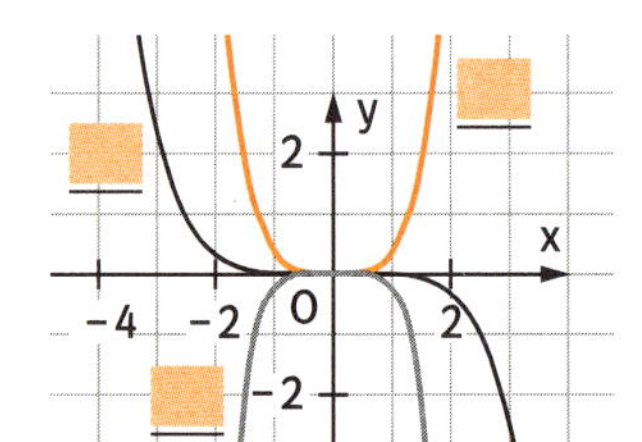

Ganzrationale Funktionen

Funktionen, deren Funktionsterme aus ______ von Potenzen (mit Exponenten aus $\mathbb{N}_0$) derselben Variablen und zugehörigen reellen Koeffizienten bestehen (z. B. $4x^5 - 2x^3 + 3x - 1$; $x \in \mathbb{R}$), heißen ______ Funktionen. Der ______ einer ganzrationalen Funktion ist der ______ bei der Variablen vorkommende Exponent im Funktionsterm.

■ Welche Funktionen sind ganzrational? Es gilt $x \in \mathbb{R}$.

a) f: $x \mapsto x^7 - 2x^3 - 4x^2$ b) g: $x \mapsto 2^x - 6x + 9$

c) h: $x \mapsto -5$ d) i: $x \mapsto 2x^8 - 3x^{-1} + 4x$

■ Vervollständige die Tabelle für die Funktionen aus den Teilaufgaben a) bis d).

Ganzrat. Funktion	Grad	Koeffizienten

Eigenschaften ganzrationaler Funktionen

Für betragsmäßig große x-Werte gibt es bei Graphen ganzrationaler Funktionen nur ______ charakteristische Verläufe. Diese Verläufe werden im Funktionsterm durch ______ ______ Exponenten bestimmt.

Die ______ einer ganzrationalen Funktion f sind die Lösungen der Gleichung $f(x) = 0$. Eine ganzrationale Funktion vom Grad n hat ______ n Nullstellen. Nützliche Verfahren zur Bestimmung von Nullstellen sind Fak______ , Sub______ , ______division oder die Lösungsformel für quadratische Gleichungen.

Ist a eine Nullstelle einer ganzrationalen Funktion f vom Grad n, dann lässt sich f(x) in der Form

$f(x) =$ ______ $\cdot\, g(x)$ schreiben, wobei g(x) ein Polynom vom Grad ______ ist. Das Polynom g(x) erhält man durch Polynomdivision $f(x) : (x - a)$. Es wird zum Auffinden weiterer Nullstellen von f benutzt.

■ Vervollständige die Tabelle. Es gilt $x \in \mathbb{R}$.

Funktionsterm	Verlauf des Graphen (von …)
$-0{,}01x^6 + 10x^5 + 90x$	nach
$-10x^7 + x$	
$0{,}3x^4 - 100x^3 - 90x^2$	

■ Bestimme die Nullstellen von
f: $x \mapsto x^3 + 2x^2 - 5x - 6$; $x \in \mathbb{R}$.
Eine Nullstelle von f ist $x_1 = -1$. Mithilfe der Polynomdivision berechnet man g(x) und die weiteren Nullstellen:

$(x^3 + 2x^2 - 5x - 6) : (x + 1) =$ ______

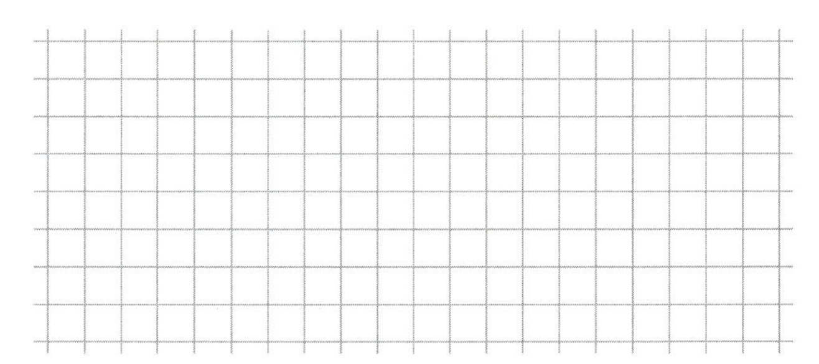

$g(x) =$ ______ . Durch Lösen der quadratischen Gleichung $g(x) = 0$, also ______ , ergeben sich $x_2 =$ ______ und $x_3 =$ ______ als weitere Nullstellen.

1 Ordne das passende Kärtchen zu, das die Entstehung des Graphen von g aus dem von f beschreibt.

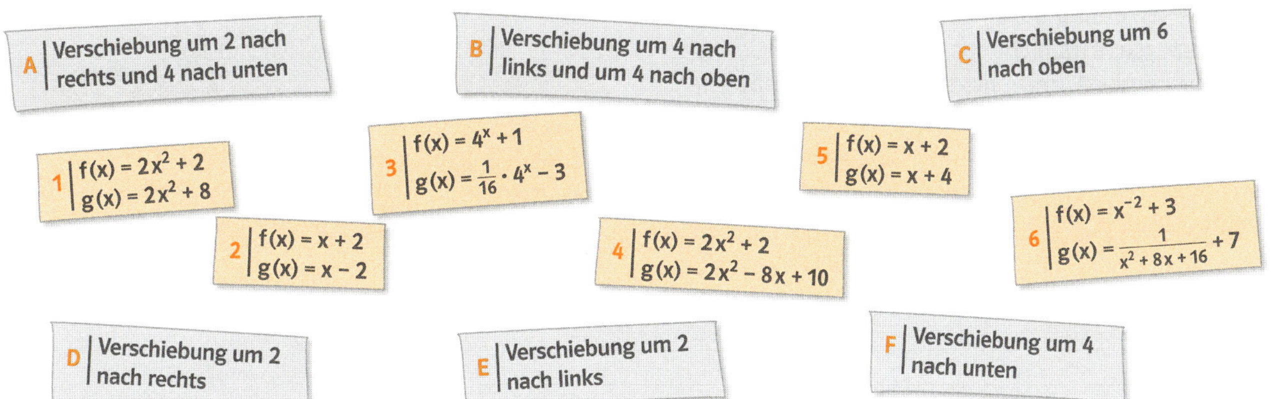

2 Beschreibe, wie man den Graphen von g aus dem Graphen von f erhält.

a) $f(x) = \cos(x) - 0{,}5$
$g(x) = \cos\left(x + \frac{\pi}{4}\right) + 0{,}25$

b) $f(x) = (x + 3)^4 - 1$
$g(x) = (x - 1)^4 + 7$

c) $f(x) = x^2$
$g(x) = x^2 + 2x + 1$

3 Gegeben ist die Funktion f mit $f(x) = 2^x + 3;\ x \in \mathbb{R}$. Gib einen Funktionsterm des Graphen von g an, den man erhält, wenn man den Graphen von f

a) in y-Richtung verschiebt und $g(1) = 9$ ist:

b) in x-Richtung verschiebt und $g(2) = 11$ ist:

4 Gegeben ist die Funktion f mit $f(x) = x^3 + x^2;\ x \in \mathbb{R}$. Der Graph von g geht aus dem Graphen von f durch Verschiebung hervor. Zeichne mit einem Funktionsplotter die Graphen von f und g und bestimme damit für g eine Darstellung der Form $g(x) = (x - a)^3 + (x - a)^2 + b$.

a) $g(x) = x^3 - 5x^2 + 8x - 1$
$g(x) =$

b) $g(x) = x^3 + 4x^2 + 5x - 4$
$g(x) =$

c) $g(x) = x^3 - 35x^2 + 408x - 1569$
$g(x) =$

5 Bestimme jeweils die Funktionsterme der Funktionen g, h und i, deren Graphen durch Verschiebung aus dem Graphen von f hervorgegangen sind. Forme anschließend den Funktionsterm der Funktion i so um, dass er als Polynom von absteigenden x-Potenzen erscheint.

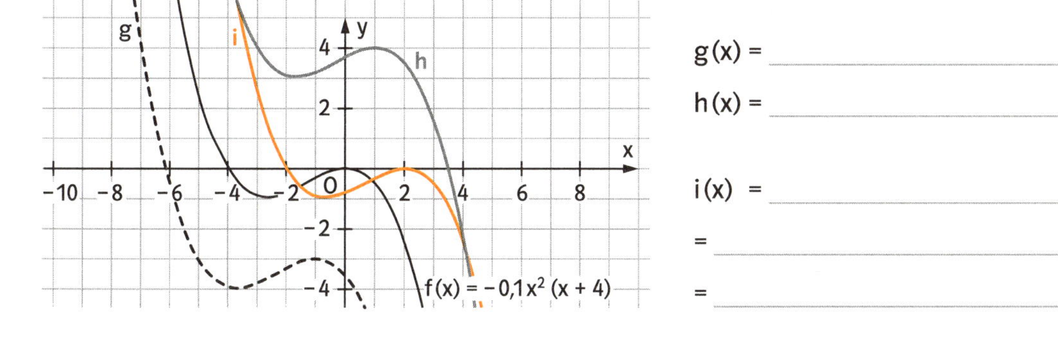

$g(x) =$

$h(x) =$

$i(x) =$

$=$

$=$

Verschieben von Funktionsgraphen (2)

1 Um zu entscheiden, ob die beiden Graphen durch eine Verschiebung auseinander hervorgegangen sein könnten, reicht es nicht aus, sich auf den optischen Eindruck eines Ausschnitts aus dem Koordinatensystem zu verlassen. Wie kann man mithilfe eines Lineals überprüfen, ob die beiden Graphen tatsächlich durch eine Verschiebung auseinander hervorgegangen sind?

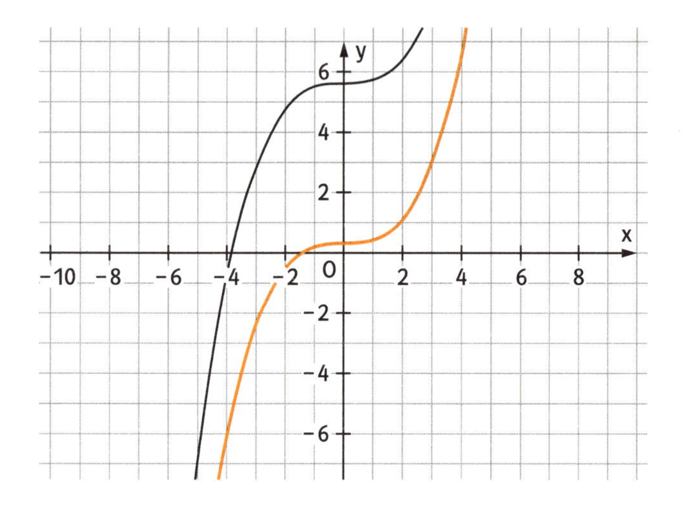

2 Entscheide, ob die Aussage wahr oder falsch ist. Kreuze an und begründe danach deine Entscheidung.

a) Verschiebt man den Graphen einer ganzrationalen Funktion f nach links oder rechts, können die Wertemengen von f und der Funktion des verschobenen Graphen verschieden sein. ☐ wahr ☐ falsch

b) Es gibt Funktionen mit folgender Eigenschaft: Verschiebt man ihren Graphen geeignet nach links oder rechts, so erhält man einen identischen Graphen. ☐ wahr ☐ falsch

c) Durch eine Verschiebung des Graphen einer ganzrationalen Funktion f kann die Anzahl der Nullstellen von f und von der Funktion des verschobenen Graphen verschieden sein. ☐ wahr ☐ falsch

3 Ermittle rechnerisch die Nullstellen der Funktion.

a) $f: x \mapsto 7 + 5x;\ x \in \mathbb{R}$

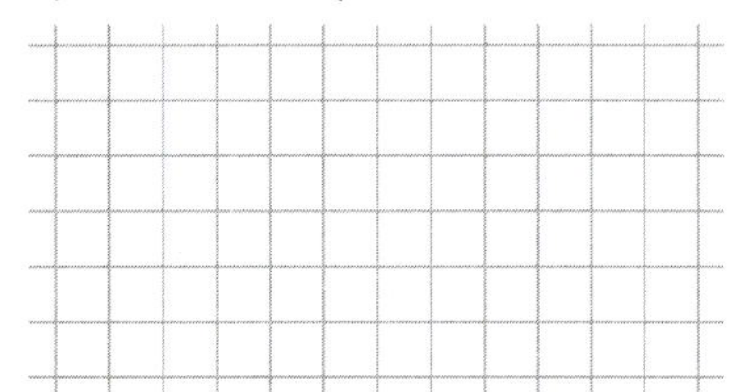

b) $g: x \mapsto 2x^2 + 5x - 3;\ x \in \mathbb{R}$

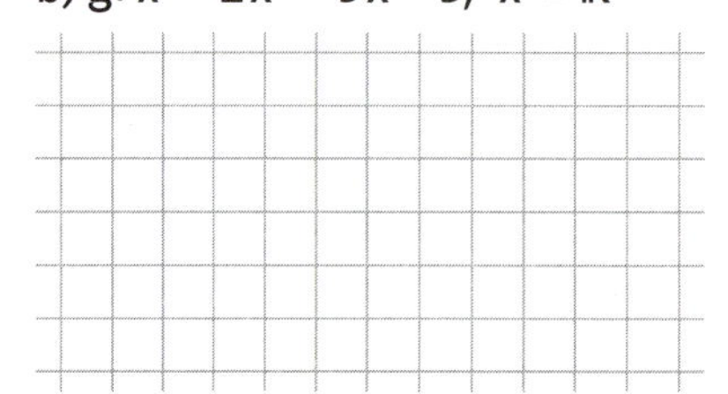

c) $h: x \mapsto 2x^3 + 8x^2;\ x \in \mathbb{R}$

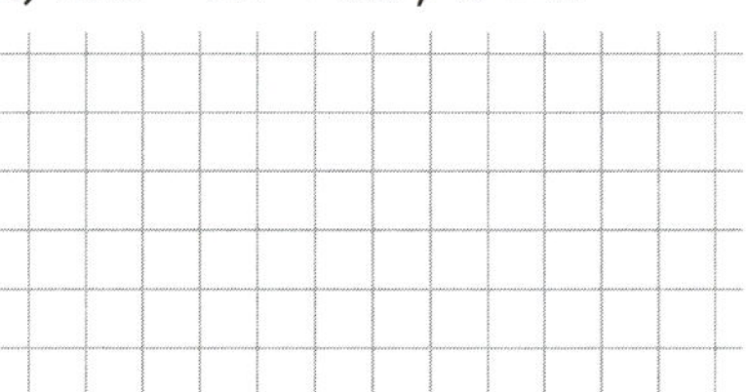

d) $i: x \mapsto \frac{2x-7}{4+x} - \frac{1}{3};\ x \in \mathbb{R}\backslash\{-4\}$

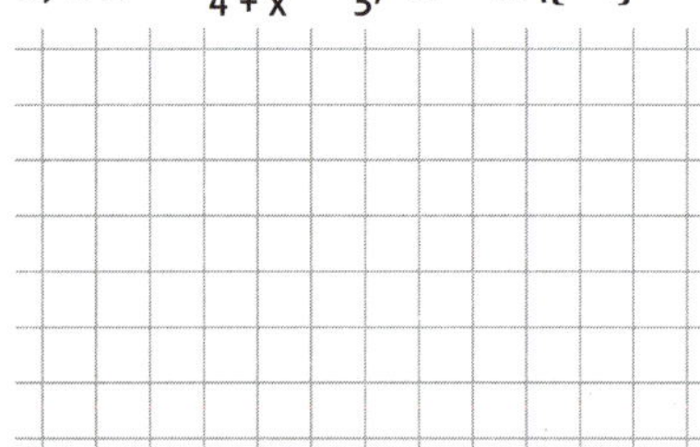

e) $j: x \mapsto \left(\frac{2}{5}\right)^{3x-1} - 3;\ x \in \mathbb{R}$

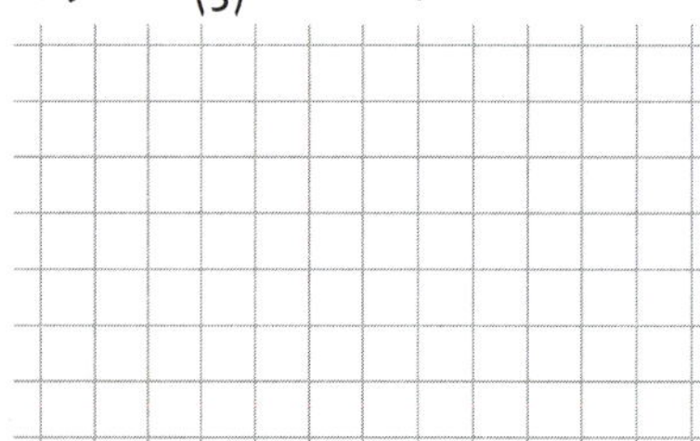

f) $k: x \mapsto \sin(5x) - 1;\ x \in \mathbb{R}$

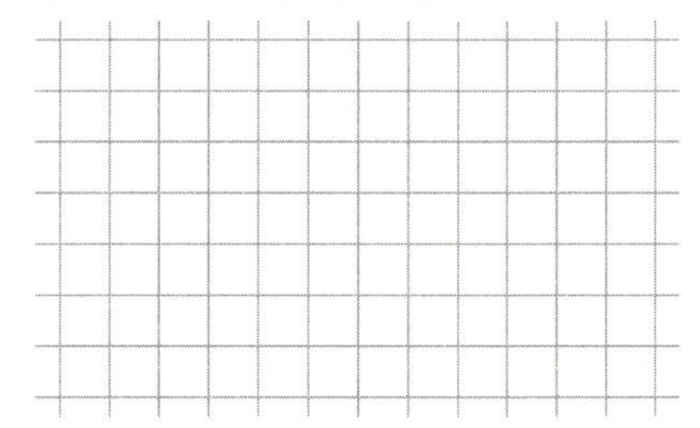

1 Gegeben ist die Funktion f mit $f(x) = x^4 + 3x^2 - 1;\ x \in \mathbb{R}$. Verbinde die passenden Kärtchen.

A | Streckung des Graphen von f in x-Richtung mit dem Streckfaktor 3

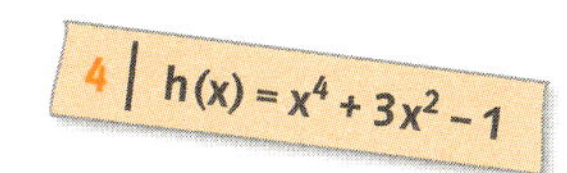

C | Streckung des Graphen von f in x-Richtung mit dem Streckfaktor $\frac{1}{3}$

2 | $k(x) = 81x^4 + 27x^2 - 1$

E | Streckung des Graphen von f in y-Richtung mit dem Streckfaktor 3

5 | $g(x) = \frac{1}{81}x^4 + \frac{1}{3}x^2 - 1$

D | Spiegelung des Graphen von f an der y-Achse

6 | $j(x) = -\frac{1}{3}x^4 - x^2 + \frac{1}{3}$

B | Spiegelung des Graphen an der x-Achse

3 | $i(x) = 1 - 3x^2 - x^4$

F | Streckung des Graphen von f in y-Richtung mit dem Streckfaktor $-\frac{1}{3}$

1 | $m(x) = 3x^4 + 9x^2 - 3$

2 Beschreibe, wie man den Graphen von g aus dem Graphen von f erhält.

a) $f(x) = 2x^3 - 7$
$g(x) = -x^3 + 3{,}5$

b) $f(x) = \frac{1}{x^2} - 4$
$g(x) = \frac{1}{25x^2} - 4$

c) $f(x) = 3^{x+1}$
$g(x) = 3^{1-x}$

3 Gib zur Funktion f jeweils die Funktionsterme von g bzw. h an, deren Graphen durch Streckung von f in x-Richtung mit dem Streckfaktor 0,2 bzw. durch Streckung in y-Richtung mit dem Streckfaktor −2 entstehen.

a) $f\colon x \mapsto 1 - 3x;\ x \in \mathbb{R}$
$g(x) = f(\blacksquare \cdot x) = 1 - 3 \cdot \blacksquare$
$=$
$h(x) = \blacksquare \cdot f(x) = \blacksquare \cdot (1 - 3x)$
$=$

b) $f\colon x \mapsto 4x^2 + 3x - 1;\ x \in \mathbb{R}$

c) $f\colon x \mapsto x^3 + x^2 - 4x;\ x \in \mathbb{R}$

d) $f\colon x \mapsto \frac{x^2 - 2x}{4 + 3x};\ x \in \mathbb{R} \setminus \left\{-\frac{4}{3}\right\}$

e) $f\colon x \mapsto 4^{2-3x} - 6;\ x \in \mathbb{R}$

f) $f\colon x \mapsto \cos\left(\frac{\pi}{10}x\right) + 1{,}5;\ x \in \mathbb{R}$

4 Drücke den Funktionsterm des neu entstandenen Graphen mithilfe von f aus.

a) Verschiebe den Graphen von f um eine Einheit nach oben und um fünf Einheiten nach rechts. Strecke anschließend den Graphen mit dem Faktor 3 in y-Richtung.

b) Spiegle den Graphen von f an der x-Achse. Strecke anschließend den Graphen in y-Richtung mit dem Faktor 3 und verschiebe ihn schließlich um zwei Einheiten nach links.

Strecken und Spiegeln von Funktionsgraphen (2)

1 a) Der Graph von f wird zunächst verschoben und dann gestreckt. Gib den zum erhaltenen Graphen gehörenden Funktionsterm g(x) an.

f(x)	Verschiebung	Streckung	g(x)
$x^2 + 2$	um 2 nach rechts	mit dem Faktor 2 in y-Richtung	
2^x	um 1 nach links	mit dem Faktor $\frac{1}{2}$ in y-Richtung	
$2x^3 + x$	um 6 nach unten	mit dem Faktor 3 in y-Richtung	

b) Der Graph von f wird zunächst gestreckt und dann verschoben. Gib den zum erhaltenen Graphen gehörenden Funktionsterm g(x) an.

f(x)	Streckung	Verschiebung	g(x)
$x^2 + 2$	mit dem Faktor 2 in y-Richtung	um 2 nach rechts	
2^x	mit dem Faktor $\frac{1}{2}$ in y-Richtung	um 1 nach links	
$2x^3 + x$	mit dem Faktor 3 in y-Richtung	um 6 nach unten	

2 Der Graph und der Funktionsterm der Funktion f sind gegeben. Bestimme die Funktionsterme der Funktionen g und h, deren Graphen durch Streckung und/oder Spiegelung entstanden sind.

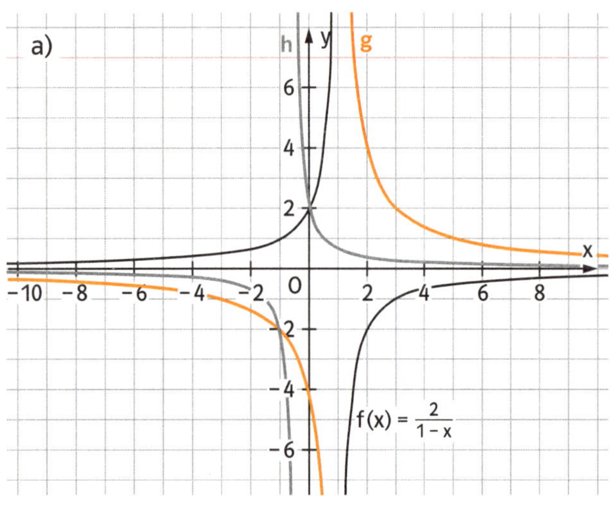

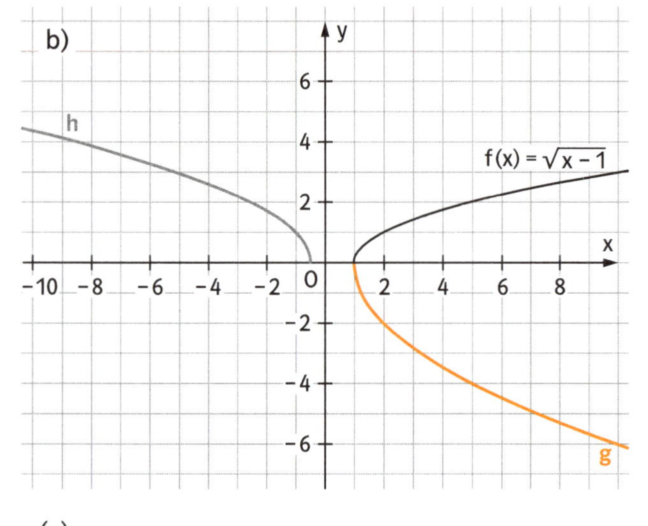

a) g(x) = ______________________

h(x) = ______________________

b) g(x) = ______________________

h(x) = ______________________

3 Gegeben ist die Funktion f mit $f(x) = \log_3 x;\ x \in \mathbb{R}^+$.

a) Bestimme die Funktionsterme der Funktionen g_1 bzw. g_2, deren Graphen gegenüber dem Graphen von f in x-Richtung mit dem Streckungsfaktor $\frac{1}{4}$ bzw. 4 gestreckt sind. ______________________

b) Bestimme die Funktionsterme der Funktionen g_3 bzw. g_4, deren Graphen gegenüber dem Graphen von f um $\log_3 4$ nach oben bzw. um $\log_3 4$ nach unten verschoben sind. ______________________

c) Verwende die Rechengesetze für Logarithmen, um einen Zusammenhang zwischen g_1 und g_3 bzw. zwischen g_2 und g_4 ausfindig zu machen. Beschreibe anschließend diesen Zusammenhang in Worten.

____

4 Welche besondere Eigenschaft hat die Funktion $f: x \mapsto 0\ (x \in \mathbb{R})$ in Bezug auf das Verschieben, das Spiegeln und das Strecken ihres Graphen? (Tipp: Führe Beispiele dieser Transformationen im Heft durch.)

____

Symmetrie von Funktionsgraphen

1 Entscheide, ob der Graph der Funktion f achsensymmetrisch bezüglich der y-Achse oder punktsymmetrisch bezüglich des Ursprungs ist. Die zugehörigen Buchstaben aller achsensymmetrischen, punktsymmetrischen und der übrigen zugehörigen Graphen ergeben jeweils in der richtigen Reihenfolge den Namen einer Stadt.

B | $f(x) = x^3 + 1$
W | $f(x) = \frac{1}{x^2} + 3$
N | $f(x) = (x - 2)^4$
I | $f(x) = x^4 \cdot 3$
T | $f(x) = x - \frac{2}{x}$
K | $f(x) = x^6 - 11x^2$
H | $f(x) = \frac{x}{x^2}$
A | $f(x) = x^{-7}$
L | $f(x) = x^4 - x$
E | $f(x) = (x^2 + 1) \cdot 3x$
D | $f(x) = 1 - x$
U | $f(x) = \frac{1}{x+1}$
N | $f(x) = 0{,}2x$
I | $f(x) = \frac{x-2}{x^2}$
E | $f(x) = 2^x + 2^{-x}$

Lösungsworte: achsensymmetrisch: ______ punktsymmetrisch: ______

weder achsensymmetrisch noch punktsymmetrisch: ______

2 Entscheide, ob die Aussage wahr oder falsch ist, und gib ein Beispiel oder Gegenbeispiel an.

Aussage	wahr	falsch	(Gegen-)Beispiel
a) Jede ganzrationale Funktion, die nicht gerade ist, ist ungerade.	○	○	
b) Multipliziert man die Terme von zwei ungeraden ganzrationalen Funktionen, erhält man den Term einer geraden ganzrationalen Funktion.	○	○	
c) Der Graph der Funktion sin(x) ($x \in \mathbb{R}$) besitzt außer der Punktsymmetrie bezüglich des Ursprungs keine weitere Symmetrieeigenschaft.	○	○	
d) Es gibt genau eine ganzrationale Funktion, die gerade und ungerade ist.	○	○	
e) Dividiert man die Terme einer geraden und einer ungeraden ganzrationalen Funktion, so erhält man stets den Term einer Funktion, deren Graph punktsymmetrisch bezüglich des Ursprungs ist.	○	○	
f) Subtrahiert man die Terme zweier gerader bzw. ungerader ganzrationaler Funktionen, so erhält man stets wieder den Term einer geraden bzw. ungeraden ganzrationalen Funktion.	○	○	

3 Gib Werte von t an, für die der Graph von f symmetrisch bezüglich der y-Achse oder des Ursprungs ist.

a) $f(x) = -x^3 + 3tx^2 + \frac{t}{2}x$

b) $f(x) = 2(x + 2)(x - t)$

c) $f(x) = x^{2t} - x^t$

d) $f(x) = 3x^{t+2} + 2x^t$

4 Untersuche rechnerisch, ob die Funktion f einen bezüglich der y-Achse achsensymmetrischen oder bezüglich des Koordinatenursprungs punktsymmetrischen Graphen besitzt. Zeichne den Graphen anschließend mit einem Funktionsplotter.

a) $f: x \mapsto \cos(x) - x^2 + x + 1;\ x \in \mathbb{R}$

b) $f: x \mapsto \sin(x) \cdot (1 - 0{,}5x^2);\ x \in \mathbb{R}$

c) $f: x \mapsto 2^x + 2^{-x};\ x \in \mathbb{R}$

d) $f: x \mapsto |x^3|;\ x \in \mathbb{R}$

Grenzwerte im Unendlichen

1 Gib für die Funktion f den Grenzwert für $x \to +\infty$ an, sofern er existiert.

a) $f: x \mapsto \frac{5x}{1-2x}$

b) $f: x \mapsto \frac{10x}{0{,}1x^2-4}$

c) $f: x \mapsto 6^{-x}$

d) $f: x \mapsto 2-\cos(x)$

2 Gib für die Funktion f den Grenzwert für $x \to -\infty$ an, sofern er existiert.

a) $f: x \mapsto \frac{2x^3+x^2}{4x^2}$

b) $f: x \mapsto 0{,}5^x$

c) $f: x \mapsto \frac{x}{\sin(x)}$

d) $f: x \mapsto 3+\frac{x}{x+1}$

3 Entscheide, ob die Aussage wahr oder falsch ist, und gib zwei Beispiele bzw. ein Gegenbeispiel an.

a) Für jede Funktion, die für alle $x \in \mathbb{R}^+$ eine von Null verschiedene positive Steigung hat, gilt $\lim\limits_{x \to +\infty} f(x) = +\infty$.

b) Wenn $\lim\limits_{x \to +\infty} f(x) = +\infty$ und $\lim\limits_{x \to +\infty} g(x) = -\infty$ gilt, dann kann über den Grenzwert für $x \to +\infty$ von h mit $h(x) = f(x) + g(x)$ keine eindeutige Aussage getroffen werden.

4 Gib den Grenzwert für $x \to +\infty$ an und bestimme damit die Gleichung der waagerechten Asymptote der gegebenen Funktion.

a) $f: x \mapsto 3^{-x}-4$

b) $f: x \mapsto \frac{5}{x-6}$

c) $f: x \mapsto \frac{x^2-3x}{1-5x^2}$

5 Rechts ist der Graph der Funktion $f: x \mapsto \sqrt{x}-1$ gezeichnet.

a) Ermittle Funktionswerte von f für sehr große x-Werte. Beschreibe, was du mit rasch steigenden x-Werten bei den Funktionswerten beobachtest.

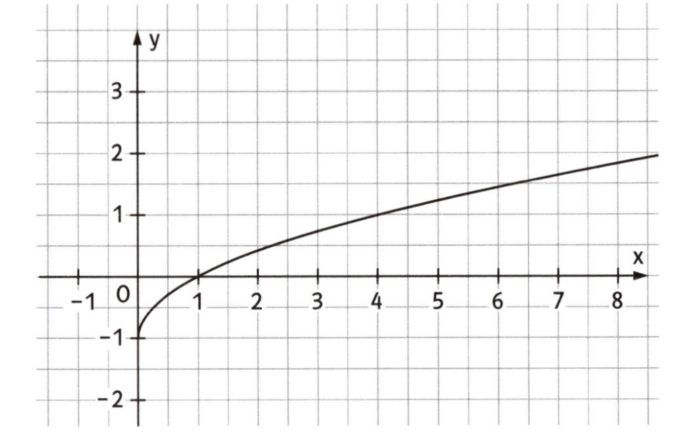

b) Ermittle jeweils alle x-Werte, für die gilt: $f(x) > 1000$; $f(x) > 100\,000$; $f(x) > 10\,000\,000$.

c) Begründe mithilfe des Ergebnisses aus Teilaufgabe b), dass gilt: $\lim\limits_{x \to +\infty} f(x) = +\infty$.

Funktionsuntersuchungen (1)

1 a) Ordne den gegebenen Graphen jeweils den richtigen Funktionstyp (ganzrationale Funktion, gebrochen rationale Funktion, Exponentialfunktion, trigonometrische Funktion) zu.

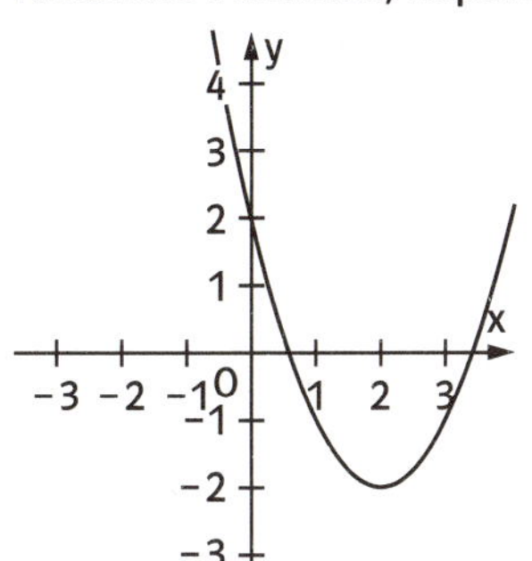

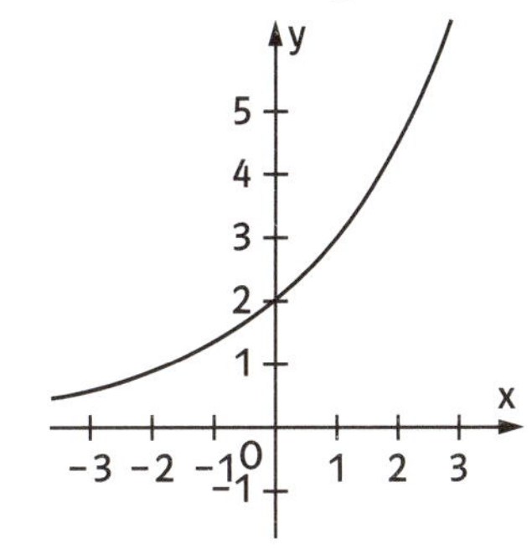

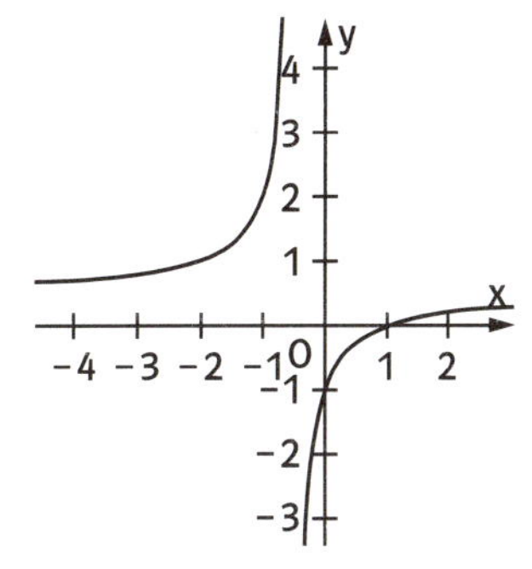

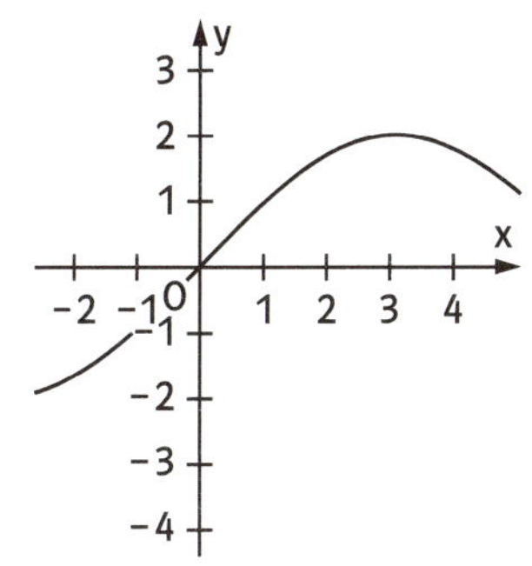

b) Zu jedem der vier Graphen aus Teilaufgabe a) gehört genau eine der folgenden Funktionen. Entscheide, welche Funktion jeweils zu welchem Graphen gehört, und begründe anschließend deine Entscheidung.

a: $x \mapsto (x+2)^2 - 2$	b: $x \mapsto x^2 - 4x + 2$	c: $x \mapsto x^3 + 3x^2 + 2$	d: $x \mapsto -(x-2)^2 - 2$
e: $x \mapsto 2 \cdot \left(\frac{3}{2}\right)^x$	f: $x \mapsto 2 \cdot \left(\frac{2}{3}\right)^x$	g: $x \mapsto 3 \cdot \left(\frac{3}{2}\right)^x$	h: $x \mapsto 2 \cdot x^{\frac{2}{3}}$
i: $x \mapsto \frac{2x+1}{x-1}$	k: $x \mapsto \frac{2x-1}{x+1}$	l: $x \mapsto \frac{x+1}{2x-1}$	m: $x \mapsto \frac{x-1}{2x+1}$
q: $x \mapsto 2 \cdot \sin(0{,}5x)$	r: $x \mapsto 2 \cdot \cos(0{,}5x)$	s: $x \mapsto 0{,}5 \cdot \sin(2x)$	t: $x \mapsto 0{,}5 \cdot \cos(2x)$

c) Skizziere zu folgenden Funktionen den jeweils zugehörigen Graphen.

a: $x \mapsto (x+2)^2 - 2$

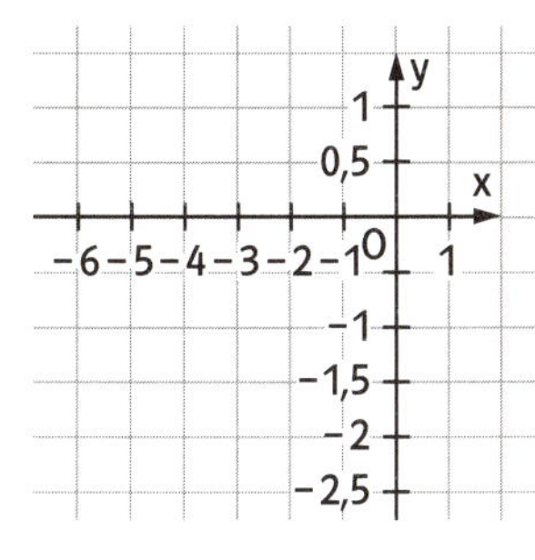

g: $x \mapsto 3 \cdot \left(\frac{3}{2}\right)^x$

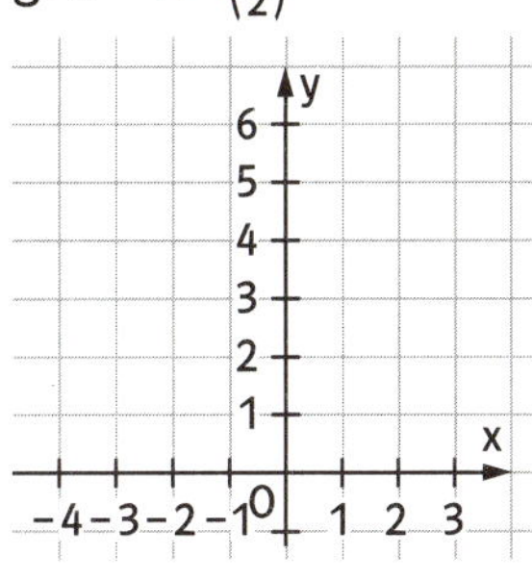

l: $x \mapsto \frac{x+1}{2x-1}$

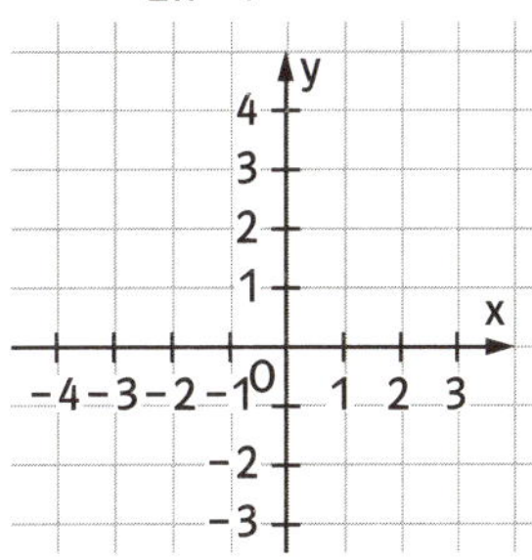

s: $x \mapsto 0{,}5 \cdot \sin(2x)$

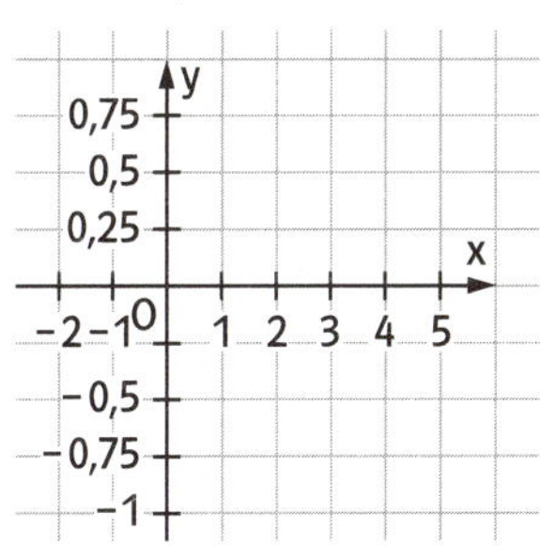

d: $x \mapsto -(x-2)^2 - 2$

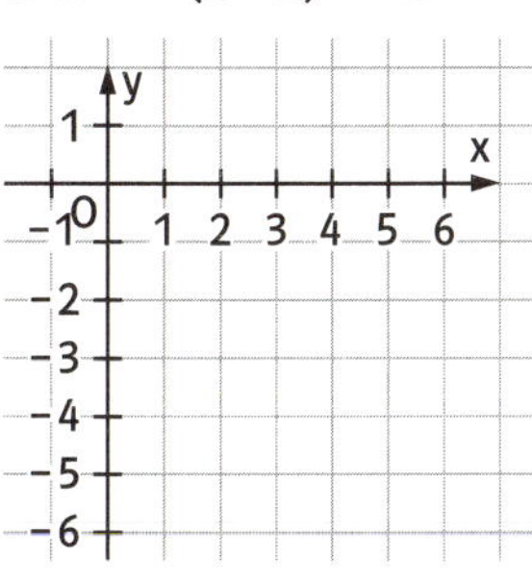

f: $x \mapsto 2 \cdot \left(\frac{2}{3}\right)^x$

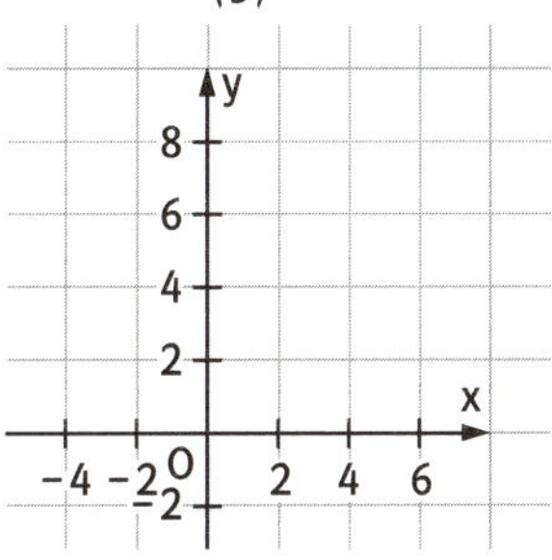

k: $x \mapsto \frac{2x-1}{x+1}$

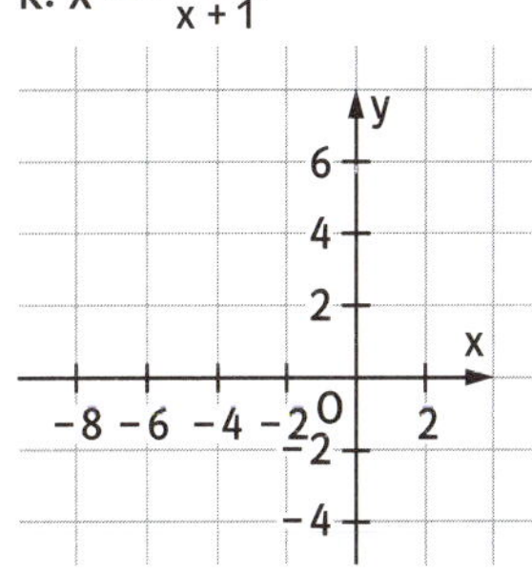

r: $x \mapsto 2 \cdot \cos(0{,}5x)$

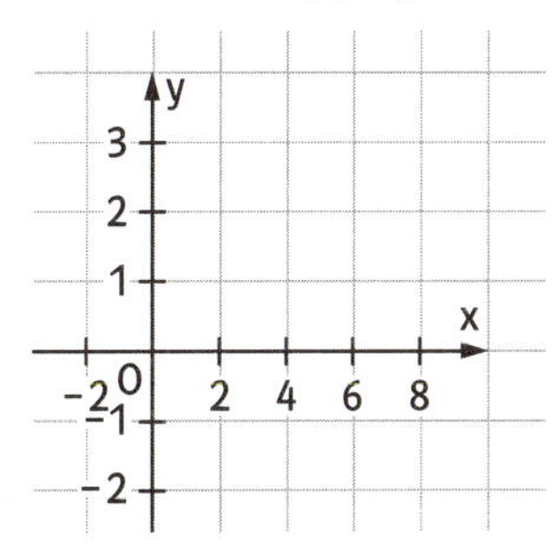

1 Ergänze die Merkmale der gegebenen Funktion und skizziere den zugehörigen Graphen.

a) $f: x \mapsto (x - 1{,}5)^2(x + 2)$

Funktionstyp: ___

D_{max} = ___ ;
W = ___ ;
$\lim_{x \to \infty} f(x)$ = ___ ;
$\lim_{x \to -\infty} f(x)$ = ___ ;

Der Graph verläuft von ___ nach ___ ;

Nullstellen: x_1 = ___ x_2 = ___ ;

f(0) = ___

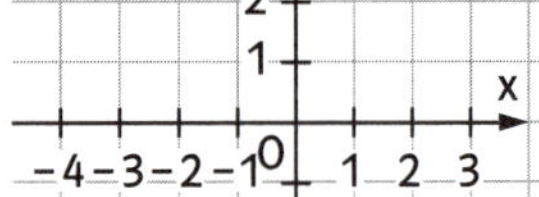

b) $f: x \mapsto \frac{3x - 5}{-2x + 4}$

Funktionstyp: ___

D_{max} = ___ ;
W = ___ ;
$\lim_{x \to \infty} f(x)$ = ___ ;
$\lim_{x \to -\infty} f(x)$ = ___ ;

Asymptoten:
x = ___ y = ___ ;

Nullstelle: x = ___ ;

f(0) = ___

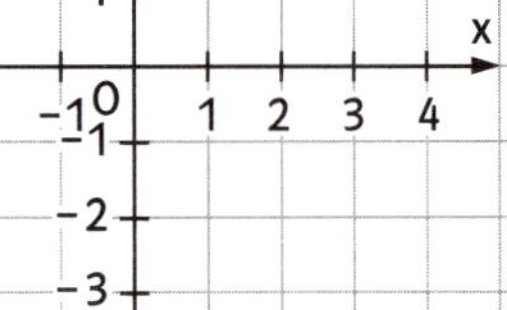

c) $f: x \mapsto 0{,}5 \sin(x + \pi)$

Funktionstyp: ___

D_{max} = ___ ;
W = ___ ;
Amplitude: ___ ;
Periode: ___ ;

Graph: in y-Richtung ___ Sinuskurve;
Verschiebung in x-Richtung: ___ ;

Nullstellen: ___ ;

allgemein: ___

d) $f: x \mapsto 0{,}8 \cdot 0{,}5^x$

Funktionstyp: ___

D_{max} = ___ ;
W = ___ ;
Asymptote:
___ für x → ___

Graph: durchgehend ___ ;

Nullstellen: ___ ;

f(0) = ___

e) $f: x \mapsto 0{,}8 + 0{,}5x$

Funktionstyp: ___

D_{max} = ___ ;
W = ___ ;
Steigung: m = ___ ;
y-Achsenabschnitt:

Graph: ___ ;

Nullstelle: ___

t = f(___) = ___

f) $f: x \mapsto -\frac{1}{2}x^2 + \frac{3}{4}x + \frac{5}{4}$
$= -\frac{1}{2} \cdot (x - \_\_\_) \cdot (x + \_\_\_)$

Funktionstyp: ___

D_{max} = ___ ;
W = ___ ;
Scheitel: S(___ | ___);
Symmetrie bezüglich der Geraden x = ___

Graph: ___ ;

Nullstellen: x_1 = ___ x_2 = ___ ;

f(0) = ___

1 Die Abbildung zeigt die Graphen der folgenden vier Funktionen:

f: $x \mapsto 0{,}5 \cdot x + \frac{1}{x+2}$, D_{max} = ____________ ,

g: $x \mapsto \frac{0{,}5}{x}$, D_{max} = ____________ ,

h: $x \mapsto 0{,}5 \cdot \frac{x+1}{x+2}$, D_{max} = ____________ ,

i: $x \mapsto \frac{0{,}5x + 0{,}5}{x} + 2$, D_{max} = ____________ .

a) Schreibe die Funktionsnamen neben die passenden Graphen und gib die folgenden Grenzwerte an.

$\lim\limits_{x \to \infty} f(x)$ = ____________ $\lim\limits_{x \to -\infty} f(x)$ = ____________

$\lim\limits_{x \to \infty} g(x)$ = ____________ $\lim\limits_{x \to -\infty} g(x)$ = ____________

$\lim\limits_{x \to \infty} h(x)$ = ____________ $\lim\limits_{x \to -\infty} h(x)$ = ____________

$\lim\limits_{x \to \infty} i(x)$ = ____________ $\lim\limits_{x \to -\infty} i(x)$ = ____________

b) Der Graph zur Funktion ____ entsteht durch Verschiebung des zur Funktion g: $x \mapsto \frac{0{,}5}{x}$ gehörenden Graphen um ____ Einheiten nach ______ .

c) Gib an und begründe, welche Symmetrie der Graph von g aufweist. ____________

d) Gib an, welche Symmetrieeigenschaft der Graph der Funktion i aufweist. ____________

e) In der Abbildung ist der Graph der oben genannten Funktion ____ gezeichnet.
Zeichne in dasselbe Koordinatensystem den Graphen der linearen Funktion l: $x \mapsto 0{,}5 \cdot x$ ein. Begründe, warum sich die Funktionswerte der beiden Funktionen für betragsmäßig große x-Werte annähern.

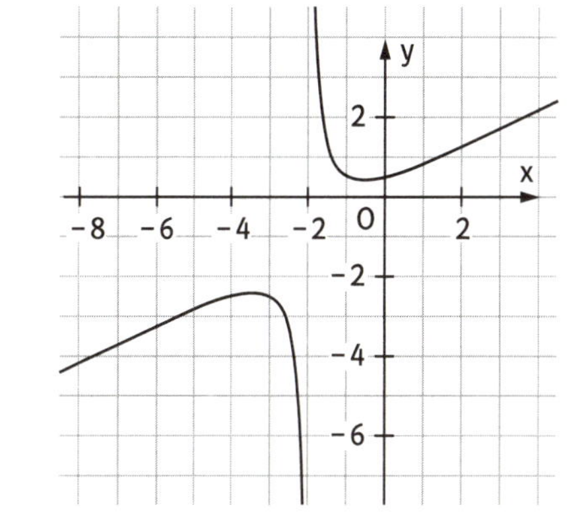

f) Untersuche, für welche x-Werte sich die Funktionswerte der beiden Funktionen aus Teilaufgabe e) um weniger als 0,001 unterscheiden.

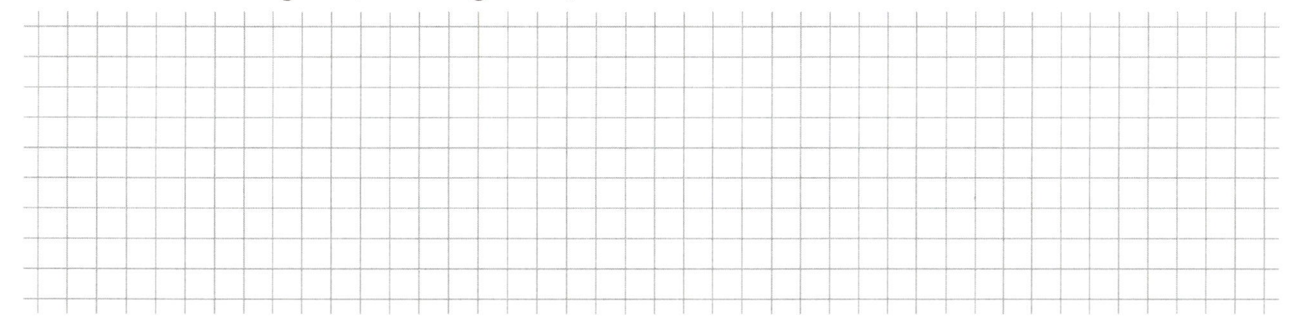

g) Der Graph der Funktion h geht durch Streckung des Graphen der Funktion m: $x \mapsto$ ____________ in y-Richtung mit dem Streckfaktor 0,5 hervor. Deshalb lassen sich die folgenden beiden Grenzwerte sofort angeben:

$\lim\limits_{x \to \infty} m(x)$ = ____________ $\lim\limits_{x \to -\infty} m(x)$ = ____________ .

Fülle die Lücken. Löse dann die Beispielaufgaben.

Verschieben und Strecken von Funktionsgraphen

Sind zwei Funktionen von f und g gegeben und gilt $g(x) = (x - c) + d$ $(c > 0;\ d > 0)$, so entsteht der Graph von g aus dem von f, indem man den Graphen von f

um c ______________ und um d ______________

______________ . Gilt für zwei Funktionen f und h die Gleichung $h(x) = k \cdot f(x)$ $(k > 0)$, so entsteht der Graph von h aus dem von f, indem man den Graphen

von f in ____-Richtung mit dem Faktor k streckt. Gilt für zwei Funktionen f und i die Gleichung $i(x) = f(kx)$ $(k > 0)$, so entsteht der Graph von i aus dem von f, indem man den Graphen von f in ____-Richtung mit dem Faktor ____ streckt.

■ Skizziere den Graphen von g mit $g(x) = f(x - 3) - 1$.

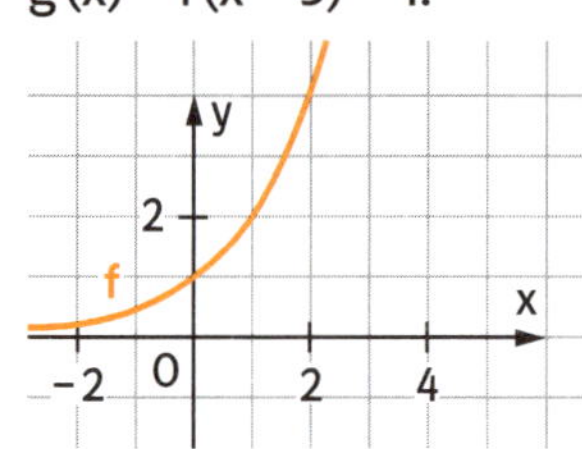

■ Skizziere den Graphen von h mit $h(x) = 2 \cdot f(x)$.

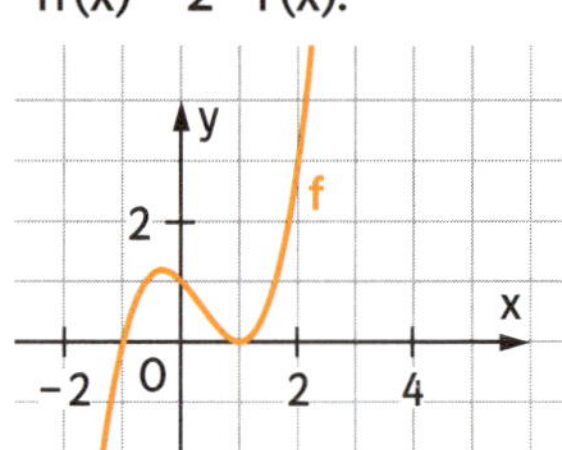

Spiegeln von Funktionsgraphen

Man erhält den Graphen der Funktion g mit $g(x) = f(-x)$, indem man den Graphen von f

______________________________ spiegelt.

Man erhält den Graphen der Funktion h mit $h(x) = -f(x)$, indem man den Graphen von f

______________________________ spiegelt.

■ Spiegle den Graphen der Funktion $f: x \mapsto \sin(x)$ an der x-Achse. Man erhält den Graphen der Funktion $h: x \mapsto$ ________

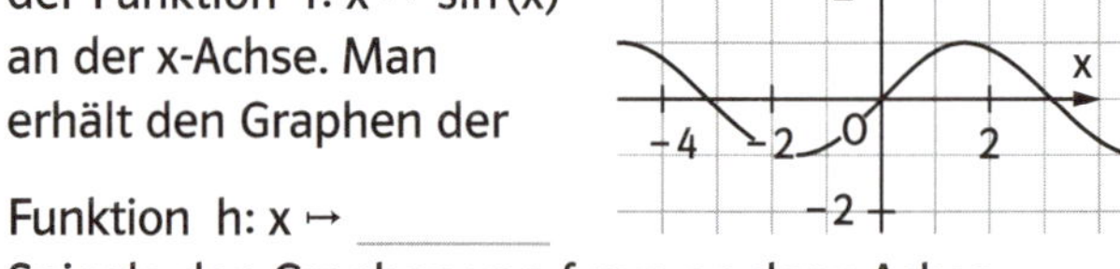

Spiegle den Graphen von f nun an der y-Achse.

Offenbar gilt: $\sin(-x) =$ __________

Symmetrie von Funktionsgraphen

Der Graph einer Funktion f ist achsensymmetrisch bezüglich der y-Achse, wenn für alle $x \in D_f$ gilt: $f(-x) = f(x)$.

Der Graph von f ist punktsymmetrisch bezüglich des Ursprungs, wenn für alle $x \in D_f$ gilt: $f(-x) = -f(x)$.

Eine ganzrationale Funktion heißt __________, wenn ihr Graph achsensymmetrisch bezüglich der y-Achse ist, bzw. __________, wenn ihr Graph punktsymmetrisch bezüglich des Ursprungs ist. Eine ganzrationale Funktion ist genau dann gerade (ungerade), wenn ihr Funktionsterm f(x) nur x-Potenzen mit ____________ (____________) ____________ enthält.

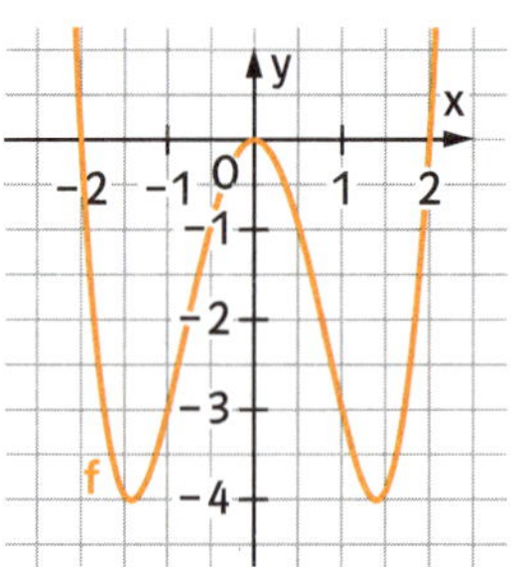

■ f ist ______________ .

Der Graph von f ist

____

______________________ .

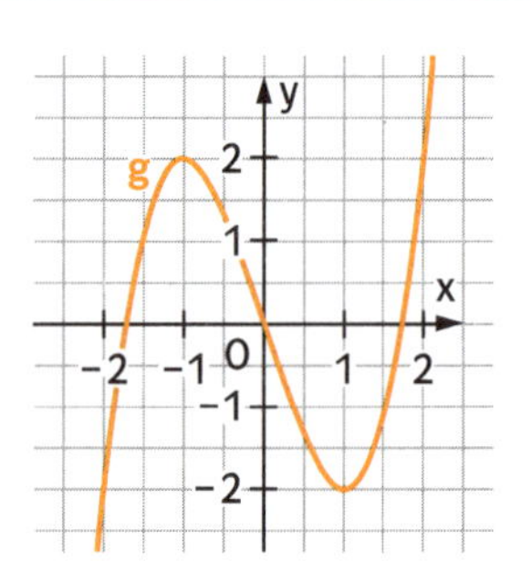

■ g ist ______________ .

Der Graph von g ist

____

______________________ .

Grenzwerte im Unendlichen

Nähern sich die Funktionswerte f(x) einer Funktion f einer Zahl a für groß werdende x-Werte beliebig nahe, so nennt man die Zahl a den ____________ der Funktion f für x gegen plus unendlich (x → ______).

Schreibweise: ____________ = a

Die Gerade y = a ist waagerechte ______________ des Graphen von f.

Der Grenzwert $\lim\limits_{x \to -\infty} f(x)$ wird analog definiert.

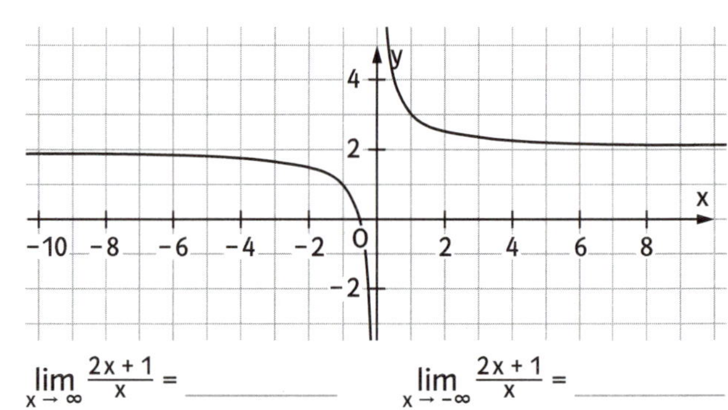

$\lim\limits_{x \to \infty} \frac{2x + 1}{x} =$ __________ $\lim\limits_{x \to -\infty} \frac{2x + 1}{x} =$ __________

y = ____ ist waagerechte ______________ .

1 Färbe die Kreissektoren ein und berechne ihre Bogenlänge und ihren Flächeninhalt für r = 2 cm.

Kreissektor	a) $\frac{1}{6}$-Kreis	b) $\frac{3}{4}$-Kreis	c) $\frac{1}{5}$-Kreis
Bogenlänge	≈	≈	≈
Flächeninhalt Kreissektor	≈	≈	≈

2 Das Volumen eines Balls beträgt 33 510,32 mm^3. Vier Bälle sollen in einer quaderförmigen Schachtel verpackt werden. Es gibt zwei Möglichkeiten, die Bälle zu verpacken. Skizziere beide und berechne dann jeweils den Oberflächeninhalt der Schachtel, ohne Überlappungen zu beachten.

3 Berechne den Rauminhalt V des Körpers für a = 5 cm. Stelle zunächst einen Term für V in Abhängigkeit von a auf.

a) a, a, a

b) 2a, a, a

c) 2a, a

4 Selmas Oma legt bei der Geburt ihrer Enkeltochter bei ihrer Hausbank 5000 Euro zu 5,5 % an.

a) Wie teuer darf ein Auto höchstens sein, das Selma sich zum 18. Geburtstag von diesem ersparten Geld kaufen möchte?

b) Ein Bankangestellter stellt Selma an ihrem 18. Geburtstag vor die Wahl: „Wenn Sie das ersparte Geld weitere 10 Jahre zum gleichen Zinssatz bei uns lassen, hat sich Ihr Vermögen nahezu verdoppelt." Überprüfe die Aussage, indem du die Verdoppelungszeit des Vermögens berechnest.

5 Jims eineinhalb Jahre altes Handy verliert alle drei Monate 10 % an Wert.
Er könnte es jetzt für 159 € verkaufen.

a) Berechne den Neupreis des Handys.

b) Wann ist das Handy nur noch 100 € wert?

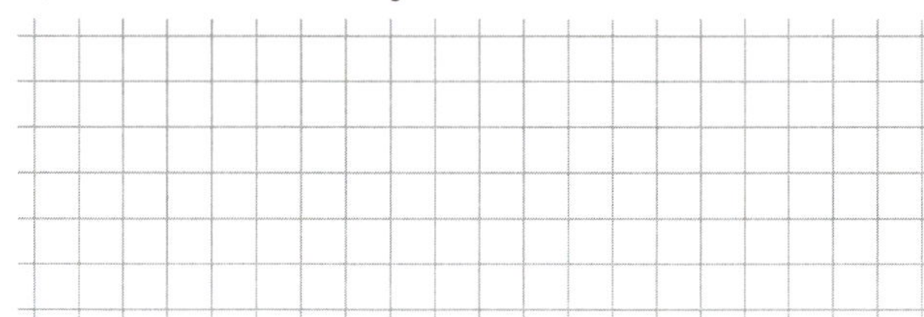

6 Ordne die Graphen richtig zu. Achte darauf, nach welcher Zeit sich die Funktionswerte verdoppeln bzw. halbieren.

(A) Petra erhält bei der Bank 5 % Zinsen im Jahr.

(B) Tonis Roller verliert jährlich 12 % an Wert.

(C) Helenas Briefmarkensammlung steigt jährlich um 8 % im Wert.

(D) Der Wert von Torbens Aktien sinkt jährlich um 10 %.

(E) Der Wert von Klaras E-Piano halbiert sich alle fünf Jahre.

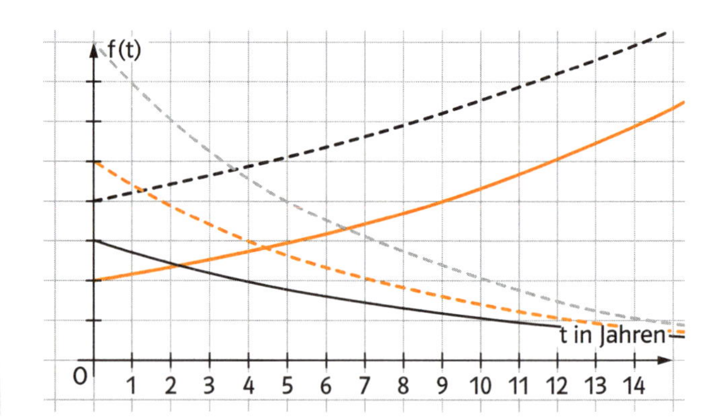

7 Löse die Gleichungen.

a) $24^x = 32$

b) $5^{2x} = 5^{4x-3}$

c) $3^{5x+4} = 7$

d) $7 \cdot 11^{2x-3} = 102\,487$

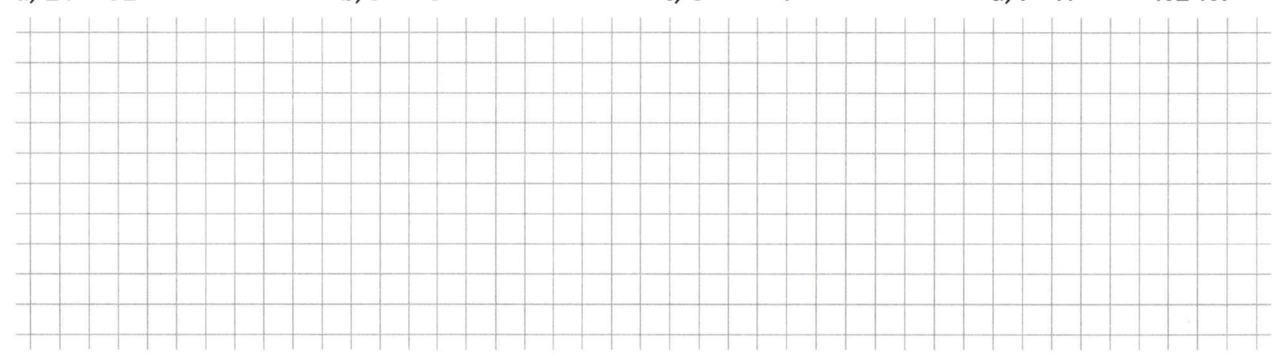

8 Die Vierfeldertafel und die beiden Baumdiagramme gehören zu dem im folgenden Text dargestellten Sachverhalt. Dabei bedeutet das Ereignis K: „Der Fahrgast wird kontrolliert“; das Ereignis S bedeutet: „Der Fahrgast ist Schwarzfahrer“.
Vervollständige die zwei zum Sachverhalt gehörenden Baumdiagramme und ergänze die Lücken im Text.

Ein öffentliches Verkehrsunternehmen weiß aus langjährigen statistischen Erhebungen, dass _____ % aller Fahrgäste ohne gültigen Fahrschein fahren, also „Schwarzfahrer“ sind. Jedoch geraten nur _____ % aller Schwarzfahrer in Fahrscheinkontrollen. _________ % aller Fahrgäste haben einen gültigen Fahrschein, werden aber nicht kontrolliert. Bei ________ % aller Fahrgast-Kontrollen werden Schwarzfahrer erwischt.

	K	$\overline{K}$	
S	0,45 %	8,55 %	9 %
$\overline{S}$	6,55 %	84,45 %	91 %
	7 %	93 %	100 %

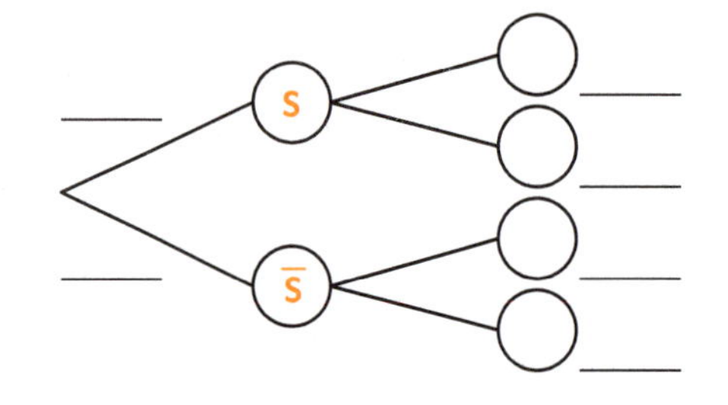

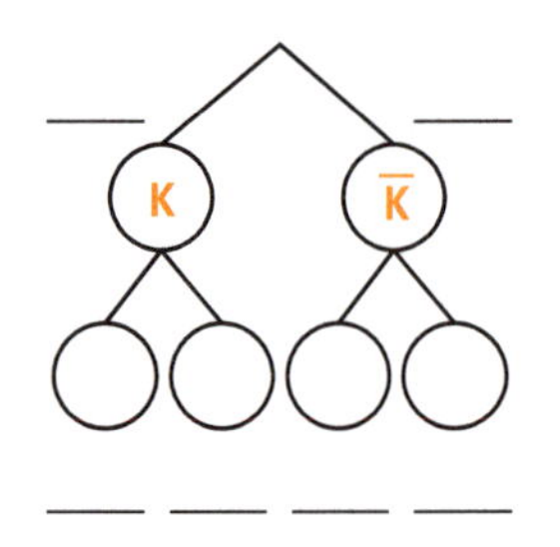

9 Untersuche das Verhalten von f mit $f(x) = -x^2 \cdot (x-2)^3$ für $x \to \pm\infty$ und gib die Art der Nullstellen von f an. Skizziere damit den Graphen von f.

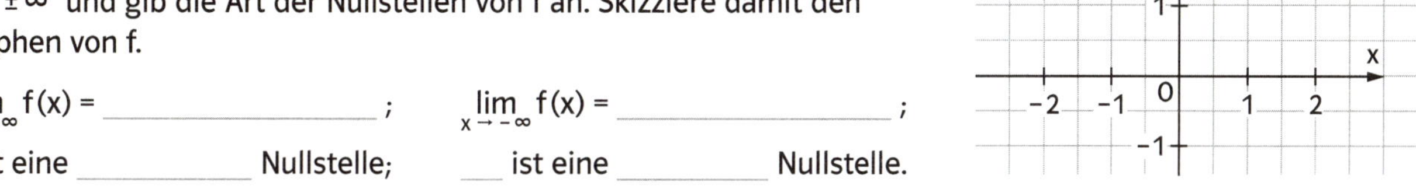

$\lim\limits_{x \to +\infty} f(x) =$ ______________ ; $\lim\limits_{x \to -\infty} f(x) =$ ______________ ;

2 ist eine __________ Nullstelle; ___ ist eine __________ Nullstelle.

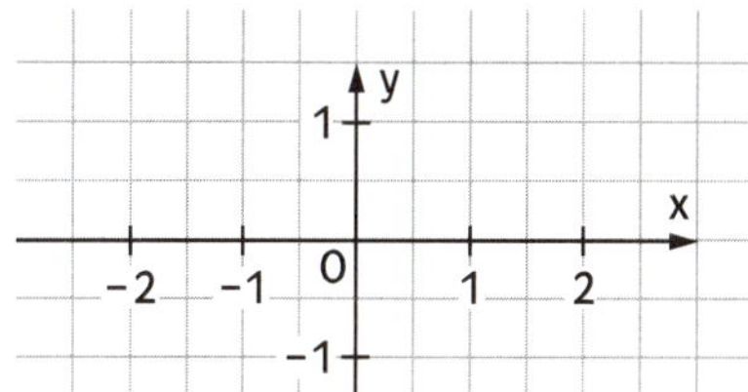

10 a) Zeige mit Polynomdivision, dass der Graph der Funktion f mit $f(x) = x^3 - 3x^2 + 2x - 6$ die x-Achse im Punkt P(3 | 0) schneidet.

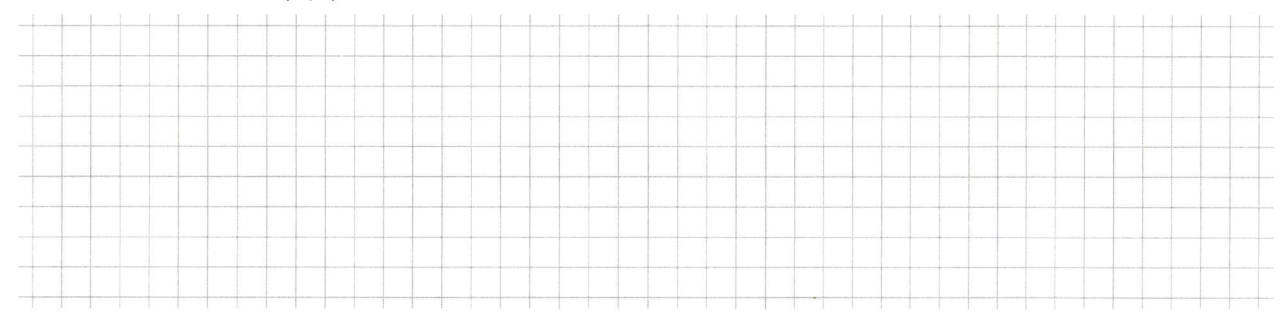

b) Begründe, warum dies der einzige Schnittpunkt des Graphen mit der x-Achse ist:

____

11 Gib den Funktionsterm einer möglichen Potenzfunktion an, für die Folgendes gilt:

a) Der Graph ist achsensymmetrisch zur y-Achse und verläuft durch den Punkt P(1 | 1).

f(x) = ______________

b) Der Punkt Q(−1 | 4) liegt auf dem Graphen.

f(x) = ______________

c) Der Graph ist punktsymmetrisch zum Ursprung und verläuft durch den Punkt R(−1 | −3).

f(x) = ______________

12 Bestimme die Nullstellen von f.

a) $f(x) = (3x-5)(x-2)(x+0{,}8)$

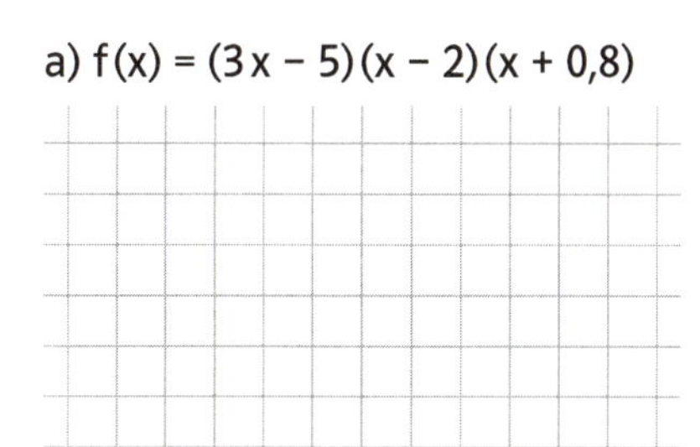

b) $f(x) = x^7 - 16x^5$

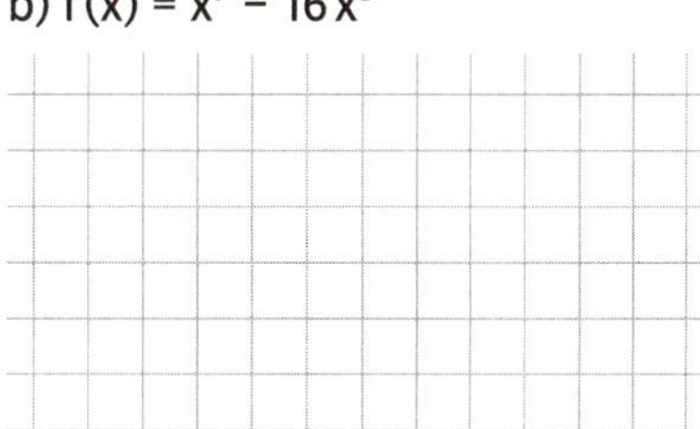

c) $f(x) = x^4 - 1$

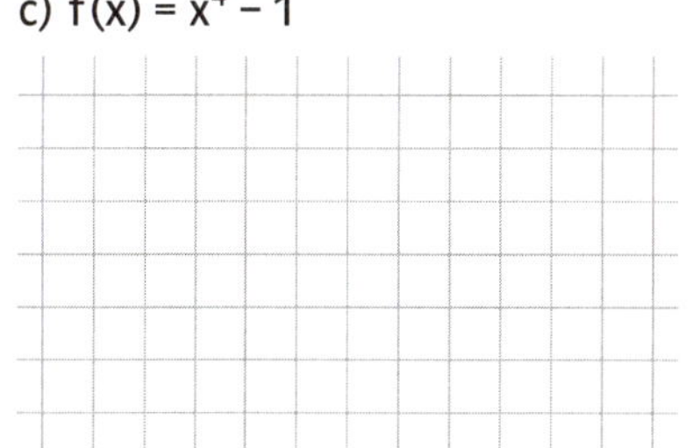

13 Der Graph von f soll um c Einheiten in x-Richtung und um d Einheiten in y-Richtung verschoben werden. Gib den zugehörigen Funktionsterm an.
$f(x) = x^3 - x$; $c = 1$; $d = 5$

____

____

14 Wie geht der Graph von g aus dem Graphen von f hervor?
$f(x) = x^2 + 3x + 2$ $\quad g(x) = -3x^2 - 9x - 6$

____

____

____

15 Die ganzrationale Funktion f vom Grad 3 hat bei $x_1 = 0$ eine einfache und bei $x_2 = 6$ eine doppelte Nullstelle. Der Graph von f verläuft durch P(2 | 6). Bestimme den Funktionsterm von f.

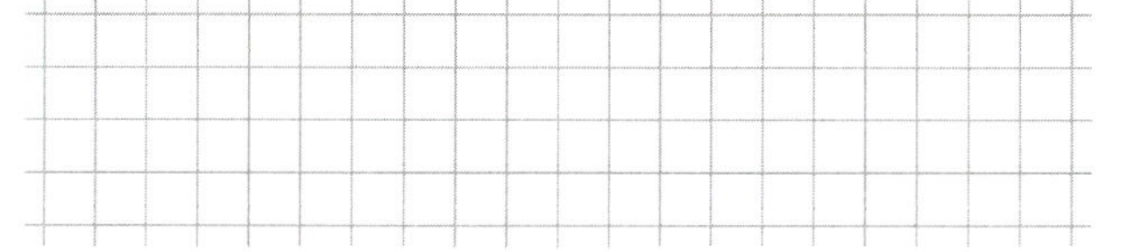

f(x) = ______________________________

Die Seitenangaben in Schwarz verweisen auf die Lerneinheit, die in Orange auf den Merkzettel.